U0530915

自主性批判

人工智能产业的劳动、资本与机器

〔加〕詹姆斯·斯坦霍夫 著

王延川 译

James Steinhoff

AUTOMATION AND AUTONOMY

Labour, Capital and Machines in the Artificial Intelligence Industry

First published in English under the title

Automation and Autonomy: Labour, Capital and Machines in the Artificial Intelligence Industry by James Steinhoff, edition: 1

Copyright © James Steinhoff, under exclusive license to Springer Nature Switzerland AG, 2021

This edition has been translated and published under licence from Springer Nature Switzerland AG.

Springer Nature Switzerland AG takes no responsibility and shall not be made liable for the accuracy of the translation.

本书根据 Plagrave Macmillan 出版社 2021 年版译出

译者序

本书是著名的帕尔格雷夫出版社出版的"马克思、恩格斯和马克思主义丛书"（Marx, Engels, and Marxisms，目前已出版100种）中的一本。该丛书以政治观点鲜明、题材广泛丰富以及捕捉理论前沿著称，能被该丛书收录者当属上乘之作。

人工智能是当下名副其实的"显学"，各种有关人工智能风险、人工智能与未来、人工智能与法律、人工智能治理、人工智能赋能社会和经济发展等著作让人眼花缭乱。但是，目前市面上关于人工智能产业劳动的著作较少，尤其研究劳动过程的著作少之又少。本书可以说是为数不多的结合技术研究人工智能劳动过程的著作，加之作者又运用了马克思主义来解读该劳动过程，所以，可以说是具有极强的学术价值。

本书有以下三个特色：

第一，作者讨论了马克思主义很少涉足的人工智能产业主题。"马克思主义思想与技术有着长期且复杂的关系。然而，马克思主义思想与人工智能之间几乎没有建立什么关系，尤其是与人工智能的当代形式——机器学习更是如此。"进入本世纪，人工智能呈现如火如荼之势，西方马克思主义者也开始关注其发展，但目前仍主要聚焦于人工智能和机器人技术如何影响劳动力市场和生产力。有学者认为，自动化造成的就业损失将被整体经济增长和与人工智能相关的新型工作的出现带来的就业增长所抵消。而有学者却认为，人工智能的发展将带来大规模的技术性失业。本书并没有纠缠于这些常规性的辩论，而是专注于人工智能行业的自动化劳动这一微观领域。马克思分析了19世纪英国工业革命时期的劳动关系，而作者分析了21世纪在全球蔓延的人工智能劳动关系，并以马克思主义视角展开批判分析。从这一角度而言，本书可以说是人工智能时代的一部微型"资本论"。

第二，作者系统地批判了甚嚣尘上的"后工人主义"所主张的非物质劳动理论。这也是本书的核心所在。关于技术与劳动的关系，西方马克思主义者沿着马克思开创的传统进行批判分析，但核心观念是技术捕获了劳动技能，迫使工人丧失了自主性，越来越依附于资本。但是，随着互联网的普及，迈克尔·哈特和安东尼奥·内格里看到了与工业时代不一样的新型劳动实践。在二人联合出版的《帝国》（2000）、《大同》（2009）、《集群》（2017）等著作中，他们以信息技术的涌现为契机，重构劳动、资本和机器概念，推出了非物质劳动理论及其实践。非物质劳动理论的核心观点是，信息技术颠覆了资本与劳动之间的力量平衡，催生了新的自主性非物质劳动和不断衰弱的寄生资本。资本生产出新技术，但它却无法再利用这些技术从劳动者那里榨取剩余价值，因为技术已经掌握在劳动者的手中。随着劳动者对技术的掌握以及广泛自主性的提升，西方正开始迈入后资本主义时代。而随着后资本主义时代的到来，马克思主义也将逐渐失去解释力。但是，作者却明确反对非物质劳动理论。作者以人工智能产业为例，揭示了当代技术变革并未将非物质性劳动从资本控制下解放出来；恰恰相反，资本正在使用人工智能技术不断增强对"活劳动"的控制。因此，建立在新兴的机器学习技术之上的工作，表明了资本（而非劳动者）的自主性增强的轨迹，因此，哈特和内格里设想的后资本主义时代并未到来。本书的结论为理解劳动、资本与人工智能的当代结合提供了实践立场，证实了马克思主义的强大适用性——依然可以科学地解释当代人工智能产业中出现的新型劳动。

第三，作者提出了合成自动化的概念，为资本未来的发展指出了一条新的道路。虽然机器不直接参与劳动，但它们可以捕获工人的生产技能，执行以前由工人执行的工作，从而在劳动过程中提高劳动生产率，间接地起到了"生产剩余价值"的效果。因此，马克思称机器为"资本的物质存在方式"。这里的机器依然要依赖"活劳动"。但是机器学习的出现打破了这一切。机器学习"不是通过反映或捕捉预先存在的、编码的劳动过程，而是通过从数据中生成模型"以实现自动化。机器学习依赖的数据开始是来自工人生产线上的数据，后来人工生成的数据开始替代工作数据。这些合成数据与人类主观活动隔绝开来，助长了机器学习等自动化技术生产的自动化，作者将该新现象称为"自动化的自动化"。合成自动化作为一种卓越的非物质劳动，剥离了资本与劳动之间的高度依赖关系，成为未来全新的劳动形式，是对非物质劳动理论的一种潜在的反向解读。这也给理论研究者带来了新的课题和挑战。

本书重点分析了商业机器学习软件产品的劳动过程，该分

自主性批判

析基于对世界各地从小型初创公司到科技巨头人工智能产业的各个层次劳动者和管理人员的访谈。围绕该劳动过程，作者反思"后工人主义"和非物质劳动新自主性主张，并展开批判。为了理解人工智能产业劳动的真相，仅仅分析劳动过程是不够的。因此，本书还涉及西方国家各种马克思主义对于机器的评价；阐释了人工智能的政治经济学发展史，追踪了人工智能如何从20世纪50年代个别科学家的研究兴趣发展到现今资本的追求重点；梳理了当代人工智能产业的规模、范围和动态的政治经济学研究。本书内容丰富，可以作为一部人工智能产业的小型"百科全书"。

　　本书强调了马克思主义理论对于理解被称作机器学习的人工智能形态的当代工业化的必要性。作者以马克思主义新解读和劳动过程理论这些前沿理论成果为方法论，辅之以扎实访谈基础上的实证研究心得，系统分析人工智能产业中的雇佣关系如何组织并成熟起来的历程，展示了当代数字劳动实践的最新状态。任何有兴趣研究算法自动化技术如何塑造、影响数字产业的人，尤其是关注马克思主义视角下的数字劳动研究最新成果的人，都应该阅读这部内容前沿且专业性强的著作。

　　感谢商务印书馆高媛女士，她专业的编辑工作为本书添色不少。

　　感谢本书作者詹姆斯·斯坦霍夫博士为本书撰写中文版序言，该序言提炼了理解本书的重要线索。

王延川
2024年10月19日

中文版序言

本书最初是作为我的博士论文于2019年撰写的。之后经过修订，于2021年扩展成书。我很高兴这本书的中文版将于2025年出版。对此我要感谢译者西北工业大学王延川教授。

人工智能是一项日新月异的技术，而建立在此基础上的人工智能产业也是如此。这为我们提供了一个很好的机会来回顾本书的一些核心主张。自本书最初出版以来，全球人工智能产业发生了一个重大的经验性转变：生成式人工智能的兴起。大语言模型（LLMs）、文本转图像、最近的视频和三维模型以及生成器已经在资本主义对人工智能着迷的舞台上占据了中心位置。我认为，生成式人工智能的到来出乎包括我在内的大多数技术和批判学者的意料之外（尽管本书确实简要讨论了当时出现的大语言模型GPT-3未来版本的可能性，其在当时就已显现出越来越强的语言能力！）。因此，我必须修改第一章中的说法，即图灵测试在分析实际存在的人工智能方面并没有多大作用，因为当时我们并没有与人工智能进行语言上的互动——而现在我们有了！然而，本书的主题并不是人工智能系统能否冒充人类。它涉及的是资本、人工智能和劳动如何发生关联，以及这些关联对马克思主义资本批判的意义。

本书的主要目标之一是要证明，人工智能首先应被视为一种商品和自动化技术——无论其在其他的认识论和本体论上的属性如何。在这一点上，两者似乎都已得到确认，变得毋庸置疑。这里提出的劳动过程分析虽然很初级，但我相信它仍然能阐明关键点——人工智能生产是由商品形式构成的。与最初撰写本书手稿时相比，资本更加被人工智能驱动的自动化狂潮所笼罩，人们妄想通过机器学习和最近的"数字人工智能工人"（如英国初创公司11x所承诺的工人）①来提高劳动生产率和实现无摩擦生产。更为准确地说，这些所谓的人工智能工人被描述为嫁接到大语言模型上的数字化身，而这些模型增强了操作电子邮件客户端和日历的能力，其表面上的目标是完成文书工作。这种人工智能代理的功效尚未得到证实，而且由于大语言模型倾向于制造幻觉，使得人们对其产生了严重怀疑，然而，围绕它们的讨论证实了我对资本与人工智能关系的分析。正如11x公司首席执行官哈桑·苏卡尔（Hasan Sukkar）所说："比普通工人做得更好其实并不难"（Smith 2024）。②对于资本来说，人工智能仍然是人类及其劳动能力最理想的替代品。 然而，即使面对资本的如此投入，人工智能也尚未产生其所承诺的生产力回报。美国著名投资银行高盛——2007—2008年次贷危机的始作俑者之一——甚至开始怀疑人工智能能否实现其支持者所宣称的目标。该银行2024年发布的一份名为《生成式人工智

---

① https://www.11x.ai/.
② https://sifted.eu/articles/autonomous-companies-ai.

能：花费太多，收益太少？》的报告在行业内掀起波澜，并导致多只科技股的估值下跌。③然而，正如本书的分析所指出的，即使人工智能无法兑现其极具诱惑力的承诺，资本仍将被迫开展人工智能的实施工作，以最大限度地降低劳动成本，增强对劳动的控制，并最终服务于剩余价值榨取的内在指令。事实上，整个资本体系增加机器化成分的虚无主义强迫并不是为了单个资本的盈利，而是表达了整个商品交换体系所产生的竞争动力。

  本书的第二个主要目标是批判后工人主义学派的理论家所宣扬的非物质劳动理论。我认为这一批判是站得住脚的，而且据我所知，这点仍然没有遭到质疑。信息技术仍未催生后资本主义经济，也未赋予扩大的工人阶级或迈克尔·哈特和安东尼奥·内格里所说的"大众"的权力，这种权力将有助于他们组织其劳动，超越资本的控制。④后工人主义最好被理解为早期互联网乌托邦主义的产物，即使它有助于将马克思主义思想家引向信息技术领域。针对人工智能生产劳动的研究表明，这类工作似乎正在经历去技能化、碎片化和自动化的过程，而这些过程在马克思所关注的工业劳动领域的各个方面都很常见。我后来所说的"数据科学的无产阶级化"表明，人工智能生产劳动并不能幸免于资本对增加相对剩余价值榨取的无情需求。⑤在劳

---

③ https://www.goldmansachs.com/insights/top-of-mind/gen-ai-too-much-spend-too-little-benefit.

④ Hardt, Michael, and Antonio Negri. 2005. *Multitude: War and Democracy in the Age of Empire*. London: Penguin.

⑤ Steinhoff, J. 2022. The Proletarianization of Data Science. In: Graham M, Ferrari F (eds.) *Digital Work in the Planetary Market*. MIT Press, Cambridge, pp.191-206.

动力长期供不应求和技能边界不断推动下,⑥人工智能工作的自动化在继续推进,即使一些研究表明数据科学家并不希望他们的工作更加自动化。⑦

本书的第三个主要目标是发展独立于劳动资本的自主性理论概念。马克思曾提到资本是"自动的主体",这就是资本倾向于增加其机械成分的观念,其结果和目标都是使资本回路的运作减少对人力资源的依赖。马克思主义的研究通常侧重于生产领域以及其中劳动力的增加或替代,但同样的现象也发生在流通领域。事实上,迄今为止,人工智能驱动的自动化对流通领域的最大影响是资本的组织管理功能日益增强。⑧然而,资本似乎仍然需要一个必要的人力核心,因为资本必须捕获劳动技能和知识并将其编码,然后才能在机器中得以体现。本书认为,机器学习代表了资本捕获机制的一个历史性断裂时刻,因为它允许不经编码的自动化。我将之称为合成自动化——更确切地说,是自动化的自动化——自本书撰写以来,我从几个不同的维度对其进行了研究。合成自动化以不同的方式表现出来,显示了资本如何在越来越独立于人力资源的情况下寻求其增殖过

---

⑥ Barbudo, R., Ventura, S. and Romero, J.R. (2023) 'Eight Years of AutoML: Categorisation, Review and Trends', *Knowledge and Information Systems*, 65 (12). https://doi.org/10.1007/s10115-023-01935-1.

⑦ Wang, D. *et al.* (2021) 'How Much Automation Does a Data Scientist Want?', *arXiv:2101.03970 [cs]* [Preprint]. http://arxiv.org/abs/2101.03970.

⑧ Steinhoff, J., Kjøsen, A. M., & Dyer-Witheford, N. (2023). Stagnation, Circulation and the Automated Abyss. In: J. Fehrle, J. Ramirez and M. Lieber (eds.), (De)*Automating the Future: Marxist Perspectives on Capitalism and Technology*.

程。我曾从作为自动化技术的人工智能生成模型[9]和正在进行的有关合成数据的研究项目[10]两个方面探讨过这一问题。合成数据在此值得一提，因为它涉及——我认为——机器学习的进一步真正归属。合成数据是通过计算产生的数据，而非通过记录真实世界的现象产生的数据，它可以用来训练机器学习模型。例如，现在已经证明，人们可以在完全基于程序而创建的三维模型组成的数据上训练出一个有效的面部识别模型。[11]这是一种有趣的自动化形式。它不是让机器学习模型生产直接自动化，而是让数据生产自动化，而数据是训练机器学习模型的必要输入；它让数据密集型资本的生产条件自动化。我认为，从马克思主义的角度来看，这项技术提供了在无须直接从劳动力那里捕获知识和技能的情况下，劳动过程自动化所具有的可能性。它因此导致了劳动、资本与机器之间的关系发生根本性转变的可能性，该关系的理论由马克思开创并详述。自动化研究的重要性浓缩在合成数据之中。它表明，资本寻求的不仅仅是在数量上实现更多的自动化，还要在质量上实现新形式的自动化，从而

---

[9] Steinhoff, J., 2024. The Universality of the Machine: Labour Process Theory and the Absorption of the Skills and Knowledge of Labour into Capital. *Work in the Global Economy*, pp.1-20.

[10] Steinhoff, J., 2024. Toward a Political Economy of Synthetic Data: A Data-intensive Capitalism That is not a Surveillance Capitalism? *New Media & Society*, 26 (6), pp.3290-3306.
Steinhoff, J. and Hind, S., 2024. Simulation and the Reality Gap: Moments in a Prehistory of Synthetic Data.

[11] Wood, E., Baltrušaitis, T., Hewitt, C., Dziadzio, S., Cashman, T.J. and Shotton, J., 2021. Fake It Till You Make It: Face Analysis in the Wild Using Synthetic Data Alone. In *Proceedings of the IEEE/CVF International Conference on Computer Vision* (pp. 3681-3691).

减少对人力资源的依赖。我希望本书能为进一步研究资本的技术边界及其退化做出贡献。

詹姆斯·斯坦霍夫

爱尔兰都柏林

2024年10月

目 录

序言 ··· 1
致谢 ··· 3

第一章 引言：自动化、自主性和人工智能 ··············· 5
    你的生产资料 ··· 5
    革命 ·· 7
    现实世界的人工智能 ··· 8
    机器体系与马克思主义者 ······································ 10
    核心论点 ·· 13
    计算性机器体系 ··· 15
    递归 ·· 21
    本书不涉及哪些内容 ·· 23
    各章概述 ·· 25
    附录1 受访者名单 ··· 28
    参考文献 ·· 29

xi

第二章　劳动、资本与机器：马克思主义理论与技术 ········ 38

引言 ········ 38
政治经济学 ········ 39
马克思论价值与劳动 ········ 43
马克思论机器 ········ 51
"机器论片段" ········ 57
马克思主义 ········ 59
苏联马克思主义 ········ 61
西方马克思主义 ········ 64
劳动过程理论 ········ 65
马克思新解读 ········ 69
控制论资本主义 ········ 75
结论 ········ 81
参考文献 ········ 83

第三章　"后工人主义"与非物质劳动的新自主性 ········ 94

引言 ········ 94
从"工人主义"到"后工人主义" ········ 95
"后工人主义" ········ 98
非物质劳动理论 ········ 105
人机混合 ········ 108
抽象合作 ········ 113
脱离资本的新自主性 ········ 116
新自主性的技术论点 ········ 118
结论 ········ 119

目 录

参考文献 ·· *120*

第四章　智能产业化：人工智能产业的政治经济史 ········ *123*

引言 ·· *123*
历史背景 ·· *124*
人工智能研究的到来 ······································ *129*
人工智能的"寒冬" ······································ *136*
专家系统：第一个人工智能产业时代 ······················ *137*
战略计算：人工智能与国家　第一部分 ···················· *141*
专家系统的衰落 ·· *145*
机器学习的崛起 ·· *148*
深度学习：第二个人工智能产业时代 ······················ *153*
结论 ·· *156*
参考文献 ·· *156*

第五章　机器学习与固定资本：当代人工智能产业 ········ *166*

引言 ·· *166*
人工智能产业图谱 ·· *169*
人工智能资本构成 ·· *173*
　　人工智能科技巨头 ···································· *173*
　　人工智能"巨无霸" ·································· *177*
　　人工智能初创企业 ···································· *178*
　　人工智能智库 ·· *179*
　　国家人工智能战略：人工智能与国家　第二部分 ········ *182*
人工智能资本的集中 ······································ *184*
开源人工智能、云、人工智能芯片 ························ *187*

人工智能产业的劳动 ································· 189
劳动构成：种族与性别 ······························ 194
人工智能劳工组织 ··································· 197
结论 ··· 199
参考文献 ··· 200

第六章　黑暗艺术：机器学习的劳动过程 ············ 215

引言 ··· 215
机器学习的劳动过程 ································· 216
 第一阶段：数据处理 ····························· 217
 第二阶段：模型构建 ····························· 219
 第三阶段：部署 ··································· 221
人工智能的商品形式 ································· 222
经验性控制 ·· 228
作为自动化的人工智能 ······························ 235
人工智能工作的自动化 ······························ 237
自动机器学习 ······································· 243
合成自动化 ·· 245
机器学习中的其他自动化形式 ······················· 251
结论 ··· 252
参考文献 ··· 253

第七章　人工智能产业的新自主性与工作 ············ 260

引言 ··· 260
人工智能工作与人机混合 ···························· 262
人工智能工作与抽象合作 ···························· 268

人工智能工作与新自主性 ·················· 270
　　自主性所为何事？ ······················· 273
　　结论 ·································· 278
　　参考文献 ······························· 279

第八章　结语：哈里·布拉夫曼超速挡 ············ 285
　　引言 ·································· 285
　　理论结合 ······························· 286
　　"类固醇自动化" ························· 288
　　乐观主义与能动性 ······················· 293
　　结语 ·································· 295
　　参考文献 ······························· 300

索引 ··································· 303

图目录

图 6.1　瀑布法（改编自 Royce 1970）………………………… *229*
图 6.2　敏捷法（改编自 Kuruppu 2019）………………………… *231*
图 6.3　Scrum 法（改编自 Weaver-Johnson 2017）……………… *232*

序　言

2020—2021年是将博士论文转化为著作的奇妙时间。"黑人的命也是命"运动的兴起和新冠病毒的大流行等社会事件，让这个仅仅聚焦于人工智能和马克思主义的研究计划，显得与当下的社会关切有一种疏离感。然而，一本书涉及的问题有限，我猜想，在未来一段时间内，资本主义对机器的运用仍将是大多数人生活中的决定性因素。

詹姆斯·斯坦霍夫
加拿大多伦多

致　谢

本书源于我的学位论文。在撰写论文的过程中，我有幸得到了尼克·戴尔-维特福德（Nick Dyer-Witheford）的指导。没有他的指导，本书永远不会问世。我还要感谢马尔切洛·瓜里尼（Marcello Guarini）和杰夫·努南（Jeff Noonan），他们分别为我提供了研究人工智能哲学和马克思主义哲学的宝贵经验。我还要特别感谢我在FIMS的朋友和同事维多利亚·奥米拉（Victoria O'Meara）、瑞安·马克（Ryan Mack）、泰勒·瓦格纳（Tyler Wagner）、钱德尔·戈斯（Chandell Gosse）、丹尼尔·戈耶特（Daniel Goyette）、文森特·曼泽罗尔（Vincent Manzerolle）、阿特尔·米科拉·科森（Atle Mikkola Kjøsen）、因德拉尼尔·查克拉博蒂（Indranil Chakraborty）和我的博士后导师安妮莎·坦维尔（Anissa Tanweer）。

我还要向老朋友们表示感谢。微妙之处在于，本书是在多年来我与以下各位的奇妙讨论和共同合作的基础上写就的，他们是博丹·皮兹卡尔尼（Bohdan Pidskalny）、凯尔·勒法维（Kyle Lefaive）、约书亚·奥尔森（Joshua Olsen）、尼古拉斯·曼纽尔（Nicholas Manuel）、特雷弗·佩珀（Trevor Pepper）、马丁·席勒（Martin Schiller）、卡莱布·法鲁吉亚（Caleb Farrugia）、科林·维斯曼（Colin Wysman）、内特·格利纳斯（Nate Gelinas）和詹姆斯·奥尔泰恩-勒普（James Oltean-Lepp）。

我还要感谢罗布·西蒙（Rob Simone）和肖恩·兰迪斯（Sean Landis），罗布·西蒙为本书绘制了一些精美的图表，肖恩·兰迪斯出色的编辑工作使本书在质量上提高了几个档次。当然，任何错误或不足之处都由我负责。

本书的研究工作得到了加拿大社会科学与人文研究理事会和华盛顿大学哈里·布里奇斯劳工研究中心的大力支持。

第一章　引言：自动化、自主性和人工智能

你的生产资料

2016年，一位朋友给我发来一段视频。①在苏联红色旗帜前集结的一群类似人的骨骼状机器人上方，可以读到一行粗体字，"'全自动化时空旅行终结者'拜访了您"。字幕里可以看到终结者的声明："你们的生产资料……现在就给我！资本主义将在自身矛盾的重压下崩溃。"这句声明与阿诺德·施瓦辛格在1991年詹姆斯·卡梅隆拍摄的电影《终结者2：审判日》中赤裸裸的著名台词"我需要你的衣服、靴子和摩托车"有异曲同工之妙。施瓦辛格扮演的T-800型终结者只需要衣服就能融入人类社会，而"全自动化"的"时空旅行终结者"的需求则不止于此，它要的是生产商品和服务的全部机器、工具和设施。这正是历史上马克思主义者和共产主义者提出的要求，他们要从作为资本家的所有者手中夺取生产资料。在《终结者》的神话

---

① 由于视频的版权状况不确定，因此无法在此列明原始视频信息。

中，同名的机器人是天网的创造物；是由科技公司赛博迪恩系统（Cyberdyne Systems）生产的人工智能。在《终结者2》中，一个被俘的终结者被重新编程以对抗天网，并从机器正在毁掉人类最后残余的乌托邦未来送回到1995年的洛杉矶，以保护少年犯约翰·康纳（John Connor）——人类抵抗运动的未来领袖。在上述视频中，作为资本家提高劳动生产率的一种技术，自动化与资本对立，并威胁要摧毁资本。

马克思主义与流行文化机器人是如何在一段视频里纠缠到一起的呢？本书旨在迂回地回答这个问题。马克思主义思想与技术有着长期且复杂的关系。然而，马克思主义思想与人工智能之间几乎没有什么关系，尤其是与人工智能的当代形式——机器学习（ML）更是如此。本书的首要目标是从马克思主义角度理解人工智能。我认为，当今世界出现的人工智能最好被理解为一种自动化技术。理解人工智能的首要场景既不在学术界，也不在科幻小说中，而是在产业界——尤其是新兴的人工智能产业界，该产业是更广泛的科技产业中一个规模虽小但颇具影响力的部分。自打诞生之日起，人工智能就与目前覆盖全球的资本主义生产方式息息相关。

本书的第二个目标是，借用拉涅罗·潘齐耶里（Raniero Panzieri 1965）的话，"挑战"关于劳动的"各种神秘观念"。马克思主义思想家对马克思的著作进行了延伸和调整，以适应自他那个时代以来日益发展的计算资本主义。其中一个特别有影响力的主题是"非物质劳动"（immaterial labour）理论（Hardt and Negri 2000）。在对人工智能产业以及其中的劳动进行研究的基础上，我们将评估"非物质劳动"理论是否足以解释当代高科技工作的性质。本书导言概述了本书的中心论点。

但首先，我们应该回答一系列更具普遍性的问题：为什么要运用马克思主义来思考人工智能产业？为什么要借人工智能来思考马克思主义？150年前的著作能为我们理解所谓的智能机器提供什么样的启示？简言之，马克思用来分析社会的两个核心且深度融合的要素，即资本和机器仍在继续主导着我们今天的生活。

革 命

马克思在工业革命之后对资本进行了分析。在这场大约发生在1760年至1840年之间的工业革命中，以蒸汽为动力、以机器为基础的制造业成为欧洲和北美部分地区的主要工业形式（Toynbee 2011［1887］）。[②]1867年，马克思出版了《资本论》第一卷。第二次工业革命的主要特点是电力的普及，大约发生在1870年至1914年第一次世界大战期间（Landes 2003［1969］）。第二次世界大战后又发生了以数字网络和信息技术普及为特征的第三次工业革命（Rifkin 2011）。据称，自2010年代中期以来，我们一直生活在第四次工业革命之中。世界经济论坛创始人兼执行主席克劳斯·施瓦布（Klaus Schwab 2017）认为，第四次工业革命的定义是"新兴技术突破的汇合，这些新兴技术体现在人工智能、机器人技术、物联网、自动驾驶汽车、3D打印、纳米技术、生物技术、材料科学、能源存储和量

---

② 工业革命的概念因其过度简化复杂的社会进程、将决定性力量归于技术以及忽视历史变革的渐进性而受到恰当的批评（De Vries 1994; Zmolek 2013）。在此，我仅将这一概念作为总结技术环境并概述资本的技术演变的一种手段。

子计算等广泛领域"（7）。经济学家埃里克·布林约尔松和安德鲁·麦卡菲（Erik Brynjolfsson and Andrew McAfee 2014）认为，在经历了第一次工业革命后漫长的第一个机器时代之后，我们现在正进入"第二个机器时代"，其定义与施瓦布提到的一系列技术相同。布林约尔松和麦卡菲（2017）认为，在这些技术中，人工智能将成为最重要的技术，因为它就像电力或内燃机一样，是一种几乎拥有无限应用领域的通用技术（3-4）。也许不出所料，人工智能专家也同意这一点。

教授、企业家和风险资本家吴恩达（Andrew Ng）将人工智能称为新电力。他断言，"就像100年前电力几乎改变了一切一样"（Lynch 2017），人工智能将重塑世界。这种看法非常普遍。咨询公司埃森哲（Accenture）宣称，人工智能是"增长的未来"（Purdy and Daugherty 2016）。然而，值得注意的是，人工智能发展历史的特点也伴随着一波又一波的过度炒作，以及随之而来的各种失望。无论其未来如何，自2015年以来，人工智能一直在狂热的浪潮中高歌猛进。咨询公司加特纳（Gartner 2018）声称，深度学习这种人工智能方法处于炒作曲线的顶点——"膨胀预期的顶峰"——但人们对人工智能的热情仍有增无减。

现实世界的人工智能

这种热情在一定程度上是有道理的。人工智能正在对世界产生实实在在的影响。人工智能现已成为各种数字技术不可或缺的组成部分。所谓的智能扬声器，如亚马逊回音（Amazon Echo）和谷歌之家（Google Home），都使用人工智能来识别人类语音。警方利用 Clearview AI 和 iOmniscient 等公司提供的面部识别人工智能自动扫描监控视频查找可疑人员。人工智能正被用于从广告、物流到人力资源等各种业务流程的自动化。由威莫（Waymo）和图森未来（TuSimple）等公司提供的人工智能驱动的自动驾驶货运卡车，现在（伴以人类监督员）可以在有限的区域内运行，它们利用人工智能配置零售员工，让像亚马逊Go这样的零售商店变得自动化。虽然人工智能尚未大规模取代人类员工，但它已被广泛用于从事复杂的分析工作，并在任何可获取大量数字数据的地方进行预测。

在更广的技术行业中，围绕人工智能正在形成一个独特的产业。2016 年，全球市值最大的五家公司首次全部来自同一个国家和行业：美国大型科技公司（Mosco 2017，65）。这五家公司，即苹果（961.3亿美元）、微软（946.5亿美元）、亚马逊（916.1亿美元）、Alphabet/谷歌（863.2亿美元）和脸书*（512亿美元），它们在2019年的业绩依然在世界上名列前茅，中国科技公司阿里巴巴以480.8亿美元的业绩位居第六（Murphy et al. 2019）。③这些公司中的三家目前都在深度参与人工智能的生产。

除了工业领域，在虚拟的游戏世界里，人工智能系统也赢得了一系列意想不到的胜利，战胜了人类专家。2015年，DeepMind公司的人工智能系统AlphaGo经过海量的专业人类对弈数据训练之后，击败了古代战略游戏围棋的世界冠军。两年后，AlphaGo又被其后继者AlphaGo Zero击败，后者没有利用人类

---

* 脸书（Facebook）公司于2021年改名为Meta公司，鉴于作者成书在脸书改名之前，所以，本书依然沿用脸书这个名称。——译者

③ 除非另有说明，本书所有货币数量均以美元（USD）为单位。

对弈数据，而是通过在模拟中反复自我对弈来学习围棋（Silver et al. 2017）。这些关于人工智能系统的力量和自主性日益增强的故事，使得包括比尔·盖茨、埃隆·马斯克和已故的斯蒂芬·霍金在内的公众人物将人工智能描述为对人类生存的威胁。用不那么末世论的术语来说，人们广泛地对新一轮由人工智能驱动的自动化浪潮可能造成的大范围"技术性失业"表示担忧。COVID-19疫情（2021年撰写本书时仍在持续）加剧了人们对自动化的担忧，因为在此期间许多企业被迫寻求新的方法来最大限度地降低劳动力成本（*The Economist* 2020）。

关于人工智能将产生怎样的社会和经济影响以及这些影响何时发生，人们的预测可谓大相径庭。不过，从政治角度来看，以及就学术界到政府再到工业界的各个领域而言，人们正在形成一种模糊的共识，即资本主义经济迟早要解决这样一个问题：当机器能够完成社会的大部分必要劳动时，该如何应对？基于此，马克思在19世纪末所做的分析仍然具有现实意义。诚然，马克思的著作具有特定的历史背景；他分析的是他那个时代所能看到的新兴工业化资本。然而，与此同时，他的分析关注的是持续性特征和"每种特定资本主义的核心结构"（Heinrich 2007，4）。这些特征之一就是机器体系，它们甚至在工业化之前就已经存在。

机器体系与马克思主义者

马克思认为，资本主义与以往生产方式的区别在于其系统的生产与剩余价值的重新整合。机器是资本控制和提高其赖以产生剩余价值的劳动生产率的主要手段。马克思向我们展示，

第一章　引言：自动化、自主性和人工智能

资本是如何在竞争和阶级斗争的内在驱动下，不断推动技术革命，而技术革命的基础就是从工人那里攫取技能和知识，并在机器生产中对这些技术和知识加以仿效。资本趋向于日益机器化的状态。因此，马克思将机器体系描述为资本"最强大的武器"（1990，562）。今天，我们通常将资本日益机器化的过程称为自动化。

"自动化"一词直到第二次世界大战后才创造出来。勒·格兰德（Le Grand 1948）在为《美国机械师》杂志撰写的一篇关于福特汽车公司生产状况的文章中，将自动化定义为"应用机械装置操纵工件进出设备、在各道工序之间转换零件……并与生产设备一起按时间顺序执行这些任务的技艺，以使生产线在全局点位上全部或部分处于按钮控制之下"。④四年后，管理理论家约翰·迪伯尔德（John Diebold 1952）让自动化这一概念普及开来，他认为自动化"既指自动程序，也指让事物自动化的过程。在后一种意义上，它包括工业活动的多个领域，如产品和工艺的重新设计，通信和控制理论以及机器设计"（ix）。要充分说明自动化的历史，需要用到相关著述，有兴趣的读者可以参考拉明·拉姆丁（Ramin Ramtin 1991）的著作，这是一本被人们忽视的优秀之作，我在本书中会一直引用它。

拉姆丁将自动化与机械化加以区分。机械化是指将热力学机器引入（主要是手工的）劳动过程，马克思在他的时代见证

---

④　根据约斯特（Yost 2017，293）的说法，"自动化"一词最早是由福特汽车公司负责制造的副总裁德尔马·S.哈德（Delmar S. Harder）提出的，但勒·格兰德是第一个在出版物中提及该词的人。

了该过程。自动化是指利用信息技术实施手工或认知劳动的过程。拉姆丁（1991）将自动化定义为"反馈原理的系统应用"或将输出作为输入的系统应用（60）。虽然简单的反馈形式自古以来就有，但根据拉姆丁的观点，直到"可以通过编程执行无限数量的任务"的软件计算技术出现，自动化才真正实现（1991，50）。自动化因其灵活性而有别于机械化。通过利用反馈，计算技术可以完成许多任务。资本被不断推向日益机械化的状态，这与计算机利用反馈能力之间存在互补关系。

马克思之后的思想家发展并修订了马克思的框架，以分析资本在随后的工业和技术革命中的演变。马克思主义思想家将第二次工业革命前后的时代称为"福特主义"（Fordism），其最著名的表现形式就是生产流水线和技能降低的"大众工人"（mass worker）（Wright 2002）。马克思主义者和相关思想家将数字化的第三次工业革命描述为向"后福特主义"（post-Fordism）的过渡，其意是资本试图通过部署信息技术来克服大众工人的组织力量（Amin 1994，1–34）。

[7] 被称为"后工人主义"（post-operaismo，又称为post-workerism）的思想流派对"后福特主义"分析极具影响力，但它对上文提出的资本与计算机之间的互补关系提出了疑问。"后工人主义"思想家认为，计算机的涌现打破了技术力量的平衡，有利于劳工。以往的工作种类被转化为他们所称的"非物质劳动"（Lazzarato 1996），其拥有"资本主义控制模式无法遏制"的新力量（Hardt and Negri 2009，143）。在互联网发展初期，"后工人主义"的著名人物安东尼奥·内格里（Antonio Negri 1996）提出了这样一个问题：这是第三次工业革命还是向共产主义过渡的时代？（156）

虽然信息技术尚未将世界带入共产主义，但"后工人主义"仍在继续推进其非物质劳动理论，几乎未作任何修改。在这方面，哈特和内格里撰写的《集群》（2017）与《帝国》（2000）差别不大。⑤非物质劳动理论是在公共互联网诞生前后出现的，但在资本主义机器学习时代，它是否仍然有用？即使新的资本流凝聚在人工智能吸引器周围，且大型科技公司获得了前所未闻的权力和财富，信息技术是否有可能增强劳动对抗资本的力量？

核心论点

"后工人主义"思想家对信息技术的涌现表示庆贺，因为他们认为信息技术提高了劳动阶级进行自主组织非物质劳动的能力。这种观点认为，非物质劳动者在技术的加持下，可以从资本那里获得越来越多的自主性。最终，他们可以完全摆脱资本，过渡到一种新的自主生产模式。新自主性的意识主张是本书的核心关注点。我将通过人工智能产业案例研究对该主张进行评价。根据"后工人主义"的观点，高科技工作者，如人工智能行业的数据科学家和机器学习工程师，应该是典型的非物质劳动者。然而，如果我们考察一下他们所从事的工作，就会发现，

---

⑤ 在过去10年中，受非物质劳动理论的影响，被誉为技术乐观主义的左翼加速主义（accelerationist）思想家崛起（Williams and Srnicek 2014; Mason 2016; Bastani 2019）。这些思想家赋予第四次工业革命技术类似于"后工人主义"赋予第三次工业革命技术的革命性意义。他们对全面自动化和工作终结的呼吁得到了内格里（2014）本人的赞誉。我在全书中主要关注"后工人主义"，但在结论中也简要提及了左翼加速主义。

几乎没有证据表明这些劳动者拥有"后工人主义"赋予他们的属性，尤其是不受资本影响的自主性。相反，人工智能工作向我们展示了马克思主义劳动过程研究长期以来所熟悉的劳动过程碎片化、去技能化和自动化的又一个例子。我认为，人工智能产业现状表明了资本针对劳动的自主性日益增强，而不是相反。

我的论点的核心建立在对人工智能行业工作的经验研究基础上，该研究基于我在2017—2018年对人工智能行业工人（劳工）和管理层（资本代表）的访谈。我采访了各种技术工人，包括数据科学家和机器学习工程师，以及几位首席执行官。[6]"后工人主义"倾向于对整体经济做出笼统的论断，因此通过深入研究特定行业来检验其论断是非常有用的。

经验研究是通过对马克思的解读来诠释的，这种解读借鉴了劳动过程理论（labour process theory，简称LPT）和价值形态分析或马克思新解读（New Reading of Marx，简称NRM）。研究的核心是分析机器学习的劳动过程，或生产人工智能商品的一系列具体行动（第六章）。劳工与资本在劳动过程中彼此相遇，它们的相遇以技术为中介。劳动过程的结构及其变化可以告诉我们劳工与资本之间的关系。在劳动过程中，"后工人主义"理论家所假定的非物质劳动的新自主性应该是显而易见的。

然而，仅仅分析劳动过程是不够的。劳动过程是根据更广泛的行业动能（从阶级斗争到资本主义之间的竞争）来构建的，

---

[6] 在我的访谈中有两个令人遗憾的空白。女性完全没有代表。我在征募女性时遇到的困难反映了第五章中讨论的行业性别不平衡问题。第五章也讨论了"幽灵工人"对人工智能生产的重要贡献，但他们也没有代表。这仅仅是因为，我在进行访谈时，还没有意识到他们工作的重要性。

第一章 引言：自动化、自主性和人工智能

因此必须将其置于该背景中。为了获得这种更高阶的视角，我还对人工智能产业进行了政治经济学分析（第五章）。此外，由于任何特定产业都是其诞生之前的社会和物质条件的产物，因此进行历史分析也是必要的。因此，本书也包括了人工智能如何成为一个产业的粗略历史（第四章）。本章末尾提供了完整的章节细目。但首先，我们需要确定人工智能究竟是一种什么样的机器。

计算性机器体系

围绕人工智能充斥着各种炒作，因此有必要从最基础的层面开始讨论。人工智能是运行在数字计算机硬件上的一种软件，旨在模拟（定义宽泛的）智能的某些方面。人工智能并不等同于机器人技术。机器人可能包含人工智能，但事实并非如此。机器人有自己的"身体"，而人工智能系统则只是软件程序。人工智能很难有一个准确的定义，因为在如何定义智能以及如何在机器中实施智能方面，目前还没有形成共识（Legg and Hutter 2007；Wang 2008）。一位早期的人工智能研究者将人工智能定义为"在某些方面使机器的行为方式可以像人的行为方式那样就可称之为智能"（McCarthy et al. 1955）。另一位研究者则将人工智能定义为"使机器智能化，而智能是指让一个实体在其所处环境中适当地、有预见性地发挥作用的品质"（Nilsson 2010，xiii）。定义问题因一种常常被称为人工智能效应的现象而变得更加复杂，即人工智能中的问题一旦得到解决，其不再被视为需要智能。人工智能先驱和第一位人工智能历史学家帕梅拉·麦考德克（Pamela McCorduck 2004［1979］）指出，"每当有人想出如何让计算机做某些事情，如下好跳棋、解决简单但相对非正式的问题时，就会有一大群批评者说，'那不是思考'"（204）。

有一种著名的人工智能定义方法值得一提。数学家、计算机科学家和密码学家艾伦·图灵（Alan Turing 1950）在他著名的思想实验"模仿游戏"中首次提出了这一定义。这个游戏通常被称为"图灵测试"（Turing Test），它涉及一个主体分别与机器和人类进行文本对话，机器和人类都被隐藏起来。这个主体将尝试判断哪个是人类，哪个是机器，如果他/她无法判断，机器将赢得游戏。图灵测试假设，当对话者无法辨别机器和人类时，机器智能的问题就变得毫无意义了。因此，图灵测试并不关心机器的内部工作原理是什么，也不关心它们如何（或是否）产生智能。图灵的方法聚焦智能的表象而非技术定义，具有哲学上的趣味，但在讨论当今世界上存在的人工智能时，这种方法并不十分有用，因为我们在语言上与绝大多数人工智能之间并没有交流。

相反，让我们为人工智能下一个适用于所有可能应用的初步定义。在王（Wang 2008）看来，智能是"在知识和资源不足情况下进行适应"，这意味着智能系统"是有限的、实时工作的、对新任务开放的，并从经验中学习"（371）。卡普兰（Kaplan 2016）将"智能的本质"定义为"基于有限数据及时做出适当归纳的能力。应用领域越广，用最少的信息得出结论的速度越快，行为就越智能"（5-6）。通过提出时间有限性、数据有限性和应用广泛性等标准，卡普兰和王提出的定义旨在将人工智能与单纯的计算区分开来。他们的定义强调了一个有用的事实，即人类智能一直都是在有限数据的条件下发挥作用的，只有国际象棋这样具有"完美信息"的形式化情境除外（Mycielski 1992，42）。他们还利用了这样一种直觉：如果给一个程序400万年的时间，让它对所有可能的解决方案进行穷尽式搜索，然后在理论上解决一个难题，此时它并不具备我们赋予人类的那种意义上的智能。

这些定义还有效地提出了通用性的问题。他们认为，真正的智能具有普遍适用性，而单纯的程序只有单一功能。通用人工智能（AGI）是对假想的人工智能的称呼，它具有与人类类似的能力，"能将学习从一个领域转移到其他领域"（Muehlhauser 2013）。[7]虽然通用人工智能研究仍处于高度推测阶段，但学术界和产业界至少已有45个活跃的通用人工智能研究项目（Baum 2017）。相比之下，目前的人工智能被称为"狭义"人工智能，因为每个系统都是基于完成特定任务而设计的（Johnson et al. 2016，4246）。就像文字处理器没有办法生成3D模型，面部识别人工智能也不会预测股市或解释语音。除非另有说明，本书中提到的人工智能均指实际存在的狭义人工智能。

我建议将人工智能初步定义为旨在模拟智能某些方面（定义宽泛）的一系列计算技术，其能够克服时间、数据和资源有限的障碍，并有可能将学习从一个领域转移到其他领域。作为一种启发式定义，一个程序能在越多的领域中运行，如果所需的时间、数据和资源越少，它所表现出的"智能"就越高。这种构想并不完美，但对本书而言已经足够。如我们所见，人工

---

[7] 深度学习领域的专家扬·勒昆（Yann LeCun）提出了一个令人信服的观点，即人类智能"远没有达到通用的程度"，因为对许多操作来说，人类智能都非常不擅长或无法胜任（转引自Macaulay 2020）。无论如何，我们可以认为人类智能是相对通用的。

智能与计算之间的分界并不严格。⑧在很大程度上，即使是最先进的人工智能也涉及计算技术，这些计算技术需要比人类智能多得多的资源，如数据。在这个启发式的智能连续体中，还没有任何现有的人工智能与人类接近。实际上，现有的人工智能在任何广泛可接受的意义上都不会思考。我们值得花一些时间来阐述这个问题。即使我们试图将人工智能与单纯的计算区分开来，作为一个程序，人工智能所做的也是计算。计算是一个过程的执行，这个过程"从最初给定的对象（称为输入）开始，根据一套固定的规则（称为程序、步骤或算法），经过一系列步骤，在这些步骤的最后得出最终结果，即输出"（Soare 1996，286）。只有当支配计算的算法"精确而明确，每个连续步骤都清晰确定"时，计算才能进行下去（Soare 1996，286）。任何尝试过编码的人都会知道，最轻微的错误都会让程序失去作用，因为计算机缺乏任何类似常识或思考的东西，它只会精确地遵循所有指令。计算是在"完全不理解任务的意义或含义的情况下"进行的（Carter 2007，55）。⑨

12 　　计算看起来是数字时代的一项创新，但它已经存在了数千年。大约在公元前 800 年，印度教的《舒尔巴经》（*Shulba Sutras*）以文字形式记录了一种更为古老的口头传统，描述了

---

⑧ 我们应该在实际存在的人工智能和虚构的人工智能之间建立一个严格的界限。虽然我们不会花时间讨论人工智能哲学方面的问题，但重要的是，不能把人工智能想象成有知觉或有意识的机器。就本书而言，人工智能是否真正具有智能、意识、道德或其他任何东西都无关紧要。我们感兴趣的是，在缺乏这些品质的情况下，实际存在的人工智能被用于何种用途。

⑨ 遗憾的是，这里不是探讨人类心智即大脑是否是一个计算系统的地方。有关计算主义的更多信息，请参阅皮奇尼尼（Piccinini 2015）和内加雷斯塔尼（Negarestani 2018）。

第一章 引言：自动化、自主性和人工智能

用数千块大小不一、形状各异的砖块建造几何祭坛的精确分步说明（Pasquinelli 2019）。公元前330年左右，亚历山大里亚的希腊数学家欧几里得讨论了计算两个正整数最大公约数的算法（Kleene 1988，19；引用Soare 1996，287-288）。欧几里得的算法定义精确：首先，较大的整数除以较小的整数，然后所得分母除以余数。这一阶段不断重复，直到没有余数为止。得到的分母就是最大公约数。这种算法可以用手、笔和纸来实现。数字计算机只是实现算法的一种可能方式。

事实上，从18世纪中叶到第二次世界大战后，"计算机"一直所指用手工计算的人，他们遵循一系列规则将输入处理为输出（Grier 2013）。早期的非人类计算机是机电式的；没有软件这一概念，每个新程序都是由机械继电器驱动的一系列电气开关物理组装而成。因此，最早的编程由"变更电缆和设置开关"构成（Copeland 2004，23）。后来，真空管取代了机械继电器，大大加快了计算速度。到了1947年，算法才被存储在电子存储器而不是机械装置中。直到那时，才出现了我们所说的软件技术（Chun 2005，28）。这种早期的软件被称为存储程序，其最早的实现者是宾夕法尼亚大学的ENIAC（第一台通用数字计算机）。这里的"通用"仅指程序并不固定在计算机的结构中，不同的程序可以根据需要存储在计算机的结构中。随着存储程序的出现，它成为"第一次……利用计算机协助编制自己的程序成为一个实用且有吸引力的命题"（Randell 1974，12）。由于存储程序存在于计算机中，它可以被其他程序修改，甚至可以被自己修改。软件不能修改硬件，但软件可以修改软件。在软件中，"命令、数据和地址在内部都用二进制数表示。函数与参数、运算符与数值之间的经典区别已变得模糊不清……［这……使得操作可以应用于操作，结果可以自动化"（Kittler 1996）。因此，软件可以在计算机内形成反馈回路，这在每个程序都由特定硬件构型严格规定的情况下是不可能实现的。

早在ENIAC问世前几十年，图灵（1937）就在另一个思想实验中预见到了软件这个概念，该实验涉及一种假想的设备，现在称为图灵机。这是一台简单得令人难以置信的机器，由一卷写有符号的无限长的磁带、一个可以读写这些符号的装置、一个机器当前状态的寄存器和一套规则组成，这套规则规定了机器如何基于磁带上可读取的符号从一个状态移动到另一个状态。图灵论证了任何可以精确制定的算法都可以通过图灵机来模拟（或者我们可以说，作为程序在图灵机上运行）。他的目的是要证明，当一个被称为"判定性问题"（Entscheidungsproblem）的令人头疼的数学问题无法用图灵机模拟，它也就无解（Leavitt 2006，98）。与本书目的更为相关的是，图灵机"预见了软件概念"（Dyson 2012，460）。而在图灵之前的是阿达·拉芙蕾丝（Ada Lovelace 1842），她比图灵机出现早近一个世纪时就已勾勒出计算机程序的轮廓，并使用查尔斯·巴贝奇（Charles Babbage）的假想机械计算机"分析引擎"（Aurora 2015）提出了计算伯努利数（Bernoulli numbers）的算法。

图灵机是一种假设。实际上，它是一种极其缓慢的计算方式。但由于它既能写也能读，图灵机在理论上实现了软件后来在实践中可以实现的反馈回路。根据媒体理论家弗里德里希·基特勒（Friedrich Kittler 1996）的说法，图灵由此提前阐明了"所有数字技术的原理"。用一台相对简单机器的机制来模拟所有现有算法的可能性，包含了通用计算机概念——一台只有一种物理配置的机器，其可以作为程序运行其他机器。

第一章　引言：自动化、自主性和人工智能

递　归

今天的我们已经习惯了这种通用计算机，因此很难理解其历史意义。但图灵非常清楚他的假想机器的革命性。他设想，有了它，人们就不再需要"有无数台不同的机器做不同的工作……一台机器就足够了"（Turing 2004，414）。我们可以用递归的概念来理解图灵机和一般软件所呈现的普遍性质。递归有着难懂的数学和计算历史，超出了本研究的范围（Hofstadter 1979；Totaro and Ninno 2020）。我主要借鉴蒂姆·乔丹（Tim Jordan 2015）对递归的理解，即"信息对自身的应用"（31）。在乔丹看来，递归描述了计算技术的特性，即允许"某一特定程序使用自身或自身的产物或要素再回到相同程序中"（2015，33）。算法的输出或算法本身可以作为输入反馈到同一算法中，形成一个回路或"自我递归的数字流"（Kittler 1999，xl）。然而，递归回路并非简单的重复：

> 递归是……将处理指令重新应用于变量，而变量本身已经是处理指令的结果或临时结果。变量伴随每一次迭代都会发生变化，重复的效果不是产生同一性，而是产生一种预定义的变化。因此，递归不是简单的复制，而是扩大的复制；它将重复和变化结合在一起，目的是产生无法事先执行的新东西（Winkler 1999，235，转引自Winthrop-Young 2015，74）。

通过在算法中重新插入输出，递归使得"有限的手段产生无限的结果"（Jordan 2015，33）。因此，递归使得算法这种严格规定的机器程序产生适应性、出乎意料或新奇的输出。图灵进而探讨了这样一个观念，即使是人类思维过程也可以转化为一系列具有递归关联的离散状态，从而通过算法得以实现（Edwards 1996，16）。图灵由此提出了机器获得"思维的自反性"（self-reflexivity of thought）能力的条件（Caffentzis 1997，49）。递归描述了数字计算机的基本功能，提供了计算与人类认知之间的概念桥梁。但这些介绍还不是全部。递归将在本书中反复出现。

在第二章中，我们将看到马克思将资本描述为根本性递归；它是由一个放大的循环或回路所定义的，马克思称之为增殖（valorization）*。乔丹（Jordan 2015）认为，回路是递归的"政治-技术"力量的源泉（37）。我要论证的是，资本也是如此，它将其产出（在价值和具体技术方面）重新整合到新的生产过程中，产生新的技术环境，使新的剩余价值获取技术成为可能。乔丹（2015）指出，要形成递归回路，必须进行同质化操作："递归必须以某种方式创造或调节信息，使信息能够应用于自身……任何递归过程都必须在某种意义上使其运用的信息自洽"（38）。例如，操作系统只能使用格式适当的程序。iOS 应用程序将无法在安卓设备上运行；必须制作特定的安卓版本。马克思也注意到了资本循环中的这种同质化功能，它将世界的异质性还原为价值。总之，递归是本书论点得以产生的概念核心。在接下来的章节中，我认为人工智能产业的历史可以解读为资本试图利用计算机的递归能力来增强其递归增殖循环的传奇。

---

* 增殖是内格里从马克思的《政治经济学批判大纲》中提取的一个重要概念，即指资本通过确定价值的机制，从而在劳动过程中获取剩余价值的过程。——译者

第一章 引言：自动化、自主性和人工智能

本书不涉及哪些内容

关于人工智能有很多有价值的研究。本书只涉及一个非常特殊的角度，而不关注许多其他方面。本节将介绍相关著作，这些著作涉及的主题超出了本书的范围。感兴趣的读者可能会发现它们很有用。至少，了解本书不涉及的内容应该对读者也会有所帮助。

本书并不深入研究有关人工智能的大量哲学文献（Boden 1990；Copeland 1993；Carter 2007）。本书也不涉及有关后人类主义（Haraway 1990；Hayles 2008；Braidotti 2013；Roden 2014）、超人类主义（Moravec 1988；Kurzweil 2005；Ranisch and Sorgner 2014）以及技术奇点和超智能 AGI（Good 1966；Vinge 1993；Bostrom 2014）的讨论。本书也未过多涉及与算法技术（O'Neil 2017；Eubanks 2018；Noble 2018；Benjamin 2019；Criado Perez 2019）以及机器人和人工智能（Adam 2006；Larson et al. 2016；Broussard 2018；Rhee 2018；Atanasoski and Vora 2019）相关的种族和性别问题。

本书也不涉及关于大规模自动化未来确切影响的讨论。不过，由于自动化是本书关注的核心话题，因此值得概述一下当前的讨论情况。"技术性失业"（technological unemployment）一词是在图灵开始撰写有关智能机器的文章（Keynes 1972 [1930]）之前提出的，但它经常被重新使用。最近，当经济学家弗雷和奥斯本（Frey and Osborne 2013）声称，在未来10年到20年内，通过"计算机化"的应用，美国47%的工作都有可能实现自动化时，"技术性失业"一词再次兴起（1）。此后，一系列研究接踵而至（Arntz et al. 2016；Manyika et al. 2017；Hawksworth et al. 2018；Muro et al. 2019；Gartner 2020）。从这些报告中无法得出共识。正如阿齐莫格鲁和雷斯特雷波（Acemoglu and Restrepo 2018）所指出的，"我们对自动化，尤其是人工智能和机器人技术如何影响劳动市场和劳动生产率的理解远未达到令人满意的程度"（1）。一些分析认为，由于整体经济增长和与人工智能相关的新型工作出现，自动化带来的工作岗位损失将被就业收益所抵消（Lee 2018b；Hawksworth et al. 2018），而另一些分析则预测会出现大规模"技术性失业"。

杰里·卡普兰（Jerry Kaplan 2015）断言，人工智能驱动的广泛自动化将揭示马克思的正确性，资本主义"对工人来说是一个失败的命题"（11）。卡普兰（2015）提出了一个"自由市场解决我们正在制造的潜在结构性问题"的方案，但即使按照他自己的说法，这些解决方案似乎也不足以应对他所期待的革命性变化（13）。虽然卡普兰承认人工智能加剧了劳工与资本的冲突，但他并不承认这种冲突在资本主义统治下是不可消除的。马丁·福特（Martin Ford 2015）认为，如果不改变资本主义生产方式本身，就无法解决人工智能带来的问题。福特对卡普兰这样的自由市场解决方案持怀疑态度，因为他认识到，自动化不是管理者个人的选择，而是资本主义内在竞争的结果。要阻止人工智能自动化的浪潮，"就需要修改市场经济中的基本激励机制"（Ford 2015, 256）。本书并不涉及这些大规模的争论，而是特别关注人工智能产业和其中的自动化。在介绍了本书不涉及的内容之后，本引言现在将概述本书讨论的内容。

各章概述

在引言之后，第二章通过劳动、资本与机器这三个概念的视角，考察了马克思主义理论的几个不同流派。我们将看到，这三个概念虽然在马克思主义思想中总是相互关联，但其构型（configured）方式却大相径庭。我们还将看到，尽管马克思主义者对技术很感兴趣，但只有其中少数人讨论过人工智能。本章首先简要讨论了马克思著作产生的概念环境之一，即古典政治经济学。然后，将阐述马克思对政治经济学的批判以及资本日益机器化状态趋势的理论考察。对马克思而言，机器是资本与它所依赖的人类劳动者进行持续斗争的有利武器。本章考察了苏联马克思主义、西方马克思主义以及最早参与人工智能和机器人技术论述的马克思主义者的研究成果。随后，讨论将侧重于具体劳动实践的劳动过程理论，以及价值形式*马克思主义（value-form Marxism），特别是侧重于资本主义价值本体论转型的马克思新解读。最后，我解释了自己的理论观点，其中借鉴了劳动过程理论和马克思新解读。

第三章继续第二章开始的马克思主义理论研究。在这里，我们遇到了"工人主义"和本书的批判对象——"后工人主义"。我概述了"后工人主义"对信息技术的迷恋及其对劳动、资本与机器概念的重构。我特别关注非物质劳动的"后工人主义"理论，尤其是关于信息技术的涌现正在推动非物质劳动者摆脱

---

* 价值形式亦称"价值形态"，即商品价值的表现形式。价值形式概念中蕴含着资本主义生产方式的一切矛盾与不平衡状况。——译者

资本支配的新自主性意识的主张。为支持这一论点，我将"后工人主义"论点的逻辑重构为三个循环发生的阶段：人机混合、抽象合作和新自主性。随着批判对象的确定，本书从理论转向对人工智能产业的研究。

第四章是人工智能产业的政治经济学史。它首先将人工智能的出现置于劳动、自动化和计算技术的大背景下。第二次世界大战后，资本推出了新型自动化技术，以对抗被赋能的工业劳工。与此同时，围绕计算技术出现了一种新型劳动。我将追溯人工智能研究最早如何与美国军方联系在一起，如何艰难度过第一个人工智能"寒冬"，并在20世纪80年代围绕"好的老式人工智能"（Good Old-Fashioned AI，简称GOFAI）专家系统首次形成了一个独特的产业。接下来，我将探讨各国如何参与涉及人工智能的竞争性战略计算项目，并描绘20世纪80年代末兴起的作为另一种人工智能范式的专家系统，即机器学习的衰落。我还考察了旨在从数据中自动提取问题解决方案的机器学习所带来的范式转变。本章最后追溯了科技行业如何在2009年经济危机之后开始接受机器学习，从而促成了第二个人工智能行业时代。

第五章承接上一章，分析了当代人工智能产业的政治经济学。我探讨了人工智能产业的资本方面，包括其规模和范围，以及构成该产业的各类公司，从寡头垄断的科技巨头到无足轻重的初创企业。我还讨论了人工智能产业的产品类型以及区别于其他产业的人工智能产业的特殊动力，包括开源人工智能工具的涌现、云平台的中心地位以及新兴的专有人工智能硬件。然后，还考察了该行业中劳动力方面的问题，包括人工智能劳动力的等级制度，从数据科学家和工程师的高薪到平台化"幽灵工人"的微薄工资。我将讨论人工智能行业劳动力的构成、

第一章 引言：自动化、自主性和人工智能

占主导的白人男性和普遍存在的性别歧视，最近新出现的劳工组织，以及人工智能和其他高科技劳动领域的行动主义，该领域在历史上一直以反政治主义为其特征。

第六章从宏观分析转向关注当代人工智能产业的劳动过程。通过访谈数据，我勾勒出机器学习人工智能的生产过程。我深入探讨了不同类型的机器学习，以及它们如何以不同方式应对数据/劳动瓶颈问题。首先，我介绍了机器学习劳动过程的三个阶段：数据处理、模型构建和部署。接下来，我将提出从访谈中总结出的四个关键主题，这些主题表明了资本主义生产的迫切需求是如何构建机器学习劳动过程的。这四个主题是：人工智能的商品形式、对机器学习劳动过程的经验性控制、作为自动化技术的人工智能以及人工智能工作的自动化。本章最后讨论了人工智能工作自动化与自动机器学习（AutoML）技术，后者正被应用于机器学习劳动过程的各个阶段。最后，我认为，机器学习和自动机器学习可能代表了一种新型的"合成"（synthetic）自动化，可以让资本克服对"活劳动"（living labour）的依赖。

第七章对"后工人主义"所宣称的非物质劳动的新自主性进行批判。我认为，根据前几章对人工智能产业的分析，人工智能工作，即典型的非物质劳动，在任何意义上都没有表现出"后工人主义"所描述的新自主性。恰恰相反，人工智能工作，尤其是在自动机器学习这一新兴技术的背景下，似乎揭示出资本的而非劳动的自主性不断增强的轨迹。本章最后阐述了合成自动化的意义，非物质劳动理论是一种趋势，合成自动化则是一种潜在反向趋势。

第八章，也是最后一章，阐述了本书的写作意图。我断言，本书的目的并不是要打败一个流派，同时拥护另一个流派，而是要通过努力实现对马克思新解读、劳动过程理论和"后工人主义"（三者都具有有用的属性）的综合，为在资本主义统治下生活分析的复杂性做出贡献。我还认为，无论人工智能意味着什么，它作为自动化技术的功能都应得到承认。因此，对人工智能的研究表明，以机器为媒介的马克思主义的阶级对立仍然具有现实意义。最后，我认为，虽然本书看似悲观，但它为把握劳动、资本和所谓智能机器的当代构型提供了一种实用的立场。

附录1 受访者名单

名字	年龄	职位	教育背景	公司类型
胡安（Juan）	33	首席执行官	未完成大学学业	初创企业
马希尔（Mahir）	36	首席执行官	医学硕士	初创企业
阿尔文（Arvin）	29	研发程序员	计算机科学硕士	初创企业
克里斯（Chris）	32	首席执行官	运筹学硕士	初创企业
拉斯洛（Laslo）	28	首席执行官	市场营销/金融学士，拥有数据科学证书	初创企业
阿尔伯特（Albert）	43	资深软件工程师	计算机科学硕士	由大公司收购的初创企业
尼古拉斯（Nikolas）	33	数据科学家	工业工程硕士和计算机科学硕士	国际企业
伊敏（Yimin）	34	数据科学家	大气科学博士	大公司内部的初创企业
卡洛（Carlo）	27	推理工程师	机器学习硕士	初创企业
迪内希（Dinesh）	39	资深软件工程师	量子计算博士	国际企业
托鲁（Tolu）	38	首席执行官	机器学习博士	小型企业
爱德华（Edward）	30	研究生	机器学习硕士	研究机构
戴维（David）	34	首席科学家	数学博士	大公司内部的初创企业
马丁（Martin）	30	机器学习科学家	感知科学博士	初创企业
查菲克（Chafic）	31	研究实习生	感知科学博士	初创企业

第一章 引言：自动化、自主性和人工智能

参考文献

Acemoglu, Daron, and Pascual Restrepo .2018. Artificial Intelligence, Automation and Work. National Bureau of Economic Rearsch Working Paper # 24196.

Adam, Alison. 2006. *Artificial Knowing: Gender and the Thinking Machine*. New York: Routledge.

Agrawal, Ajay, Joshua Gans, and Avi Goldfarb. 2016. The Simple Economics of Machine Intelligence. *Harvard Business Review* 17.

Amin, Ash. 1994. Post-Fordism: Models, Fantasies and Phantoms of Transition. In *Post-Fordism: A Reader*, ed. Ash Amin. Oxford: Blackwell.

Arntz, Melanie, Terry Gregory, and Ulrich Zierahn. 2016. The Risk of Automation for Jobs in OECD Countries: A Comparative Analysis. OECD Social, Employment, and Migration Working Papers 189.

Atanasoski, Neda, and Kalindi Vora. 2019. *Surrogate Humanity: Race, Robots and the Politics of Technological Futures*. Durham: Duke University Press.

Aurora, Valerie. 2015. Rebooting the Ada Lovelace Mythos. In *Ada's Legacy:Cultures of Computing from the Victorian to the Digital Age*, ed. Robin Hammerman and Andrew L. Russel. New York: Morgan and Claypool.

Bastani, Aaron. 2019. *Fully Automated Luxury Communism*. London: Verso.

Baum, Seth. 2017. A Survey of Artificial General Intelligence Projects for Ethics,Risk, and Policy. Global Catastrophic Risk Institute Working Paper 17–1.https://papers.ssrn.com/sol3/papers.cfm?abstract_id=3070741.

Benjamin, Ruha. 2019. *Race After Technology: Abolitionist Tools for the New Jim Code*. New York: Wiley.

Boden, Margaret A. (ed.). 1990. *The Philosophy of Artificial Intelligence*. Oxford: Oxford University Press.

Bostrom, Nick. 2014. *Superintelligence: Paths, Dangers, Strategies*. Oxford: Oxford University Press.

Braidotti, Rosi. 2013. *The Posthuman*. Cambridge: Polity.

Broussard, Meredith. 2018. *Artificial Unintelligence: How Computers Misunderstand the World*. Cambridge, MA: MIT Press.

Brynjolfsson, Erik, and Andrew McAfee. 2014. *The Second Machine Age: Work, Progress, and Prosperity in a Time of Brilliant Technologies*. New York and London: W. W. Norton & Company.

Brynjolfsson, Erik, and Andrew McAfee. 2017. The Business of Artificial Intelligence: What it Can-and Cannot-Do for Your Organization. *Harvard Business Review Digital Articles* 7: 3-11.

Caffentzis, George. 1997. Why Machines Cannot Create Value; or, Marx's Theory of Machines. In *Cutting Edge: Technology, Information, Capitalism and Social Revolution*, ed. Jim Davis, Thomas Hirschl, and Michael Stack. London: Verso.

Carter, Matt. 2007. *Minds and Computers: An Introduction to the Philosophy of Artificial Intelligence*. Edinburgh: Edinburgh University Press.

Chun, Wendy Hui Kyong. 2005. On Software, or the Persistence of Visual Knowledge. *Grey Room* 18: 26-51.

Copeland, Jack. 1993. *Artificial Intelligence: A Philosophical Introduction*. Oxford/Malden, MA: Blackwell.

Copeland, Jack. 2004. Computable Numbers: A Guide. In *The Essential Turing*, ed. Jack Copeland. Oxford: Oxford University Press.

Criado Perez, Caroline. 2019. *Invisible Women: Data Bias in a World Designed for Men*. New York: Harry N. Abrams.

De Vries, Jan. 1994. The Industrial Revolution and the Industrious Revolution. *The Journal of Economic History* 54 (2): 249-270.

Diebold, John. 1952. *Automation: The Advent of the Automatic Factory*. Princeton, NJ: D. Van Nostrand Company.

Dyson, George. 2012. Turing Centenary: The Dawn of Computing. *Nature* 482 (7386): 459.

Economist, The. 2020. The Fear of Robots Displacing Workers Has Returned. *The Economist*, July 30.

Edwards, Paul N. 1996. *The Closed World: Computers and the Politics of Discourse in Cold War America*. Cambridge: MIT Press.

Eubanks, Virginia. 2018. *Automating Inequality: How High-Tech Tools Profile, Police, and Punish the Poor*. New York: St. Martin's Press.

Ford, Martin. 2015. *Rise of the Robots: Technology and the Threat of a Jobless Future*. New York: Basic Books.

Frey, Carl Benedikt, and Michael A. Osborne. 2013. The Future of Employment: How Susceptible Are Jobs to Computerisation? *Technological Forecasting and Social Change* 114: 254-280. https://www.oxfordmartin.ox.ac.uk/downlo ads/academic/The_Future_of_Employment.pdf.

Gartner. 2018. Hype Cycle for Emerging Technologies, 2018. August. https://blogs.gartner.com/smarterwithgartner/files/2018/08/PR_490866_5_T rends_in_the_Emerging_Tech_Hype_Cycle_2018_Hype_Cycle.png.

Gartner. 2020. Gartner Predicts 69% of Routine Work Currently Done by Managers Will Be Fully Automated by 2024. https://www.gartner.com/en/newsroom/press-releases/2020-01-23-gartner-predicts-69–of-routine-work-currently-done-b.

Good, Irving John. 1966. Speculations Concerning the First Ultraintelligent Machine. In *Advances in Computers* 6: 31-88. Elsevier. https://www.stat.vt.edu/content/dam/stat_vt_edu/research/Technical_Reports/TechReport05-3.pdf.

Grier, David Alan. 2013. *When Computers Were Human*. Princeton: Princeton University Press.

Hardt, Michael, and Antonio Negri. 2000. *Empire*. Cambridge, MA: Harvard University Press.

Hardt, Michael, and Antonio Negri. 2009. *Commonwealth*. Cambridge, MA: Harvard University Press.

Hardt, Michael, and Antonio Negri. 2017. *Assembly*. Oxford: Oxford University Press.

Haraway, Donna. 1990. A Manifesto for Cyborgs: Science, Technology, and Socialist Feminism in the 1980s. In *Feminism/Postmodernism*, ed. Linda Nicholson, 190–233. New York: Routledge.

Hawksworth, John, Richard Berriman, and Saloni Goel. 2018. Will Robots Really Steal Our Jobs? An International Analysis of the Potential Long Term Impact of Automation. *Pricewaterhousecoopers*. https://www.pwc.co.uk/eco nomic-services/assets/international-impact-of-automation-feb-2018.pdf.

Hayles, N. Katherine. 2008. *How We Became Posthuman: Virtual Bodies in Cybernetics, Literature, and Informatics*. Chicago: University of Chicago Press.

Heinrich, Michael. 2007. Invaders from Marx: On the Uses of Marxian Theory, &

the Difficulties of a Contemporary Reading. *Left Curve* 31.

Hofstadter, Douglas. 1979. *Gödel, Escher, Bach: An Eternal Golden Braid.* New York: Basic Books.

Johnson, Matthew, Katja Hofmann, Tim Hutton, and David Bignell. 2016. The Malmo Platform for Artificial Intelligence Experimentation. In *Proceedings of the Twenty-Fifth International Joint Conference on Artificial Intelligence* (IJCAI-16), 4246-4247. https://www.ijcai.org/Proceedings/16/Papers/ 643.pdf.

Jordan, Tim. 2015. *Information Politics: Liberation and Exploitation in the Digital Society.* London: Pluto Press.

Kaplan, Jerry. 2015. *Humans Need Not Apply: A Guide to Wealth and Work in the Age of Artificial Intelligence.* New Haven, CT: Yale University Press.

Kaplan, Jerry. 2016. *Artificial Intelligence: What Everyone Needs to Know.* Oxford: Oxford University Press.

Keynes, John Maynard. 1972 [1930]. Economic Possibilities for Our Grandchildren. In *The Collected Writings, Vol. IX: Essays in Persuasion.* London: Macmillan.

Kittler, Friedrich. 1996. The History of Communication Media. *Ctheory.* http://www.ctheory.net/articles.aspx?id=45. Accessed 16 June 2020.

Kittler, Friedrich. 1999. *Gramophone, Film, Typewriter.* Stanford, CA: Stanford University Press.

Kleene, Stephen C. 1988. Turing's Analysis of Computability and Major Applications of It. In *The Universal Turing Machine: A Half-Century Survey*, ed. Rolf Herken. Oxford: Oxford University Press.

Kurzweil, Ray. 2005. *The Singularity Is Near: When Humans Transcend Biology.* New York: Penguin.

Landes, David S. 2003 [1969]. *The Unbound Prometheus: Technological Change and Industrial Development in Western Europe from 1750 to the Present.* Cambridge: Cambridge University Press.

Larson, Jeff, Julia Angwin, and Terry Parris Jr. 2016. Breaking the Black Box: How Machines Learn to be Racist. *ProPublica*, October 19. https://www.propublica.org/article/breaking-the-black-box-how-machines-learn-to-be-racist?word=Trump.

Lazzarato, Maurizio. 1996. Immaterial Labor. In *Radical Thought in Italy: A*

Potential Politics, ed. Paulo Virno and Michael Hardt, 133-147. Minneapolis: University of Minnesota Press.

Leavitt, David. 2006. *The Man Who Knew Too Much: Alan Turing and the Invention of the Computer*. New York and London: W. W. Norton & Company.

Lee, Kai-Fu. 2018a. *AI Superpowers: China, Silicon Valley, and the New World Order.* New York: Houghton Mifflin Harcourt.

Lee, Timothy. 2018b. Waymo Jobs: Self-driving Cars Will Destroy a Lot of Jobs—They'll Also Create a Lot. *Ars Technica*, August 24. https://arstechnica.com/tech-policy/2018/08/self-driving-cars-will-des troy-a-lot-of-jobs-theyll-alsocreate-a-lot.

Legg, Shane, and Marcus Hutter. 2007. A Collection of Definitions of Intelligence. *Frontiers in Artificial Intelligence and Applications* 157: 17.

Le Grand, Rupert. 1948. Ford Handles with Automation. American Machinist 92: 107-109.

Lovelace, Ada Augusta. 1842. Sketch of the Analytical Engine Invented by Charles Babbage, by LF Menabrea, Officer of the Military Engineers, with Notes upon the Memoir by the Translator. *Taylor's Scientific Memoirs* 3: 666-731.

Lynch, Shana. 2017. Andrew Ng: Why AI Is the New Electricity. Insights by Stanford Business, March 11. https://www.gsb.stanford.edu/insights/and rew-ng-why-ai-new-electricity.

Macaulay, Thomas. 2020. How Facebook's Yann LeCun Is Charting a Path to Human-Level Artificial Intelligence. *The Next Web*, September 8. https://thenextweb.com/neural/2020/08/14/how-facebooks-yann-lecun-is-charting-a-path-to-human-level-intelligence/.

Manyika, James, Michael Chui, Mehdi Miremadi, Jacques Bughin, Katy George, Paul Willmott, and Martin Dewhurst. 2017. A Future that Works: AI, Automation, Employment, and Productivity. *McKinsey Global Institute.* https://www.mckinsey.com/~/media/mckinsey/featured%20insights/Dig ital%20Disruption/Harnessing%20automation%20for%20a%20future%20that%20works / MGI-A-future-that-works-Executive-summary. ashx.

Marx, Karl. 1990. *Capital*, vol. 1. New York: Penguin.

Mason, Paul. 2016. *Postcapitalism: A Guide to Our Future*. London: Macmillan.

McCarthy, John, Martin Minsky, N. Rochester, and Claude Shannon. 1955. A Proposal for the Dartmouth Summer Research Project on Artificial Intelligence. http://www-formal.stanford.edu/jmc/history/dartmouth/ dartmouth.html.

McCorduck, Pamela. 2004 [1979]. *Machines Who Think*. Natick, MA: A. K. Peters.

Mittelstadt, Brent Daniel, Patrick Allo, Mariarosaria Taddeo, Sandra Wachter, and Luciano Floridi. 2016. The Ethics of Algorithms: Mapping the Debate. *Big Data & Society* 3 (2).

Moravec, Hans. 1988. *Mind Children: The Future of Robot and Human Intelligence*. Cambridge, MA: Harvard University Press.

Mosco, Vincent. 2017. *Becoming Digital: Toward a Post-Internet Society*. Bingley: Emerald Publishing Limited.

Muehlhauser, Luke. 2013. What Is AGI? *Machine Intelligence Research Institute*, August 11. https://intelligence.org/2013/08/11/what-is-agi/.

Murphy, Andrea, Jonathan Ponciano, Sarah Hansen, and Halah Touryalai. 2019. Global 2000: The World's Largest Public Companies: 2019 Ranking. *Forbes*, May 15.

Muro, Mark, Robert Maxim, and Jacon Whiton. 2019. Automation and Artificial Intelligence: How Machines Are Affecting People and Places. *Brookings*, January 24. https://www.brookings.edu/research/automation-and-artificial-intelligence-how-machines-affect-people-and-places/.

Mycielski, Jan. 1992. Games with Perfect Information. In *Handbook of Game Theory with Economic Applications*, vol. 2, ed. Robert J. Aumann and Sergiu Hart. Amsterdam: North Holland.

Negarestani, Reza. 2018. *Intelligence and Spirit*. Falmouth: Urbanomic.

Negri, Antonio. 1996. Twenty Theses on Marx: Interpretation of the Class Situation Today. In *Marxism Beyond Marxism*, ed. Saree Makdisi, Cesarae Casarino, and Rebecca Karl, 149-180. Hoboken: Taylor & Francis.

Negri, Antonio. 2014. Some Reflections on the #accelerate Manifesto. In *#accelerate: The Accelerationist Reader*, ed. Robin Mackay and Arven Avanessian. Falmouth: Urbanomic.

Nilsson, Nils. 2010. *The Quest for Artificial Intelligence*. Cambridge: Cambridge University Press.

Noble, Safiya Umoja. 2018. *Algorithms of Oppression: How Search Engines Reinforce Racism.* New York: NYU Press.

O'Neil, Cathy. 2017. *Weapons of Math Destruction: How Big Data Increases Inequality and Threatens Democracy.* New York: Broadway Books.

Panzieri, Raniero. 1965. Socialist Uses of Workers' Inquiry, trans. Arianna Bove. Originally published in *Spontaneita'e organizzazione. Gli anni dei"Quaderni Rossi"* 1959-1964, ed. S. Merli for BFS Edizioni, Pisa 1994. English translation published in *Transform.* http://www.generation-online.org/t/tpanzieri.htm.

Pasquinelli, Matteo. 2019. Three Thousand Years of Algorithmic Rituals:The Emergence of AI from the Computation of Space. *e-flux* 101. https://www.e-flux.com/journal/101/273221/three-thousand-years- of-algorithmic-rituals-the-emergence-of-ai-from-the-computation-of-space/.

Piccinini, Gualtiero. 2015. *Physical Computation: A Mechanistic Account.* Oxford: Oxford University Press.

Purdy, Mark, and Paul Daugherty. 2016. Why Artificial Intelligence Is the Future of Growth. *Accenture.*https://www.accenture.com/us-en/insight-artificial-intelligence-future-growth.

Ramtin, Ramin. 1991. *Capitalism and Automation: Revolution in Technology and Capitalist Breakdown.* London: Pluto Press.

Randell, Brian. 1974. The History of Digital Computers. Computing Laboratory, University of Newcastle Upon Tyne. https://citeseerx.ist.psu.edu/viewdoc/download？ doi=10.1.1.444.5949&rep=rep1&type=pdf.

Ranisch, Robert, and Stefan Lorenz Sorgner (eds.). 2014. *Post-and Transhumanism: An Introduction.* New York: Peter Lang.

Rhee, Jennifer. 2018. *The Robotic Imaginary: The Human and the Price of Dehumanized Labor.* Minneapolis: University of Minnesota Press.

Rifkin, Jeremy. 2011. *The Third Industrial Revolution: How Lateral Power Is Transforming Energy, the Economy, and the World.* London: Macmillan.

Roden, David. 2014. *Posthuman Life: Philosophy at the Edge of the Human.* New York: Routledge.

Schwab, Klaus. 2017. *The Fourth Industrial Revolution.* New York: Crown Business.

Silver, David, Julian Schrittwieser, Karen Simonyan, Ioannis Antonoglou, Aja

Huang, Arthur Guez, Thomas Hubert, Lucas Baker, Matthew Lai, Adrian Bolton, Yutian Chen, Timothy Lillicrap, Fan Hui, Laurent Sifre, George van den Driessche, Thore Graepel, and Demis Hassabis. 2017. Mastering the Game of Go Without Human Knowledge. *Nature* 550 (7676): 354.

Soare, Robert I. 1996. Computability and Recursion. *Bulletin of Symbolic Logic* 2 (3): 284-321.

Susskind, Richard E., and Daniel Susskind. 2015. *The Future of the Professions: How Technology Will Transform the Work of Human Experts*. Oxford: Oxford University Press.

Totaro, Paolo, and Domenico Ninno. 2020. Biological Recursion and Digital Systems: Conceptual Tools for Analysing Man-Machine Interaction. *Theory, Culture & Society* 37（5）: 27-49.

Toynbee, Arnold. 2011 [1887]. *Lectures on the Industrial Revolution in England: Popular Addresses, Notes and Other Fragments*. Cambridge: Cambridge University.

Turing, Alan. 1937. On Computable Numbers, with an Application to the Entscheidungsproblem. *Proceedings of the London Mathematical Society* 2 (42): 230-265.

Turing, Alan. 1950. Computing Machinery and Intelligence. *Mind* 59 (236): 433.

Turing, Alan. 2004. *The Essential Turing: Seminal Writings in Computing, Logic, Philosophy*, ed. Jack Copeland. Oxford: Oxford University Press.

Vinge, Vernor. 2013 [1993]. Technological Singularity. In The *Transhumanist Reader: Classical and Contemporary Essays on the Science, Technology, and Philosophy of the Human Future*, ed. Max More and Natasha Vita-More, 365-375. New York: Wiley.

Wang, Pei. 2008. What Do You Mean by 'AI'? *In Artificial General Intelligence*, ed. Ben Goertzel and Cassio Pennachin, 362-373. Berlin: Springer.

Williams, Alex, and Nick Srnicek. 2014. #accelerate: Manifesto for an Accelerationist Politics. In *#accelerate: the Accelerationist Reader*, ed. Robin Mackay and Arven Avanessian. Falmouth: Urbanomic.

Winkler, Hartmut. 1999. Rekursion: Über Programmierbarkeit, Wiederholung, Verdichtung und Schema. *c't Magazin* 9: 234-240.

[27] Winthrop-Young, Geoffrey. 2015. Siren Recursions. In *Kittler Now: Current*

Perspectives in Kittler Studies, ed. Stephen Sale and Laura Salisbur y. Cambridge: Polity.

Wright, Steve. 2002. The Historiography of the Mass Worker. *The Commoner 5*. https://libcom.org/librar y/historiography-mass-worker-steve-wright.

Yost, Jeffrey R. 2017. *Making IT Work: A History of the Computer Services Industry*. Cambridge: MIT Press.

Žmolek, Michael Andrew. 2013. *Rethinking the Industrial Revolution: Five Centuries of Transition from Agrarian to Industrial Capitalism in England*. Leiden: Brill.

第二章　劳动、资本与机器：马克思主义理论与技术

引　言

有人可能会认为，在一本书中同时谈及马克思和人工智能并不常见，本书和其他一些学术著作是个例外。然而，自2017年前后以来，在科技行业社区网站 Hacker Noon（Del Corro 2017）、《麻省理工学院技术评论》等报章杂志（Avent 2018）甚至《华盛顿邮报》等大众媒体（Xiang 2018）都可以找到这种结合。本章探讨了马克思的思想为何有助于思考当代人工智能。由于坊间不止有一种马克思主义，这个问题就变得相对复杂。在过去的一个半世纪里，马克思的思想在各种背景下以数十种不同的方式被不断诠释。

虽然不可能在一本书中详尽发掘，但本章考察了马克思主义思想的几个分支，并比较它们如何配置三个基本概念：劳动、资本与机器。马克思主义的一个基本信条是，资本和劳动之间，

第二章 劳动、资本与机器：马克思主义理论与技术

或者资本家和工人阶级之间存在着对立关系。这种冲突在多个领域展开，但最重要的领域之一是机器。马克思主义思想家对人工智能的关注相对较少，但是，通过观察他们如何对机器进行不同的理解，本章朝着马克思主义的人工智能视角迈出了一步。

我沿着劳动、资本与机器三位一体的概念，梳理亚当·斯密和大卫·李嘉图有关古典政治经济学的原始表现形式，到马克思对政治经济学的批判，再到马克思主义的各种变体，包括苏联马克思主义、西方马克思主义、劳动过程理论和马克思新解读。我还讨论了其他各种马克思主义作家，他们一直在努力应对信息技术和日益增长的资本控制论性质（带来的问题）。下一章将讨论本书的批判对象，即"工人主义"和"后工人主义"。通过描绘马克思主义理论图景，这两章为第四章、第五章和第六章的人工智能产业研究提供了概念工具。本章最后解释了我自己的理论观点，该观点受到劳动过程理论和马克思新解读的影响。[①]

政治经济学

多样化的马克思主义植根于18世纪和19世纪政治经济学家的作品，这些政治经济学家试图理解资本主义制度。年轻的马克思将批判的重点放在黑格尔和费尔巴哈等哲学家身上，而成年后的马克思则将注意力转移到亚当·斯密和大卫·李嘉图等

---

① 关于不可避免的循环问题的注解。我对马克思的解释受到劳动过程理论和马克思新解读的影响，对马克思著作的阐述也必然反映了这一点。

人的政治经济学思想上。马克思《资本论》的副标题是"政治经济学批判"。虽然马克思严厉批评了政治经济学家，但他的工作是建立在他们已经形成的学说基础之上的。除了价值和劳动力的中心地位，政治经济学家认识到机器对资本的根本重要性。他们还发现了劳动和资本主义机器体系之间的对立——这种对立与价值生产有着内在的联系。

18世纪的哲学家和政治经济学家亚当·斯密认识到资本主义技术与劳动之间有着不可分割的联系。劳动是资本主义经济的基础，因为正是生产中劳动的消耗决定了商品的价值："任何商品的价值……对于拥有它的人来说，当他不打算自己使用或消费它，而是用它来交换其他商品，等于它使他能够购买或支配的劳动量。劳动……是衡量所有商品交换价值的真正尺度"（Smith 1991［1776］，36）。这种观念与当今的主流经济学截然不同，后者认为商品的价值完全取决于交换，或者由买方愿意支付的价格决定。通过假设劳动是价值的源泉，斯密发展了一种直觉，即生产某物所需的工作量会影响其价值。例如，一台骑乘式割草机比一个茶匙更值钱。因此，斯密开始调查交换行为背后的原因，指出在以交换为基础的社会中，价值是劳动的社会形式（Pitts 2018，28）。斯密认为，价值不仅来自工人的工作，而且来自其他两个阶级的"工作"：生成地租的土地所有者和生成利息的资本家。马克思后来否认将劳动与地租和资本进行比较，但他详细阐述了斯密的观点，即价值与生产有关，而不仅仅与交换有关。

斯密还有一个著名的观点，即资本和劳动具有内在对立的利益。虽然斯密声称资本的增加使社会各阶层受益而被资本的辩护者所崇拜，但他在《国富论》中提出了一个阶级冲突理论：

第二章 劳动、资本与机器：马克思主义理论与技术

> 工人希望得到尽可能多的东西，雇主希望给他们尽可能少的东西。前者为了提高工资而联合起来，后者为了降低劳工的工资而联合起来。然而，不难预见，在所有正常情况下，双方中哪一方会在争端中占有优势，并迫使另一方遵守其条款。（Smith 1991 [1776]，98）

斯密指出，阶级利益的冲突是不对称的，因为法律和资源往往倾向于资本这一边。其中一种资源就是机器体系。早在18世纪末，资本家之间的竞争和劳工的暴动就促使资本在生产中使用技术。斯密详细阐述并称赞了制造业的劳动分工，因为它通过专业化提高了劳动生产率，他对机器的重视也出于这一点。机器之所以有价值，是因为它们"促进和减少劳动，使一个人能够完成许多人的工作"（Smith 1991 [1776]，21–22）。因此，"执行任何特定工作便需要少量的劳动"（Smith 1991 [1776]，338）。虽然总的来说，斯密对资本主义机器体系的前景持乐观态度，但通过将其置于公认的不对称阶级冲突中，他播下了更具批判性观点的种子。

在19世纪初，人们见证了提花织机、蒸汽机和机床等发明，对技术普遍给予积极的评价，这里仅举几个例子。剑桥数学家查尔斯·巴贝奇（Charles Babbage）和工业化学家安德鲁·乌尔（Andrew Ure）都写了关于工业机器体系新兴用途的书籍，从著作中可以明显感受到时代的技术热情。巴贝奇称赞机器体系有能力"取代人类手臂的技能和力量"（2003 [1832]，9）。他描述了使用机器的三个好处："它们增加了人的力量；节省了人的时间；将看似寻常且毫无价值的物质转化为有价值的产品"（2003 [1832]，10）。乌尔甚至断言："科学改进制造业

的一贯目标和效果具有慈善性质，因为它们往往可以减轻工人的负担，使他们免于因烦琐的工作细节的调整而耗费心力和疲劳眼睛，或免于因痛苦的重复劳动而扭曲或磨损身体。"（1835，8）巴贝奇和乌尔也对于使用机器控制"倔强的工人"非常着迷（Zimmerman 1997，9）。他们指出，资本和机器有一种亲和力，尽管他们对从劳动视角研究问题不感兴趣。

政治经济学家大卫·李嘉图为政治经济学引入了一个批判性的阶级维度。像斯密一样，李嘉图也提倡劳动价值论。他认为，"一种商品的价值，或它将交换的任何其他商品的数量，取决于其生产所必需的劳动的相对数量，而不是取决于为该劳动支付的或多或少的报酬"（Ricardo 2001［1821］，8）。然而，李嘉图的劳动概念比斯密的广义社会性概念更狭隘，并且侧重于从生产出发的具体劳动行为（Pitts 2018，29-30）。

在1817年出版的第1版《政治经济学及赋税原理》中，李嘉图认为机器对资本和劳动都有好处。然而，到1821年第3版时，李嘉图修改了文本，认为虽然机器引入生产过程增加了产量并降低了劳动成本，肯定有利于资本家，但"用机器体系代替人力，往往极其损害劳动者阶级的利益"（Ricardo 2001［1821］，283；另参见Kurz 2010，1197-1198）。因此，李嘉图肯定了斯密所指出的，即社会中的不同阶级可能有不同的和相反的利益，他将机器体系直接置于阶级对立的中间位置。他的理由是，"可能增加国家净收入的同样原因，同时可能导致人口多余，并使劳动者的状况恶化"（Ricardo 2001［1821］，284）。在资本逻辑下，劳动产品将"背叛"它们的创造者。马克思后来详细阐述了这一要点。

李嘉图甚至推测了一种生产完全自动化的生产模式的可能

性，我们可以称之为李嘉图的"机器论片段"："如果机器体系可以完成现在劳动力所做的所有工作，那么就不会有对劳动力的需求。非资本家和不能购买或租用机器的人将没有资格消费任何物"（Ricardo 1951-1973，VIII：399-400，引用Kurz 2010，1195）。李嘉图设想了一种资本主义，其中机器在功能上与人类工人相同，并完全取代了人类工人，而作为机器所有者的资本家将继续获利。这种猜测性推断生动地说明了资本主义机器中介带来的不对称性。之前的工人身上究竟发生了什么，我们还不得而知。

古典政治经济学通过对劳动、资本与机器进行三元分析，为马克思主义理论奠定了基础。然而，总的来说，政治经济学只能从表面上描述资本主义的运作。用皮茨（Pitts 2018）的话来说，虽然李嘉图试图进入资本的表象之下，挖掘劳动的真相，但"他没有提出劳动产品为什么以及如何在这种［劳动］基础上成为有价值商品的问题"（30）。当政治经济学质问资本主义如何运作时，马克思则在质问资本主义为什么会这样运作。

马克思论价值与劳动

马克思对政治经济学的批判贯穿于《资本论》三卷本（Marx 1990，1991，1992）及其写作过程中所做的笔记《政治经济学批判大纲》（Marx 1993）。马克思深化了李嘉图所指出的资本场景下劳动与机器之间的矛盾。但马克思似乎也认为，机器最终可能会为了劳动的利益而"背叛"资本。马克思对机器体系属性的不同解释是马克思主义不同派别之间理论分歧的原因之一。

要理解马克思对政治经济学批判的重要性，就必须观察他与政治经济学家对政治经济学范畴（如劳动）使用的不同之处。如上所述，马克思的目标是超越对资本表象的解读。然而，这并不意味着对马克思真理的解读会消除读者错误的先见，并以某种方式给她一个进入现实的未扭曲的通道。这是因为资本的表象仍然是具有真实效果的真实事物。正如史密斯（Smith 2009）所说："马克思的主要理论任务是解释资本主义的社会关系如何必然产生扭曲资本本质的表象（尽管如此，表象仍具有实质效果）"（125）。为了理解这种奇怪的情况，我们首先来看马克思的劳动概念。

像斯密和李嘉图一样，马克思也支持劳动价值理论。劳动首先是用来指称工人和工人阶级的一般术语。然而，劳动也是指人类从事的一种活动，在这种活动中，他们以对自己有用的方式处理周遭环境。从这个意义上说，劳动是"独立于一切社会形式的人类生存条件；它是人类永恒的必需品，它调节了人与自然之间的新陈代谢"（Marx 1990, 132）。然而，在资本主义统治下，劳动采取的是雇佣劳动的特殊形式，在这种形式中，资本家通过向工人支付工资，从而获得对工人劳动力的支配权。因此，劳动以两种形式存在，一种是具体的，一种是抽象的。具体劳动是人类将环境加工成有用的产品或服务，创造使用价值的普遍能力。然而，在资本主义生产方式中，大多数具体劳动同时作为抽象劳动，或"人类劳动力的耗费"而存在（Marx 1990, 137）。劳动力仅仅是劳动能力（Marx 1990, 270）。我们会认为每一种具体劳动也是人类一般劳动能力的表现，将二者等同似乎无关紧要，但对马克思来说，抽象劳动则是资本主义的必要条件。抽象劳动使资本主义的交换成为可能，方法是让不同的商品通过一种共同的属性,即价值产生相互联系。抽象劳动"取得了劳动产品的等同的价值对象性这种物质形式"(Marx 1990,164)。抽象劳动通过对劳动时间长短的计量转化为价值。由于时间长短是一个纯量,所以价值被定义为"无差别[抽象]人类劳动的凝结"(Marx 1990,128)。价值提供的同质性指标使得一种商品可以与另一种商品进行比较和交换。

然而,实际工作小时数量并不能单独决定价值,或者仅仅通过放慢工作就会增加产品的价值。因此,马克思解释道,商品的价值是由生产商品的平均社会必要劳动时间决定的。社会必要劳动时间是指"在现有的社会正常的生产条件下,在社会平均的劳动熟练程度和劳动强度下制造某种使用价值所需要的劳动时间"(Marx 1990,129)。因此,一种商品的价值并不等同于其直接生产者(immediate producer)在商品上花费的时间,而是等同于在特定时间和地点生产这种商品所花费的平均时间。因此,社会必要劳动时间揭示了价值,价值呈现为一种事物或事物的属性,是一种社会关系。价值的"对象特点……纯粹是社会的"(Marx 1990,138-139)。与李嘉图的观点不同,这里的价值不是通过生产商品的具体劳动而赋予商品的,也不是商品生产后固有的某种物质:"在商品体的价值对象性中连一个自然物质原子也没有"(Marx 1990,138)。价值产生于商品生产的社会形式,并作为一种社会关系而存在。

价值是马克思分析问题的核心,与劳动一样,它呈现为两种形式。马克思将交换价值(表现为价格)与价值区分开来,后者是由社会必要劳动时间决定的。这两者不一定重合。事实上,马克思认为,资本主要不是为了获得最大化的交换价值。相反,资本的目的是生产"剩余价值"(Marx 1990,

293)。剩余价值是资本从劳动中无偿占有的价值量。这种占有内在地配置于资本主义生产方式。资本如何从劳动中占有剩余价值？与今天的常识不同，马克思认为，剩余价值不是产生于商品的销售所得高于商品的生产支出（这会产生利润，却不同于剩余价值的产生），而是产生于资本和劳动之间的不平等交换。

工人的劳动力是工人卖给资本家的商品。投资于劳动力的资本数量被称为"可变资本"（variable capital），它与"不变资本"（constant capital）或投资于生产资料或"原料、辅助材料和劳动资料"的资本不同（Marx 1990，317）。不变资本（例如机器）的价值在生产过程中不会发生很大变化；它只需从机器转移到生产的产品即可。另一方面，为购买劳动力而投入的工资的价值可能会发生很大变化，因为劳动力可以产生比支付给自己更多的价值。从劳动力的这种特殊属性中，产生了剩余价值的可能性。

劳动力的价值取决于维持工人持续生存的平均社会必要成本（Marx 1990，274）。一个工人赚取足够的钱以维持自己的生存，然后再生产出他为了日后继续工作的劳动力所花费的劳动（时间），马克思将其定义为"必要劳动"（necessary labour）（1990，325）。资本家的目标是在不影响劳动力再生产的情况下尽可能少地支付工人工资，同时最大限度地延长工人在必要劳动之外的工作时间。超出必要劳动的劳动（时间）是"剩余劳动"，其中工人生产出资本家没有支付等价物而获得的价值——剩余价值（Marx 1990，325）。支付给工人的工资价值低于工人生产的价值。这种不平等的交换定义了马克思的剥削概念，并构成了劳动和资本之间内在对立的基础（Marx 1990，

第二章 劳动、资本与机器：马克思主义理论与技术

418—421）。[②]

那么什么是资本呢？马克思将"资本的一般形式"定义为M-C-M'，其中"M'=……预付的原始总量加上增量……这种超过原始价值的增量或超额，我称之为剩余价值"（Marx 1990，251）。这个公式代表了货币（M）投资于商品（C）生产的过程，这些商品被出售并转化为比最初投资（M'）更多的货币。虽然剩余价值在生产过程中被占有，但在生产的商品被换成的货币价值高于商品生产所投入货币之前，它对资本的增殖没有贡献。资本"只有在创造更多的资本时才成为真正的资本"（Marx 1990，1061）。因此，说剩余价值是资本在生产中剥削劳动力时榨取的，只是故事的一部分。只有当资本成功地实现了被剥削劳动力所生产的商品的价值，并将其作为资本再投资时，资本才能"增殖"（Marx 1990，252）。马克思注意到这一流通过程，断言"资本不是物"（1990，932）。资本以及价值是由社会关系组成的过程，或随时间推移发生的人类社会互动的集合。这意味着增殖"不仅仅是一个经济过程，而是涉及社会关系的建立和维持"（Mackenzie 1984，483）。资本取决于继续以特定方式行事的人们。我将在下面详细阐述这个核心要点，但首先我想考虑资本流通性质的更深层次的意义。

资本不仅不是一个物，而且它本身也不是有限的。由于增殖本身就是"目的……因此，资本的运动是无限的"（Marx 1990，253）。要使资本作为资本存在，增殖就必须不断重复。

[②] 并非所有劳动都能生产价值。生产劳动只是"在生产过程中为了资本的增殖而直接消费的劳动"（Marx 1990，1038），或者换句话说，是"直接创造剩余价值的劳动"（Marx 1990，1039）。因此，同一种具体劳动既可以是生产性的，也可以是非生产性的，这取决于其语境。

这就是为什么必须不断开拓新市场，将新的生活领域商品化。所有其他考虑因素，无论是伦理的、美学的还是生态的，在资本场景下，都服从于增殖的迫切需要。资本是一种潜在的无限的、自我参照的过程，其随后推动了对劳动力的剥削，这一观念也许是马克思最伟大的创见。它揭示了资本这种盲目的递归机制。正如兰德（Land 2017）所说，资本"不吸引任何超越自身的东西，它本质上是虚无主义的。除了自我放大之外，它没有任何可想象的意义。它为了生长而生长"。回想一下，乔丹（Jordan 2015）将递归描述为"使用自身或自身的产物或要素再回到相同程序中"的程序能力（33）。资本是由输入被重新导入程序输出而精确定义的。价值同时是增殖的输出和输入。乔丹（2015）还指出，要使输出作为输入被重新导入，必须"以某种方式实现自洽"（38）。资本通过将世界的异质性以虚无主义方式还原为价值来实现自洽。具体而言，不同的事物和服务通过它们作为商品的共同存在而相互关联，其中商品是价值的载体。

　　递归价值增加的先在性意味着，在资本场景下，人类，无论是资本家还是工人，都扮演着资本首要指令程序中的预定义角色。"人们扮演的经济角色不过是经济关系的人格化"（Marx 1990，179）。个人采取行动的可能性由增殖的紧迫性所界定。马克思（1990）甚至将资本家描述为资本的傀儡，或者说"只不过是对象化劳动的人格化，它以生存资料的形式将自己的一部分让渡给工人，以便为了其余部分的利益而吞并活的劳动力，从而保持自身完整，甚至由于这种吞并而超越其原来的规模"（1003—1004）。马克思有时也把主体性归结为资本，称其为"自主体"（automatic subject）和"一个过程主体，在这个过程中，它不断地变换货币和商品的形式，改变着自己的数量，从

第二章 劳动、资本与机器:马克思主义理论与技术

自身中剥离剩余价值……并自行实现增殖"(Marx 1990,255)。这种表述似乎抹杀了劳动,并且与前面讨论过的资本是由人类社会关系构成的主张相矛盾。事实上,资本的自主性和它作为人类社会关系的存在是同时获得的。为了阐明这是怎么回事,我们可以剖析马克思的拜物教概念。马克思认为,要理解商品是如何运作的,必须与"宗教世界的幻境"进行比较,其中:

> 人脑的产物表现为赋有生命的、彼此发生关系并同人发生关系的独立存在的东西。在商品世界里,人手的产物也是这样。我把这叫作拜物教。劳动产品一旦作为商品来生产,就带上拜物教性质,因此拜物教是同商品生产分不开的。(Marx 1990,165)

在资本主义体系中,商品本身似乎具有经济属性,好比价值。但是,由于价值是一种社会关系,商品的属性也是社会性的。商品"作为劳动产品本身的物的性质,反映了人自身劳动的社会属性……因此,它也反映了生产者与劳动总和的社会关系,即物与物之间的社会关系,这种关系存在于生产者之外"(Marx 1990,164-165)。构成资本和商品的社会关系在人们看来是客观属性。拜物教是指资本的这种特质,通过这种特质,社会关系凝结成物。

重要的是要注意马克思如何准确表述拜物教关系。"人脑的产物以自主人物的形式出现",并假设"对他们来说,[人类]是奇妙形式……"(Marx 1990,165,着重号后加)。表象表示虚幻的特征。但在资本主义体系里,这种虚幻是灵验的。个别资本被迫追求增殖或面临破产(从而不再作为资本存在),而工

49

人则被迫出卖他们的劳动力以避免挨饿。拜物教描述了商品（以及价值和资本）如何同时是虚幻的和灵验的，非物质的，但对物质世界有实际的影响。马克思主义者将这种双重属性称为"真正的虚幻"（Holloway 2002，71），"真正的抽象"（Sohn-Rethel 1978，20）或"光谱客观性"（spectral objectivity）（Heinrich 2012，52）。人类所参与的社会关系最终会通过作为独立于这些关系的物的出现和运作来控制他们。在这种情况下，表象是"在神秘和伪装过程基础上创造的具体社会现实"（Dyer-Witheford et al. 2019，21）。马克思明确指出：

> 因此，人们不把他们的劳动产品当作价值而相互发生关联，因为他们把这些对象仅仅看作是同质人类劳动的物质外壳。反之亦然：他们在交换中使他们的各种产品作为价值彼此相等，也就使他们的不同劳动作为人类劳动而彼此相等。他们在无意识中做到了这一点。价值……并没有在额头上写明它是什么；相反，它把每一种劳动产品都转化为一种社会的象形文字。后来，人们试图破译象形文字，以揭开他们自己的社会产品的秘密：因为把使用物品规定为价值，正像语言一样，是人们的社会产物。（Marx 1990，166-167）

因此，商品和资本确实有"自己的生命"（Marx 1990，165），同时这种生命是由人的社会关系组成的。资本是一个主体或"高层次的外来力量"（Smith 2009，123），即使它是一个由人类以特定方式建立社会联系的过程。

总之，马克思对政治经济学的批判是将资本描述为一个潜在的无限增殖过程,它通过产生有效的真实幻觉来系统地掩盖其真实本质。增殖要求剥削劳动力以获取剩余价值,但资本似乎被认为创造了价值本身——而且,只要价值采取对象化形式,该形式递归性地应用于劳动,它的来源就是这样。用来购买劳动力的资本,本身就是先前劳动的结果,而这种劳动已经被对象化了。资本是"'死劳动',它像吸血鬼一样,只有吮吸'活劳动'才有生命,吮吸的'活劳动'越多,它的生命就越旺盛"(Marx 1990,342)。增殖取决于将劳动力转化为购买劳动力的手段的递归过程。

然而,劳动力并不是实现增殖的唯一必要投入。增殖要求劳动力与生产资料相结合,后者包括原材料、设施、工具和机器。为了了解机器如何适应马克思的资本理论,我们将把视角从增殖过程转向劳动过程。这两个过程共同构成了生产:"正如商品本身是使用价值和价值的统一一样,商品生产过程必定是劳动过程和价值形成过程的统一"(Marx 1990,293)。由于价值是一种非物质的实在抽象,因此,增殖过程必然会叠加在具体使用价值生产的物质基础之上。但是,虽然增殖过程需要监督劳动过程,但每个劳动过程的性质都由增殖的紧迫需要所决定。机器是资本确定劳动过程性质的首选手段。

马克思论机器

虽然我这样指称资本,但重要的是要记住,资本是由许多相互竞争且与各自的劳动力作斗争的个体资本组成的。增殖的迫切需要在个体资本之间产生了无政府状态:"资本主义生产的内在规律……以强制性竞争规律的形式表现出来"(Marx

1990，433）。个体资本之间的竞争有多种形式，但都建立在榨取剩余价值的基础上。资本增加剩余价值所得的最简单方法就是在必要劳动时间不变的条件下，延长工作日，以此增加剩余价值。这种"绝对剩余价值"（absolute surplus-value）必然受到一天的有限时长的限制（Marx 1990，432）。但是，通过减少必要劳动时间，也可以获得剩余价值的增加，从而使剩余劳动时间相对增加。"相对剩余价值"（relative surplus-value）的增加是资本主义竞争的主要手段（Marx 1990，432）。由于必要劳动时间取决于劳动力再生产的成本，因此可以通过降低后者的成本来减少前者的劳动时间。因此，资本具有"提高劳动生产率的内在驱动力和持续趋势，以便使商品变得便宜，并通过便宜的商品，让工人自己也变得便宜"（Marx 1990，436-437）。提高劳动生产率的一个突出方法是劳动分工，另一个则是机器体系。

马克思认为，减轻工作负担"决不是在资本主义统治下使用机器的目的"（1990，492）。相反，机器是"生产剩余价值的手段"，它"使商品便宜，通过缩短工人为自己花费的工作日部分，以便延长……他无偿地给予资本家的工作日部分"（Marx 1990，492）。在对机器进行理论说明时，马克思区分了流动资本（circulating capital）和固定资本（fixed capital）。由于资本被定义为从事增殖的价值，因此资本"处在不断流通之中……因此从这个意义上说，一切资本都是流动资本"（Marx 1992，238）。但马克思也定义了一种特殊类型的流动资本。在特定意义上，流动资本是指在生产过程中用尽并完全将其价值传递给产品的生产资料。这方面的一个例子是机器的燃料。另一方面，固定资本是指在其生命周期内逐步传递其价值的生产资料，与

第二章　劳动、资本与机器：马克思主义理论与技术

其平均折旧成反比（Marx 1990，509）。[③]一台使用寿命为10年的机器在这10年中会发挥其价值。因此，固定资本的价值"获得双重存在"，一部分固定在其物质形式中，而另一部分则通过商品的销售"涓滴"（trickles down）进入流通（Marx 1992，243）。因此，流动资本和固定资本都以不同的方式进行流通。由于二者都不能产生剩余价值，因此均与可变资本（即购买的劳动力）不同。劳动能力是人类独有的属性（Marx 1990，274）。另一方面，机器体系"不创造新的价值，但它把自身的价值转移到由它的服务所生产的产品上"（Marx 1990，509）。那么究竟什么是机器呢？

人体在它可以使用的工具类型和数量以及它可以施加的力量方面是有限的，但机器本身没有"有机限制"（organic limitations）（Marx 1990，495）。机器可以连接在一起形成一个"复杂的机器体系"（Marx 1990，499），"一旦它由一个自动的原动机来推动，它本身就形成一个大自动机"（Marx 1990，502）。尽管在他那个时代，工业机器体系还处于初级阶段，但马克思认识到了新兴的"机械怪物"（mechanical monster）的机器化过程（1993，503）。他阐述道，一旦机器"不需要人的帮助就能完成加工原料所必需的一切运动，而只需要人从旁照料时，我们就有了自动的机器体系，不过，这个机器体系在细节方面还可以不断地改进。"（Marx 1990，503）他认识到，不断改进机器体系是增殖的必要条件。在渴望相对剩余价值的驱

[③] 把所有机器都称为固定资本是不正确的。固定资本的概念"由劳动资料向产品让渡其价值的特殊方式来决定……产品只有在生产过程中作为劳动资料发挥功能时才能成为固定资本"（Marx 1992，239-240）。

使下,"资本主义生产方式的趋势和结果是稳步提高劳动生产率"(Marx 1990,959)。由于这主要是通过引入机器来实现的,因此资本趋向于越来越机械化的状态。马克思称此为不断增加的"资本的有机构成",其定义是固定资本相对于可变资本的相对增加(1990,762)。他将机器体系描述为"资本的物质存在方式"和"资本主义生产方式的物质基础"(Marx 1990,554),并推断"劳动资料发展为机器体系,对资本来说并不是偶然的,而是使传统的继承下来的劳动资料适合于资本要求的历史性变革"(Marx 1993,694)。

机器体系对资本的适应性最好用马克思的从属(subsumption)概念来解释,该概念有两种类型。当现有的劳动过程处于资本家的控制之下并成为增殖循环的一部分时,就会发生形式从属(Marx 1990,1019)。这并不能改变劳动过程本身,因此,只有通过延长工作日才能产生绝对的剩余价值。但是,通过重构整个劳动过程,使"一种具体的资本主义生产形式得以产生"(Marx 1990,1024,着重号为原文所有),这可能会增加相对剩余价值的生产。例如,生产线将复杂的劳动过程分解为不同部分,并重构工厂的整体布局。实质从属是这样一种情形,即"资本主义社会关系……实现了技术具体化"(Mackenzie 1984,488)。④马克思认为,他那个时代的实质从属加快了工作节奏,并且通过允许妇女和儿童进入工业车间来降低工资(1990,517-533)。

---

④ 不应将形式从属和实质从属视为一个明确历史顺序中的不同阶段(先形式后实质),而应将其视为互补技术,二者不断应用并促进彼此的应用(see *Endnotes* 2010)。

第二章 劳动、资本与机器：马克思主义理论与技术

因此，资本主义使用机器构成对劳动的威胁。劳动分工通过将劳动力降级为专门关注某一种特定工具而贬低了劳动力的价值，但是"一旦工具由机器来操纵，劳动力的交换价值就随同它的使用价值一起消失"（Marx 1990，557）。换言之，"劳动资料一旦作为机器出现，就立刻成了工人本身的竞争者"（Marx，1990，557）。资本场景下的机器是"死劳动"（Marx 1990，342）和"'活劳动'的吞噬者"（devourers of living labour）（Marx 1990，983），机器加剧了剥削关系的对抗性，使其变成"完全的对立"（Marx 1990，558）。马克思（1990）甚至提出，他"可以写出整整一部历史，说明1830年以来的许多发明，都只是作为资本对付工人暴动的武器而出现的"（563）。我希望本书能为马克思假设的论述做出一点贡献。

拜物教的逻辑，即社会关系表现为一个独立的事物，也适用于资本场景下的机器。总体而言，"工人劳动的社会特征使其成为异己的东西，而且成为敌对和对抗的东西；作为对象化和人格化于资本中的东西，与工人相对立"（Marx 1990，1025）。有了机器，劳动就要面对自己的创造物，并与之作对。这一点在具有移动能力（如今还能模拟认知过程）的机器上表现得尤为生动和直观："'死劳动'——在自动化和由自动化驱动的机器体系中——显然独立于[活]劳动，它从属于（subordinates）劳动而不是隶属于（being subordinate to）劳动，这是钢铁之人与有血有肉之人的对峙。"（Marx 转引自 Smith 2009，125）因此，马克思主义对机器体系的理解似乎是清楚的。它是资本在控制和剥削劳动力的持续斗争中所青睐的武器。虽然情况如此，但资本的机械化趋势并非没有复杂性。在马克思主义历史上争论最激烈的话题之一——马克思称之为利润率下

降的趋势——与资本的有机构成的增加直接相关：

> 由于所使用的"活劳动"量相对于它所引发的对象化劳动量而言不断下降……这种"活劳动"中无偿的、在剩余价值中被对象化的那部分，也必须与所使用的总资本的价值呈现为越来越低的比率。但是，利润率是剩余价值同预付总资本的比率，因此利润率必须稳步下降。（Marx 1991，319）

这种趋势之所以重要，是因为它包含着资本主义危机的永久威胁，但它"只是资本主义生产方式所特有的，劳动社会生产力逐步发展的表现"，这主要是通过引入机器来实现的（Marx 1991，319）。资本可以通过多种方式缓解这种趋势，例如增加剥削的强度，将工资降低到低于劳动力再生产成本的水平，以及降低不变资本的价值。关于这种趋势的大部分历史争论都集中在这些因素和趋势如何相互作用上。本书不讨论其中的细节，但我认为，如果马克思主义的资本模式得以实现，该趋势也必须得以实现。事实上，趋势和抵消因素并非截然不同。正如耶胡（Jehu 2015）所解释的：

> 抵消影响本身就是利润率下降趋势规律的直接、真实和历史相关的表现……其确实违反了规律，但是……对利润率的抵消影响扭转了利润率下降的趋势，而这种趋势的下降只是以加速这种趋势为代价的，正是因为它们的最终目的是提高劳动生产率，扩大劳动日中无偿的部分。

利润率下降的趋势是按照一系列错综复杂而非线性轨迹发展的。资本趋向于日益机器化的状态，这既是利润率下降趋势的原因，也是利润率下降趋势的结果。机器的引入是为了增加对相对剩余价值的榨取，但通过减少"活劳动"，它们减少了潜在的可榨取的剩余价值，因此需要开辟新的市场。资本的技术史可以被描绘成在这种矛盾的动力推动下发生的一系列变异。《资本论》试图通过进一步应用产生这一问题的相同技术来解决其核心问题。根据对马克思的一些解读，这必然会导致资本的最终危机。

"机器论片段"

在《政治经济学批判大纲》里有一段话，被称为"机器论片段"（The Fragment on Machines），其中马克思设想了一个高度自动化的未来资本主义。令人惊讶的是，这段话写于1857—1858年。马克思断言，"资本的充分发展"已经发生了：

> 只有当劳动资料不仅以固定资本的经济形式出现，而且又以固定资本的直接形式被中止，只有当固定资本在生产过程中表现为机器时，才与劳动相对立；整个生产过程似乎不是服从于工人的直接技能，而是服从于技术的科学应用。（Marx 1993，699）

随着生产中人力劳动被机器取代，资本达到成熟。正如兰德（Land 2012）所说，资本"只保留了不发达症状的人类学特征"（445-446）。与一般的科学劳动以及自然科学的技术应用相比，工人的直接劳动"虽然不可或缺，但却从属于……从社会联合中产生的一般生产力"（Marx 1993，700）。体现在机器中的社会集体知识成为生产中最重要的组成部分，"人类更多地作为生产过程的看守者和监管者"（Marx 1993，705）。在这种思辨语境中，马克思使用了"一般智力"（general intellect）这个奇特的术语：

> 固定资本的发展表明，社会知识在多大程度上已成为直接的生产力，因此，社会生活过程本身的条件在多大程度上已受到一般智力的控制，并按照一般智力进行改造。（Marx 1993，706）

社会知识——"社会大脑"（social brain）（Marx 1993，694）——一旦被资本获取并在机器体系中发挥效用，就会成为直接的生产力。资本对社会大脑的机械模仿构成了一般智力，或者说资本作为机器体系拥有了多种技能和知识（Dyer-Witheford et al. 2019，63-64）。这不是对一般智力的广泛解释。但是，我相信它比下一章要讨论的流行的"后工人主义"更准确地描述了当代的技术环境（参见 Hardt and Negri 2000；Virno 2001）。由于机器不能创造剩余价值，当一般智力接管生产时，可供剥削的劳动力就会越来越少。资本"迫切地要求将劳动时间减少到最低限度，而另一方面，它又把劳动时间作为财富的唯一衡量标准和来源"（Marx 1993，706）。通过劳动过程的机械化和自动化，资本"作为支配生产的形式走向自身的消解"（Marx 1993，700）。

这段令人赞叹的描述因其与贯穿《资本论》的更为清醒的基调之间存在分歧而著称。它似乎断言，资本将切断其剩余价值的供应，并使自己不复存在。回想一下引言一章中全自动化的时间旅行终结者，他预示着资本在自身矛盾的重压下崩溃。正如我们将在下一章中看到的那样，这就是"后工人主义"思想家将"片段"解释为，马克思主义关于我们这个时代正在发生的有关机器的预言（Hardt and Negri 2000，364）。但是，由于"片段"是一段相当隐晦的文本，在马克思去世前从未发表过，因此不确定它是否真的是一个预言，或某种思想实验，以及完全是别的什么。我对这段话的解读与克里斯蒂安·福克斯（Christian Fuchs 2016）的观点一致，他认为"当［马克思］在'片段'中谈到崩溃时，他并不是指资本主义的自动崩溃，而是交换价值在共产主义内部崩溃"（370）。这意味着，任何通过"片段"所示意的机制崩溃的概念，都必须以革命推翻资本的统治为前提。这不是一个今天即将实现的预言，而是对如果生产方式改变可能发生的事情的描述。

对"片段"的未来性思考结束了我们对马克思的介绍。在此基础上，以下各节将评述几位马克思的不同诠释者，他们的主要兴趣点是机器体系。

马克思主义

正如我们对"片段"的简要回顾所表明的那样，并不存在对马克思放之四海而皆准的解读。因此，任何对马克思理论的应用都应该清楚地表明它坚持对马克思的哪种解读。正如在本章结尾讨论的那样，我的研究主要借鉴了劳动过程理论和马克思新解读。在本章和下一章中，我将这些思路与正统的、苏联的和西方的马克思主义以及有影响力的"工人主义"和"后工人主义"的范式区分开来。⑤我还讨论了专门研究信息技术的各种马克思主义者。所有这些马克思诠释者都以不同的方式构建了马克思主义关于劳动、资本与机器的系列思想。

有必要首先解决长期以来一直针对马克思主义的技术决定论的指控（Hansen 1921；Heilbroner，1967）。在这种情境下，经常被引用的一段话来自马克思的《哲学的贫困》："随着新生产力的获得，人们改变自己的生产方式，随着生产方式即谋生方式的改变，人们也就会改变自己的一切社会关系。手推磨产生的是封建主的社会，蒸汽磨产生的是工业资本家的社会。"（Marx 1955，49）然而，正如麦肯齐（Mackenzie 1984）正确指出的那样，只有当生产力仅指技术时，对这段话的决定论者的解释才成立（476）。事实上，生产力包括（劳动力置于其中的）社会关系和技术："合作本身就是一种'生产力'"（Marx and Engels 1845）。将马克思作为决定论者进行批判没有多大意义。然而，这并不是说在马克思主义的历史上没有技术决定论。

马克思于1883年去世，在世时只看到《资本论》第1卷的出版。在马克思去世后，他的朋友和合作者弗里德里希·恩格斯通过对马克思著作的编辑、出版和解释以及哲学家卡尔·考茨基（Karl Kautsky）的解释工作推动了马克思主义的早期传播。恩格斯和考茨基所倡导的对马克思的解读，在今天通常被称为正统的马克思主义。艾尔贝（Elbe 2013）认为，对于正统的马克思主义者来说，马克思的成就是对支配社会发展的历史规律的科学理解。对马克思的正统解读假设，社会和自然发展

---

⑤ 本书不涉及中国马克思主义的研究，有兴趣者可参见陈（Chan 2003）。

第二章 劳动、资本与机器：马克思主义理论与技术

具有目的论、决定论的特征，共产主义处于历史的尽头，是解决资本主义矛盾的必要解决方案。对艾尔贝（2013）来说，在对马克思的这种解释中，"人类服从于一种'科学可验证的'解放自动论"。

事实上，考茨基（1989 [1929]）认为，"社会发展归根结底受技术进步的制约，而非阶级斗争的制约"。考茨基持有的"机械决定论"马克思主义（Bronner 1982，580）将革命理解为"社会主义者应该耐心等待而不是积极准备的客观现象"（Flakin 2019）。恩格斯的政治遗产面临更多争论。艾尔贝（2013）嘲笑正统的马克思主义为"恩格斯主义"，这归因于恩格斯在其中的有害影响，但其他人并不认同这种评价（Rees 1994）。恩格斯的贡献本书不加评论，但值得注意的是，恩格斯很早就指出资本与技术之间新出现的结合，表明资本欢迎"科学的帮助……以对抗劳动"，并且"机器发明"将作为工人的竞争对手（Engels 1844）。正如海因里希（Heinrich 2012）正确指出的那样，虽然今天很少有马克思主义者赞同正统的观点，但大多数"今天普遍流传的关于马克思和马克思主义理论的观点——无论是正面的还是负面的评价——基本上都源于"正统解释（26）。

苏联马克思主义

虽然本书无法公正地评价苏联世界产生的有关技术方面的大量马克思主义素材，但如果我们要充分定位当代马克思主义理论，就有必要简要介绍一些主要人物。1914年的弗拉基米尔·列宁（Vladimir Lenin 1972 [1914]）并不是技术乐观主义者，他将泰勒主义描述为"人类被机器奴役"。但四年后，在

与同盟国签署1918年《布列斯特-立托夫斯克和约》后，他写道，他从第一次世界大战中了解到，"那些拥有最好的技术、组织、纪律和最好的机器的人会脱颖而出……必须了解，没有机器……就不可能生活在现代社会。必须掌握最高端的技术，否则就会被压垮"（转引自 Bailes 1978，49）。列宁阐述道，如果不"掌握所有的科学、技术和艺术，我们将无法建设共产主义社会生活"（转引自 Bailes 1978，52）。列宁（1920）的著名格言"共产主义等于苏维埃政权＋全国电气化"表达了他的信念，即必须通过拥抱现有的技术基础设施并推动其超越资本主义的局限来建立一种新的生产方式。列宁也开始相信，共产主义必须结合资本主义技术，将人视为机器来管理劳动。他断言，"由劳动人民自己适当控制和明智运用的泰勒系统，将成为进一步减少全体劳动人民强制性工作日的可靠手段"（Lenin 1971［1918］）。

列宁对泰勒主义的重新评估反映了苏联对机器的更宏大态度的转变，以及对机器的热情拥抱（Sochor 1981；Cooper 1977）。对资本主义机器的占有将成为苏联计划的核心原则。列夫·托洛茨基（Leon Trotsky）认为，有必要进行庞大的工业化，以使苏联能够从资本主义世界市场中获得自主性（Mandel 1991）。阿列克谢·加斯特夫（Aleksei Gastev）支持对泰勒主义的"全面认可"，认为其实践在资本场景下是扭曲的，但在社会主义经济中将得以完善（Sochor 1981，250）。叶夫根尼·普列奥布拉任斯基（Yevgeni Preobrazhensky）呼吁进行"社会主义原始积累"，让农民有意识、快速且人道地转变为产业工人（Krassó 1967，82；Goldner 1995，75）。虽然亚历山大·波格丹诺夫（Alexander Bogdanov）等人主张发展专门的无产阶级

第二章 劳动、资本与机器：马克思主义理论与技术

技术和文化（Wark 2015），反对大规模占有资本主义技术（和文化）的观念，但随着1918年至1921年"战时共产主义"的实施，苏联的技术动力被放大，所有工厂都被国有化并置于军事化的中央控制之下。列夫·托洛茨基（Leon Trotsky 1957［1924］）甚至对技术的审美可能性进行了诗意的阐述："信仰只是承诺移动山脉；但是，技术，不需要任何'信仰'，实际上能够砍倒山脉并移动它们。到目前为止，这种做法是出于工业目的……将来，根据总体工业和艺术计划，这将以不可估量的规模进行。"⑥

在整个第二次世界大战期间及以后，技术进步仍然是苏联思想的核心主题。虽然控制论最初受到斯大林主义的扼制，但到第三个五年计划（1961—1966）时，生产的控制论自动化成为一个中心目标（Gerovitch 2002）。人们普遍认为，自动化"在创造共产主义社会的物质和技术基础方面发挥关键作用"的同时，将破坏资本主义的存在条件（Cooper 1977，152）。因此，苏联的自动化观念与正统马克思主义对历史目的论的信仰混在一起，最终到达共产主义。随着苏联在随后的几十年里衰退，苏联世界以外的许多马克思主义者开始对这种观点持怀疑态度，他们随后对马克思产生了截然不同的解读。⑦

---

⑥ 尽管托洛茨基和普列奥布拉任斯基用心良苦，但在1924年列宁逝世后，苏联的工业化最终还是由斯大林通过强制集体化以不那么美观的方式开始实施。1928年，斯大林开展第一个五年计划，大力发展苏联的工业和农业能力。

⑦ 这并不是说苏联以外的所有马克思主义者都拒绝苏联版本的马克思主义。西方的一些马克思主义经济学家阐述了以价值量化为关注点的正统马克思主义。这种对马克思的解读试图建立价格如何从商品价值中衍生出来的缜密模型，并在总体上使马克思主义成为主流经济学的有效竞争者。这种观点的一些例子参见多布（Dobb 1940）和斯威兹（Sweezy 1968［1942］）。关于综述参见萨阿德-费卢（Saad-Filho 1997）。

西方马克思主义

在列宁逝世的前一年，两位欧洲哲学家杰尔吉·卢卡奇（György Lukács 1972 [1923]）和卡尔·科尔施（Karl Korsch 2013 [1923]）出版了后来被称为西方马克思主义的奠基性著作。该领域的其他著名思想家包括安东尼奥·葛兰西（Antonio Gramsci）和法兰克福学派批判理论家，如西奥多·阿多诺（Theodor Adorno）、赫伯特·马尔库塞（Herbert Marcuse）和马克斯·霍克海默（Max Horkheimer）。西方马克思主义拒绝历史目的论表述，拒绝将马克思主义视为一门关于社会和自然客观规律的科学。它使马克思主义更接近哲学，并经常借鉴弗洛伊德的精神分析和马克思的黑格尔哲学根源。经济学被对艺术、意识形态、历史偶然性和社会批判（一般而言是文化）的关注所取代。这种内容的转变伴随着基调的转变，正统的必胜主义转向"潜在的悲观主义"（Anderson 1979，88）。这种悲观的基调在西方马克思主义对技术的讨论中尤为明显。

西方马克思主义者并未完全拒绝正统的论点，即生产的技术合理化对共产主义是必要的和可取的（Marcuse 2013 [1964]；Gramsci 1992 [1971]）。然而，他们在预判方面更加谨慎，认为技术也可以实现前所未有的对劳动的统治形式。阿多诺和霍克海默认为，通过启蒙运动，技术对自然的掌握导致了资本主义和法西斯主义，两者都是人类技术理性统治的表现（Adorno and Horkheimer 1997 [1947]）。对于马尔库塞来说，资本主义的技术进步通过潜在地产生丰富的需求和欲望，使共产主义在理论上成为可能，但他认为这种理论上的可能性被历史发展所否定。相反，机器的激增导致了一种广泛的"技术理性"，它不是由批判性思想定义的，而是由"调整和服从"来定义的（Marcuse 1998［1941］, 146）。这产生了一个"单向度"（one-dimensional）的工人阶级，无法将自己与资本区分开来（Marcuse 2013［1964］）。卢卡奇（1972［1923］）详细阐述了马克思对拜物教的讨论和他的物化（reification）概念，认为资本系统地将人与人之间的社会关系伪装成物，使得主体性本身被视为一种"技术关系"（Feenberg 2015, 493）。葛兰西（Gramsci 1992［1971］）提出了霸权的概念，以解释资本如何利用媒体技术和学校等文化机构，通过同意而非胁迫方式来维持控制。

根据西方马克思主义的说法，资本已经成功地渗透到文化和技术中，并利用两者使工人变得越来越温顺和机器化。这是一种与以前的马克思主义截然不同的劳动、资本与机器的构型。但对正统马克思主义的怀疑也以其他方式蔓延开来。

劳动过程理论

在20世纪70年代，哈里·布拉夫曼（Harry Braverman 1998）推广了一种后来被称为劳动过程理论的方法。正如我们上面所看到的，劳动过程是生产产品和提供服务所必需的一系列行动。劳动过程分析关注特定的具体劳动过程，以展示这些过程如何通过更大规模的增殖的紧迫需要和劳动的创造性和战斗性能力来构建和重构。因此，劳动过程分析感兴趣的是对工人的工作场所实践以及作为资本代表的管理层试图控制工人的方式。劳动过程研究证实了马克思的主张，即资本控制劳动的最有效手段之一是机器。

布拉夫曼曾担任铜匠多年，目睹了手工艺劳动过程的去技能化及其逐渐被机器取代的过程。像西方马克思主义者一样，他对苏联使用机器推行劳动工业化感到不满。他的核心目标是要表明，作为资本主义的产物，泰勒主义对劳动过程的重构，旨在为资本的目标服务。因此，他认为社会主义或共产主义生产方式应该依赖这种方法的假设是有缺陷的（Braverman 1998，15-16）。对劳动过程采纳盲目的泰勒主义方法，就是采纳了资本的观点。

　　布拉夫曼的论点是基于对19世纪后期泰勒主义科学管理的历史研究。[⑧] 泰勒主义对产业工人的活动和知识进行细致的审查和记录（例如使用时间运动研究），并使其可供管理层分析和控制。这导致复杂的手工劳动过程被分解成可以由技能较低（且收入较低）的工人完成的各种组件，并最终实现自动化。布拉夫曼（1998）将这一过程归结为三个原则。首先是"劳动过程与工人技能的分离"（78）。管理层通过观察或审查来获取工人的知识和技能，并将其提供给资本。第二个原则是"构思与执行的分离"（79）。计划、组织和创意技能由管理者负责，而工人只是服从命令。第三个原则是"利用对知识的垄断来控制劳动过程的步骤及其执行模式"（82）。获取的知识使资本精确规定完成工作的方式，并达到精细化程度，以便最大限度地提高生产率，限制工人的控制权。

　　通过应用这些原则，泰勒主义"使资本主义生产的无意识趋势变得有意识和系统化"（Braverman 1998，83）。从劳动中

[⑧] 罗森塔尔（Rosenthal 2019）指出，科学的劳动管理方法早于泰勒主义，最早在美国内战前南部用于跟踪和提高奴隶的生产率。

第二章　劳动、资本与机器：马克思主义理论与技术

提取知识和技能，用机器模拟它们，以及在这些机器的基础上重构劳动过程，最终实现程序化。然后，劳动过程的技术重构使资本"有机会通过完全的机械手段来做它以前试图通过组织和纪律手段做的事情"（Braverman 1998，134）。通过"逐步消除工人的控制职能，尽可能将这些职能转移到一个设备中，而该设备又尽可能地由直接过程之外的管理层控制"，管理层的监督和惩戒职能可以越来越多地自动执行（Braverman 1998，146）。作为信息技术（即数控机床）早期的见证人，布拉夫曼对未来持消极态度。对他来说，软件的递归能力预示着一种新的"机器的普遍性"，因为"控制不再依赖于……专门的内部结构"（Braverman 1998，132）。早在20世纪70年代，文书和办公工作就开始受泰勒主义管理。布拉夫曼（1998）认为，未来泰勒主义的应用将扩展至程序员（227-228）以及"绘图员和技术人员、工程师和会计师、护士和教师"（282）。

劳动过程理论受到了许多批评，因为据称它忽视了对工人主体性的考虑，而偏向于结构性的控制关系。这种冲突，以及其他冲突已记载于一些合著中（Knights and Willmott 1990; Wardell et al.1999; Thompson and Smith 2010）。值得一提的是大卫·诺布尔（David Noble，1986）的著作，其中明确包括对工人主体性的考虑，对他来说，劳动过程分析与阶级斗争密不可分。劳动过程理论也因其核心的去技能化论点而受到批评，甚至受到那些在传统环境中工作的人的批评（Wood 1982）。一些批评者认为，布拉夫曼忽略了在生产中引入新技术实际上如何产生了新的技能和工作类型（Attewell 1987; Burris 1998）。针对这些批评，重要的是要注意，布拉夫曼的工作并不意味着提供"对每一种形式的资本主义工作过程的组

织和控制的精确说明，而是提供有关资本场景下工作的一般情形的论点，这在不同的劳动过程中有不同的表现（Knights and Willmott 1990，11）。

最近出版的一本关于劳动过程理论和数字化工作的著作的编者指出，新技术及其在自动化中的应用重新引起了人们对去技能化问题的兴趣（Briken et al. 2017，2）。然而，除了戴尔·维特福德等人（Dyer-Witheford et al. 2019）给出的粗略勾勒外，关于人工智能劳动过程的研究很少。本书第六章旨在为缩小这一差距做出贡献。

在缺乏人工智能劳动过程研究的情况下，我的研究得到了软件生产劳动过程分析的启发。卡夫（Kraft 1977，1979）是第一个从事软件工人劳动过程分析的人，他认为这些工人不能免于去技能化。卡夫和杜布诺夫（Kraft and Dubnoff 1986）得出结论，"软件工作是复制了而不是彻底改变了管理者和被管理者之间的传统关系"（184）。许多关于软件开发的早期劳动过程工作都回应了这些观点（Cooley 1980，1981；Duncan 1981；Orlikowski 1988；Greenbaum 1979，1998；Ensmenger and Aspray 2002）。其他持反对意见的声音认为，没有证据表明软件工作中出现了去技能化（Tarallo 1987；Ainspain 1999；Hounshell 2000）。

罗伊娜·巴雷特（Rowena Barrett）提出了一个更复杂的情况，她认为，虽然去技能化的传统直接控制形式在软件开发中并非显而易见，但这些劳动者受到"'负责任自主性'的控制，'负责任自主性'试图通过给工人以回旋余地，鼓励他们以有利于公司的方式适应不断变化的形势，从而利用劳动力的适应性"（Friedman 1977，78转引自Barrett 2005，79）。拉斯穆森和约

第二章 劳动、资本与机器：马克思主义理论与技术

翰森（Rasmussen and Johansen 2005）同意"自主性可以通过下放责任来增强对工人控制的策略"（118）。负责任的自主性的一种表现形式是巴雷特（2005）所说的"技术自主性"或"允许软件开发人员自主使用他们的技能和专业知识开发'最佳'程序的管理"（82）。这种更微妙的控制形式有助于阐明管理部门如何试图继续掌控一种不适合泰勒主义的劳动过程。但一些劳动过程理论家认为，软件工作给管理带来了更大的挑战。

根据一项对软件初创公司工作的劳动过程分析，"在工业流水线上很难将实践和过程等同起来。在每个阶段，人为干预而不是机器干预占主导地位……每个项目都需要新的规划和决策。这一现实与泰勒化工作环境的'最佳方式'形成鲜明对比"（Andrews et al. 2005，66）。根据这种分析，软件生产"取决于个人的技能和他们不同努力的同步"，而管理无法从上到下实施（Andrews et al. 2005，59）。因此，软件生产是"技巧，而不是……以技术为导向"，其未受到去技能化和自动化的威胁，因为要"完全实现计算机编程标准化……需要对新兴问题和相关解决方案的看似无所不知的知识"（Andrews et al. 2005，67）。根据安德鲁斯、莱尔和兰德里（Andrews, Lair and Landry）的说法，软件工作体现了劳动、资本与机器的根本性重构；在软件行业，资本似乎无法获取劳动技能和知识。虽然这绝不是劳动过程理论家的共识观点，但它为近20年后对人工智能行业的劳动者分析提供了一个令人信服的起点。

马克思新解读

在1920年代，苏联经济学家伊萨克·鲁宾（Isaak Rubin）

对马克思的流行解释提出了疑问，该解释认为马克思试图量化价值和具体劳动。鲁宾（1978［1927］）认为，"劳动只是价值的实质，为了获得完全意义上的价值，我们必须在劳动中增加一些东西作为价值的实质，即社会价值形式"。他所说的社会价值形式，是指价值（在马克思的意义上）只有在以商品交换为前提的社会关系体系中进行劳动实施和产品生产时才能产生。社会关系必须具有特定的形式，才能获得价值的真正抽象。社会必要劳动时间决定了价值的大小，但是，商品具有价值并能用其他商品进行交换的"商品的抽象性质"，不仅来自它所代表的价值量，而且来自它作为商品在生产和交换中形成的社会关系（Rubin 1978［1927］）。这又回到了前面关于马克思和价值一节中强调的观点，即价值不仅在生产中产生，而且还必须在交换中实现。这种非正统的方法在当时激怒了意识形态上的不满，因为它"被视为等同于为市场辩护"，鲁宾在1937年被处决（Boldyrev and Kragh 2015，372）。鲁宾对价值形式的关注在1960年代被霍克海默和阿多诺的西德学生重新点燃，这些学生有汉斯-格奥尔格·巴克豪斯（Hans-Georg Backhaus 1980）、阿尔弗雷德·施密特（Alfred Schmidt 1981）和赫尔穆特·赖歇尔特（Helmut Reichelt 1982）。他们的方法后来被称为"新马克思-解读"（Neue Marx-Lektüre）或"马克思新解读"（New Reading of Marx）。虽然马克思新解读的英文文献不断扩大，但许多重要出版物尚未从德文翻译过来（即Heinrich 1991）。马克思新解读认为，正统的马克思主义没有反思马克思的理论深度，将马克思理解为古典政治经济学的扩展者（extender），而不是批评者（critic）。马克思新解读旨在从它认为肤浅的正统读物之下挖掘出一个"深奥"的马克思（Elbe 2013）。

第二章 劳动、资本与机器：马克思主义理论与技术

巴克豪斯（Backhaus 1980）在其早期著作中认为，将马克思解读为阐述李嘉图的价值概念是站不住脚的，因为该概念无法解释资本的基本公式M-C-M'（114）所发生过的，并且始终保持不变的是什么。换言之，价值的形式概念没有得到承认。赖歇尔特指出，这种观点也无法解释社会关系是如何被看作是物的。他讲述了他和同伴如何"系统性地困扰"他们的老师霍克海默，让他回答什么是"真正的"物化（Reichelt 1982，166）。再次回到鲁宾提出的问题，即对价值形式的理解不足。在这种语境下，形式并不意味着一种思想形式，而是意味着一种随着时间推移而再现的具体社会关系的复合体，价值通过这种关系在世界上显现并产生影响。价值不仅仅是一个纯粹的数量，而是"在差异中展现出来的东西"（Backhaus 1980，112）。因此，关注价值形式就是关注价值的"存在方式"（Holloway 2002，51），其基本组成部分是商品交换。马克思新解读坚持认为，在交换中实现价值对于理解价值如何运作至关重要。因此，它将关注点从有关生产的正统扩展至将劳动过程置于分布在实现价值的"社会整体"中的较长过程（Heinrich 2007）。

对马克思新解读而言，资本通过价值形式对生产之外的社会整体的吸纳是很难估量的。马克思新解读经常通过扩展马克思将自主性归因于资本的时刻来讨论这个问题。对于博内菲尔德（Bonefeld 2014）来说，价值形式分析"相当于对价值规律作为社会'自主化'过程的阐述，经济学根据价格变动、股票市场发展和其他类似宏观经济分析来分析该过程，这些分析本身就是难以理解的经济量"（8）。这就是为什么巴克豪斯（1980）呼应马克思，称价值为"主体"（subject）（112）。增殖的递归过程使人类社会交往服从于"自我移动的经济力量，这

71

些力量在行动主体的背后坚持自己，对这些行动主体的需求漠不关心，甚至充满敌意"（Bonefeld 2014，21-22）。资本实现这种自主性的神秘力量是价值形式，马克思新解读通过货币具体地将其表现出来。

马克思新解读思想家认为，马克思的价值概念特别适用于资本主义经济，资本主义经济假设是为了商品交换而广泛生产，因此货币充当了一般等价物。海因里希（Heinrich 2012）指出，"只有在货币形式下，才存在适当的价值形式"，因为"衡量［价值］的行为只能通过货币手段进行"（63-65）。这种观点，就像鲁宾的观点一样，由于许多原因而遇到并继续遇到阻力，但一个值得关注的原因是它坚持认为流通和生产对于榨取剩余价值至关重要。[9]正如皮兹（2018）所说，价值是"以货币表达的社会中介（social mediation）类别。它源于在流通领域内通过货币进行的商品交换"（3）。在交换发生之前，"价值的大小只能大致估计"（Heinrich 2012，55）。这似乎与马克思主义的基本观念相冲突，即价值的实质是抽象劳动，该劳动是资本在生产剥削过程中获取的。事实上，按照极端的说法，价值货币观意味着"价值不是指生产中的劳动耗费，而是指所从事劳动的交换；劳动实施与产品价值之间没有内在关系"（Saad-Filho 1997，465）。鲁宾和巴克豪斯被指责陷入这种"循环主义"（Starosta and Kicillof 2007），没有多少马克思新解读思想家支持这种极端的观点。

更普遍的观点（在我看来，与马克思自己的著作一致）是，

---

[9] 有关"货币主义争议"的详情，请参阅埃尔森（Elson 1979）和贝洛菲奥里（Bellofiore 2009）。

价值取决于生产和货币交换。价值"不仅仅是在某个地方'生产'之后就在'那里'",它是一种"社会关系……在生产和流通中构成……'非此即彼'问题毫无意义"(Heinrich 2012, 54)。[10] 抽象劳动是通过生产剥削而获得的剩余价值的实质。然而,如果所生产的商品从未成功地(至少)以其平均的社会必要劳动时间出售,那么它的价值就永远不会实现,实际上,它就不复存在了。这显然是正确的,但实现的状态仍然是争议的主题。福克斯(Fuchs 2014)对马克思新解读会实现的坚持提出异议,因为它:

> 不能解释这样一个事实,即资本家可能由于市场问题而不能出售商品,因此不能实现利润,但仍然在生产过程中剥削了雇员劳动……因此,没有成功与货币交换的商品……没有价值,因此也没有剩余价值,这在逻辑上意味着生产它的工人没有被剥削。(45)

这种解读似乎将马克思的剥削分析概念与伦理概念混为一谈。剥削是较长增殖过程中的一个时刻,该过程会随着时间的推移而出现,并且可能由于许多因素而无法完成。剥削是指资本占有劳动力价值与劳动产生的剩余价值之间的差额。如果资本不能通过交换实现其商品的价值,这并不能改变在剥削关系中已经完成的工作的性质。它只是意味着增殖已经中止。剩余

---

[10] 我对该观点的支持并不能说明我和海因里希的观点完全一致,尤其和他对利润率下降趋势的否定观点不一致(Heinrich 2013)。有关就此话题对海因里希的简洁回答,请参见耶胡(Jehu 2015)。

价值不是新生产的商品所固有的实质；在实现交换之前，它是"理想预期的货币"，但这种预期可能会落空（Bellofiore 2009, 17）。资本尽最大努力从营销到物流再到订购都在避免这种意外情况发生。

马克思（1991）指出，"进行直接剥削的条件和实现这种剥削的条件，不是一回事，它们不仅在时间和地点上是区分的，而且在理论上也是区分的。前者只受社会生产力的限制，后者受不同生产部门之间的比例关系和社会消费力的限制"（352）。用被剥削的劳动生产的商品，无论出于何种意图和目的，如果没有人能够或愿意购买，它就没有价值。如果相关的社会关系发生变化，资本体系中的特定价值可能会发生变化。萨阿德-菲略（Saad-Filho 1997）提到用"同步"（synchronization）来解释商品的价值如何由"目前生产所需的平均劳动时间（而不是生产可能发生时所必需的劳动时间）"决定（470）。作为一种社会关系，"价值并不是在商品生产时就一劳永逸地确定下来的；相反，它们每时每刻都来自社会的赋予"（Saad-Filho 1997, 470）。价值作为社会关系的本质意味着个人价值可能会随着相关社会关系的变化而波动，但这也意味着一个更大的问题：马克思意义上的价值是资本主义特有的现象。[11] 马克思明确指出：

> 劳动产品的价值形式是资产阶级生产方式中最抽象的，但也是最普遍的形式；由于这一事实，它给资产阶级生产方式打上了具有历史性和暂时性的特殊种类社会生产的烙

---

[11] 反之，关于将价值理解为一种跨历史现象的马克思解读，见科克肖特（Cockshott 2019）。

印。如果我们错误地把它看作社会生产的永恒的自然形式，我们必然会忽视价值形式的特殊性，从而忽视商品形式的特殊性及其进一步的发展，即货币形式、资本形式，等等。（Marx，1990，174）

虽然其他生产方式可能产生经济盈余，但这些方式并不完全相同。"价值"一词在不同领域有多种用途，但具体的资本主义价值形式不应与这些用途混为一谈。忽视价值的特殊性取决于特定的社会关系，这是我对"后工人主义"批判的一个方面。

然而，即使我把马克思新解读视为解读马克思的重要而有用的方式，我也认识到它不能免于批判。它对价值形式的关注意味着对社会关系的关注，然而，马克思新解读往往淡化了阶级对抗这一基本社会关系。马克思新解读经常忽视其形式分析与混乱的、具体的社会关系之间的联系（Bonefeld 2014，6）。皮茨（Pitts 2018）呼吁马克思新解读要认识到"社会中介形式植根于对抗、强迫、统治和剥夺的真实关系中"（5）。此外，由于马克思新解读忽视了具体的社会关系，它也往往很少花时间关注具体（特别是计算）技术的细节及其在劳动过程中的应用。我认为，对价值形式的强调导致马克思新解读关注资本增殖过程的连续性，而非其技术基础设施中的变化。虽然人们不应该只关注技术环境，但也不应该完全忽视它，因为它是物质条件的一个重要方面，正如下一节中所引用的观点所表明的那样。

控制论资本主义

前面几节只研究了马克思主义者思想的某些片段。还有许多重要的马克思主义作家更难归类。本节就考察一些更难归类的人，他们是"控制论资本主义"时代撰写技术问题的作者（Robins and Webster 1988）。虽然控制论资本主义一词没有共识的定义，但我用它来大致指称从第二次世界大战结束到现在（2021）这一时期的资本主义，该时期的特点是信息和自动化技术的涌现。[12]控制论时代的马克思主义思想保留了早期马克思主义分析中对技术特征的矛盾评价。对一些人来说，机器被视为资本用来对付劳工的最有效武器，但对另一些人来说，机器是资本的致命弱点和共产主义产生的关键。例如，在20世纪中叶，马克思主义对新自动化技术的评价（在第四章中讨论）差异很大。一方面，意大利共产主义者阿马德奥·博尔迪加（Amadeo Bordiga 2019［1957］）热情洋溢地说，"我们已经为［自动化的到来］等待了100年"，因为他从对"片段"的解读中推断出自动化意味着"共产主义的必然性"（462，着重号为原文所有）。另一方面，激进的美国黑人汽车工人詹姆斯·博格斯（James Boggs 1963）警告说，自动化将通过消除全部工作岗位和创造过剩工人，"加剧各阶层人口之间的冲突，特别是那些工作者和不工作者之间的冲突"，并削弱工人阶级。

除了自动化技术之外，控制论时代的马克思主义作者还揭示了信息技术与资本之间的各种相互关系。他们描绘了资本与军事联合的尝试如何推动世界的数字网络和现在无处不在的信息技术的发明（Schiller 1999，2014）。马克思主义和受马克思影响的媒体学者也阐述了新的数字劳动理论，这些理论追踪

---

[12] 戴尔-维特福德等人（Dyer-Witheford et al. 2019，51）对资本主义的技术时期划分提出了更详细的建议，尽管该建议仍是简要的。

第二章　劳动、资本与机器：马克思主义理论与技术

了日益计算化的工作和生活形式的特殊性（Mosco and Wasco 1988；Huws 2003；Terranova 2004；Mosco and McKercher 2009；Burston et al. 2010；Fuchs 2014）。其他人则将马克思主义理论应用于信息技术和互联网、社交媒体、大数据和平台经济的研究（Dyer-Witheford 1999；Fuchs and Dyer-Witheford 2013；Fuchs and Mosco 2015；Fuchs 2019）。尽管他们介入的领域多种多样，但很少有马克思主义者实质性地涉足人工智能研究。

20 世纪 80 年代初，当第一批商用人工智能系统投入使用时，马克思主义者发现，这些系统有可能重新扩大泰勒主义对劳动的控制（Cooley 1981）。工程师和激进的工会主义者迈克·库利（Mike Cooley）认为需要建立一个论坛来讨论"准专家系统［和］人工智能软件工具泛滥"的社会和政治影响，于是他创办了《人工智能与社会》杂志，该杂志至今仍然存在（Cooley 1987，179）。其他一些马克思主义者也赞同库利的早期分析。汤姆·阿塔纳西奥（Tom Athanasiou 1985）将人工智能描述为"巧妙伪装的政治"。布鲁斯·伯曼（Bruce Berman 1992）认为：

> 人工智能在意识形态上的重要性最好理解为类似于科学管理在第二次工业革命中所扮演的角色……就像科学管理试图实现对体力劳动的控制一样，人工智能试图通过合理化、碎片化、机械化和常规化的过程，实现对心理过程的控制。（104-105）

然而，其他一些马克思主义者却认为人工智能是劳动可以

用来对抗资本的工具。继苏联（Peters 2016）和社会主义智利（Medina 2011）将控制论应用于中央集权经济计划的尝试失败之后，保罗·科克肖特（Paul Cockshott 1988）基于"人工智能开发"的技术重新提出了乐观主义（1）。最近，他断言大数据和超级计算机是"网络共产主义的基础"（Cockshott 2017；另见 Dyer-Witheford 2013）。

另外三位马克思主义作家对于重构马克思关于劳动、资本与机器三角关系以研究人工智能产业尤其重要。在 20 世纪 80 年代和 90 年代，随着计算机、人工智能和其他信息技术的日益普及，他们都以不同的方式努力应对资本递归的新技术能力。

泰莎·莫里斯-铃木（Tessa Morris-Suzuki 1984）认为，"硬件与软件的分离……可以看作劳动过程本身的革命裂变"（1984，112）。当工人的知识可以表示为数字信息时，它"可能与工人的物理身体分离，本身可能成为一种商品"（Morris-Suzuki 1984，113）。莫里斯-铃木预测，资本将围绕软件生产进行重组："信息……它有助于生产过程——将成为企业生产的商品，几乎像汽车从装配线上产出那样常规和一成不变"（1984，114-115）。各种脑力劳动，包括软件生产，都将受到布拉夫曼式的去技能化和"自动化力量"的影响（Morris-Suzuki 1984，118-120）。本书为她的预测提供了支持。我们将看到，软件生产在几十年前就已经工业化了，而最近工业化的人工智能生产已经证明了去技能化。

其次是乔治·卡芬齐斯（George Caffentzis，1997），对他来说，图灵的思维机械化通过展示认知过程如何被分解为离散的阶段，为新的计算泰勒主义提供了依据。但他最引人注目的论述来自于他对资本推动自动化走向极端的反思。卡芬齐

第二章 劳动、资本与机器：马克思主义理论与技术

斯认为，资本对增殖的需求要求它通过技术的"自反性"或能够自主生产机器的机器，追求从人类劳动中"合乎逻辑地逃脱"（2013，128）。只有"当自动机创建自动机……当自动机系统的元素成为自动机系统的产品时，资本才能"找到合适的基础"（Caffentzis 2013，128）。这种"自动化的自动化"（automatization of automation）意味着消除生产剩余价值的劳动，因此与增殖互不相容（Caffentzis 2013，129）。然而，卡芬齐斯并没有将这种情形归咎于与"后工人主义"对"片段"解读类似的资本的崩溃。相反，他表明，如果被有机构成低、剩余价值生产率高的其他部门抵消，自动化可能会出现在有限的产业部门（Caffentzis 2013，133-134）。换言之，富裕国家高度自动化的软件部门（生产接近于零的剩余价值）可能会被其他地方过度剥削劳动力的激增所抵消。如今，硅谷的软件生产与非洲矿山的残酷劳动之间的对比使这种情况更加明显，这些矿山正在采集计算硬件所需的贵金属。卡芬齐斯的观点是，高度自动化的未来情景不应因不可信和导致资本自动崩溃而立即被摒弃。

第三位重要的思想家是拉明·拉姆丁（Ramin Ramtin），不幸的是，他的著作《资本主义与自动化》被世人忽视，该著作非常注重技术细节，发展了马克思主义的自动化理论。[13]拉姆丁

---

[13] 拉姆丁提出了一个重要观点，即软件总体上为马克思主义的技术理论带来了新意："软件作为生产资料有一个特殊的属性：它永远不会磨损"（1991，117）。由于固定资本将价值转移给产品与产品的损坏成反比，而软件本身不会磨损，因此软件的"寿命完全取决于创新的速度"（Ramtin 1991，177），马克思（1991）称其为"道德贬值"（moral depreciation）（118-119）。当然，软件需要硬件，这一点也必须考虑在内（Ramtin 1991，117）。

认为,"要么自动化,要么死亡"是"由资本主义生产方式本身的机能所强加的客观必然性,该生产方式既符合价值规律,又是价值规律的结果"(1991,101)。本书可以看作对这一说法的冗长阐述和支持论据。自动化是使用计算机进行"反馈原理的系统应用"(Ramtin 1991,60),它使机器能够"直接接受对象化的信息",而无需"人类劳动力的介入"(53)。对于拉姆丁来说,这种能力的重要性怎么强调都不为过:

> 这种特性是以往任何工具、设备网络甚至整个技术系统都不曾具备的。它是……一种可以潜在地用来执行任何可以由工人(体力和智力)在生产过程中执行任务的技术,而且从资本的角度来看,速度更快,性能更可靠。(Ramtin 1991,50-51)

因此,自动化为机器提供了从事认知类工作的可能性。拉姆丁(1991)在30年前就指出,"提高软件专家生产力的压力越来越大……在这里,提高效率的主要途径在于开发新的软件包,以取代软件生产本身所涉及的熟练劳动力"(113)。早期的人工智能预示着软件生产软件这种新用途。它为资本提供了真正从属的新技术,倾向于"通过对象化实现控制系统的外部化或完全抽象化",这可以使"集体劳动者在总体上对象化……从生产过程中……完全剥离'活劳动'"(Ramtin 1991,58)。拉姆丁(1991)认为,"整个人工智能产业背后的目的和目标"是"减少'智力'劳动的作用和数量"(65-66)。人工智能之所以会受到资本的追捧,是因为它赋予了资本作为"自动化系统"的"终极愿景"的实质内容,其中"概念、协调和执行"融合成一个"包罗万象的纯粹管理功能"（Ramtin 1991，61-65，着重号为原文所有）。老板会简单地将任务委托给一台智能的、温顺的机器。为了评估拉姆丁的先见之明，请考虑《哈佛商业评论》上的一篇文章，该文章指出"机器智能将让我们所有人都像首席执行官一样工作"，将任务委托给一系列自主代理（Zilis 2016）。

结 论

理论是思考和实践的工具，但一个人必须有正确的工具方能做事。理论必须与其所应用的特定环境的物质条件相适应。本章探讨了两个多世纪里古典政治经济学对于劳动、资本与机器的各种不同观点，然后通过马克思对政治经济学的批判，发展成为马克思主义理论的各种传统。尽管本章远非做全面考察，但它展示了马克思主义思想是如何随着不断变化的技术环境而演变的，尽管到目前为止它对人工智能的研究依然相对较少。

有了这个理论背景，我们现在可以回到本章引言段落中引用的新闻文章，将马克思和人工智能放在一起讨论。三者都提出了一个相似的论点：人工智能驱动的自动化对现有的资本主义生产方式构成了巨大的威胁。虽然阿文特（Avent 2018）认为人工智能将会推动资本主义改革进入"马克思可能欣赏的"状态，但德尔·科罗（Del Corro 2017）却认为人工智能"正在推动人类走向社会主义"。冯象（2018）断言人工智能将"意味着资本主义的终结"。这三者的基础是一种类似于"全自动化的时间旅行终结者"的叙事，以及对马克思"机器论片段"的预言性解释,我在上文对此表示质疑。我的想法是,资本通过让它所依赖的劳动逐步实现自动化,将切断其剩余价值的供应并自我毁灭。人工智能被理解为这一过程的催化剂。"后工人主义"思想家对"片段"的解读,使得他们一直以来都是这种叙事的有影响力的推动者。虽然我无意知道上述引用的新闻文章的作者是如何得出结论的,但我们可以通过询问那些对信息技术的革命性意义着迷的"后工人主义"思想家来更好地理解他们(以及他们对马克思和人工智能的结合)。这是下一章的任务。但首先,我先谈谈自己的理论观点。

如果理论是一种工具,那么理论家的任务之一就是改进现有工具。"后工人主义"是本书的批判对象,但这种批判旨在取得建构意义。马克思主义传统所有工作的目标都应该是改变物质世界,而不仅仅是打败敌对派别。我的理论立场最好被描述为对马克思的解读,这种解读通过对劳动过程理论和马克思新解读混合的过滤,并带着对"后工人主义"技术热情的某种欣赏。这种混合旨在纠正因为劳动过程理论和马克思新解读以及"后工人主义"而产生的一些谬误。我感谢"后工人主义"对于技术变革是任何资本分析的重要组成部分这一观点的坚持。正如劳动过程理论所要求的那样,我通过关注劳动过程强调了具体内容,与"后工人主义"的高度概括和马克思新解读的形式关注相对立。然而,通过保留马克思新解读所阐述的价值形式观点,我的劳动过程分析仍然位于资本更广泛的增殖动态中,而不是像"后工人主义"那样假设这些历史的断裂,或者像一些劳动过程理论工作那样,将特殊的技术状态归因于软件工作。现在让我们转向"后工人主义"。

第二章 劳动、资本与机器：马克思主义理论与技术

参考文献

Adorno, Theodor W., and Max Horkheimer. 1997 [1947]. *Dialectic of Enlightenment*. London: Verso.

Ainspain, Nathan David. 1999. The Geek Shall Inherit or Leave the Money and Run? Role Identities and Turnover Decisions among Software Programmers and the High-Technology Employees. PhD Diss, Cornell University.

Anderson, Perry. 1979. *Considerations on Western Marxism*. London: Verso.

Andrews, Chris K., Craig D. Lair, and Bart Landry. 2005. The Labor Process in Software Startups: Production on a Virtual Assembly Line? In *Management, Labour Process and Software Development: Reality Bites*, ed. Rowena Barrett. New York: Routledge.

Athanasiou, Tom. 1985. Artificial Intelligence: Cleverly Disguised Politics. In *Compulsive Technology: Computers as Culture*, ed. Tony Solomonides and Les Levidow, 13-35. London: Free Association Books.

Attewell, Paul. 1987. The Deskilling Controversy. *Work and Occupations* 14 (3):323-346.

Avent, Ryan. 2018. A Digital Capitalism Marx Might Enjoy. *MIT Technology Review*. June 27. https://www.technologyreview.com/2018/06/27/141746/a-digital-capitalism-marx-might-enjoy/.

Babbage, Charles. 2003 [1832]. *On The Economy of Machinery and Manufactures*. https://www.fulltextarchive.com/pdfs/On-the-Economy-of-Machinery-and-Manufactures.pdf.

Backhaus, Hans-Georg. 1980. On the Dialectics of the Value-Form. *Thesis Eleven* 1 (1): 99-120.

Bailes, Kendall E. 1978. *Technology and Society under Lenin and Stalin: Origins of the Soviet Technical Intelligentsia, 1917-1941*. Princeton: Princeton University Press.

Barrett, Rowena. 2005. Managing the Software Development Labour Process: Direct Control, Time and Technical Autonomy. In *Management, Labour Process and Software Development: Reality Bites*, ed. Rowena Barret. New

York: Routledge.

Bastani, Aaron. 2019. *Fully Automated Luxury Communism*. London: Verso.

Bellofiore, Riccardo. 2009. A Ghost Turning into a Vampire: The Concept of Capital and Living Labour. In *Rereading Marx: New Perspectives After the Critical Edition*, ed. Riccardo Bellofiore and Roberto Fineschi, 178-194. London: Palgrave Macmillan.

Berman, Bruce. 1992. Artificial Intelligence and the Ideology of Capitalist Reconstruction. *AI & Society* 6: 103-114.

Boggs, James. 1963. The American Revolution: Pages from a Negro Worker's Notebook. https://www.historyisaweapon.com/defcon1/amreboggs.html.

Boldyrev, Ivan and Martin Kragh. 2015. Isaak Rubin: Historian of Economic Thought During the Stalinization of Social Sciences in Soviet Russia. *Journal of the History of Economic Thought* 37 (3).

Bonefeld, Werner. 2014. *Critical Theory and the Critique of Political Economy:On Subversion and Negative Reason*. New York: Bloomsbury.

Bordiga, Amadeo. 2019 [1957]. Who's Afraid of Automation? In *The Science and Passion of Communism: Selected Writings of Amadeo Bordiga (1912-1965)*, ed.Pietro Basso. Leiden/Boston: Brill.

Braverman, Harry. 1998. *Labor and Monopoly Capital: The Degradation of Work in the Twentieth Century*. New York: NYU Press.

Briken, Kendra, Shiona Chillas, and Martin Krzywdzinski. 2017. *The New Digital Workplace: How New Technologies Revolutionise Work*. Basingstoke: Palgrave Macmillan.

Bronner, Stephen Eric. 1982. Karl Kautsky and the Twilight of Orthodoxy. *Political Theory* 10 (4): 580-605.

Burris, Beverly H. 1998. Computerization of the Workplace. *Annual Review of Sociology* 24: 141-157. Accessed February 11, 2020. www.jstor.org/stable/223477.

Burston, Jonathan, Nick Dyer-Witheford, and Alison Hearn. 2010. Digital Labour: Workers, Authors, Citizens. *Special Issue of Ephemera: Theory and Politics in Organization* 10 (3/4): 214-221.

Caffentzis, George. 1997. Why Machines Cannot Create Value; or, Marx's Theory of Machines. In *Cutting Edge: Technology, Information, Capitalism and Social*

Revolution, ed. Jim Davis, Thomas Hirschl and Michael Stack. London: Verso.
Caffentzis, George. 2013. In *Letters of Blood and Fire: Work, Machines, and the Crisis of Capitalism*. Oakland, CA: pm Press.
Camfield, David. 2007. The Multitude and the Kangaroo: A Critique of Hardt and Negri's Theory of Immaterial Labour. *Historical Materialism* 15 (2): 21-52.
Chan, Adrian. 2003. *Chinese Marxism*. London: Continuum.
Cockshott, P. 1988. Application of Artificial Intelligence Techniques to Economic Planning. University of Strathclyde. Last accessed 5 May 2020. http://www.dcs.gla.ac.uk/~wpc/reports/plan_with_AIT.pdf.
Cockshott, P. 2017. Big Data and Supercomputers: Foundations of Cyber Communism. 26-28 September. Presented at The Ninth International Vanguard Scientific Conference on 100 Years of Real Socialism and the Theory of Post-Capitalist Civilization, Hanoi, Vietnam.
Cockshott, Paul. 2019. *How the World Works: The Story of Human Labor from Prehistory to the Modern Day*. New York: Monthly Review Press.
Cooley, Mike. 1980. Computerization: Taylor's Latest Disguise. *Economic and Industrial Democracy* 1 (4): 523-539.
Cooley, Mike. 1981. On The Taylorisation of Intellectual Work. In *Science, Technology and the Labour Process Volume 2*, ed. Les Levidow and Robert Young. London: CSE Books.
Cooley, Mike. 1987. *Architect or Bee? The Human Price of Technology*. London: Hogarth Press.
Cooper, Julian M. 1977. The Scientific and Technical Revolution in Soviet Theory. In *Technology and Communist Culture: The Socio-Cultural Impact of Technology Under Socialism*, ed. Frederic Fleron, 146-179. New York: Praeger.
Deleuze, Gilles, and Félix Guattari. 1987. *A Thousand Plateaus: Capitalism and Schizophrenia*, trans. Brian Massumi. Minneapolis: University of Minnesota Press.
Del Corro, Luciano. 2017. Is AI Driving Humanity Towards Socialism? *Hacker Noon*. January 30. https://hackernoon.com/is-ai-driving-humanity-towards-socialism-307c98c87fff.
Dinerstein, Ana C., and Mike Near y, eds. 2002. *The Labour Debate: An Investigation into the Theory and Reality of Capitalist Work*. Aldershot: Ashgate.

Dobb, Maurice. 1940. *Political Economy and Capitalism*. London: Routledge and Kegan Paul.

Duncan, Mike. 1981. Microelectronics: Five Areas of Subordination. In *Science, Technology, and the Labour Process Volume 2*, ed. Les Levidow and Robert Young. London: CSE Books.

Dyer-Witheford, Nick. 1999. *Cyber-Marx: Cycles and Circuits of Struggle in High-Technology Capitalism*. Champaign: University of Illinois Press.

Dyer-Witheford, Nick. 2001. Empire, Immaterial Labor, the New Combinations, and the Global Worker. *Rethinking Marxism* 13 (3-4): 70-80.

Dyer-Witheford, Nick. 2005. Cyber-Negri: General Intellect and Immaterial labor. In *The Philosophy of Antonio Negri Volume 1*, ed. Timothy Murphy and Abdul-Karim Mustapha. London: Pluto Press.

Dyer-Witheford, Nick. 2013. Red Plenty Platforms. *Culture Machine* 14: 1-27.

Dyer-Witheford, Nick. 2015. *Cyber-Proletariat: Global Labour in the Digital Vortex*. London: Pluto Press.

Dyer-Witheford, Nick, Atle Mikkola Kjøsen, and James Steinhoff. 2019.*Inhuman Power: Artificial Intelligence and the Future of Capitalism*. London:Pluto Press.

Elbe, Ingo. 2013. Between Marx, Marxism, and Marxisms—Ways of Reading Marx's Theory. *Viewpoint Magazine*. October 21, 2013. https://www.viewpointmag.com/2013/10/21/between-marx-marxism-and-marxisms-ways- of-reading-marxs-theory/.

Elson, Diane. 1979. The Value Theory of Labour. In *Value: The Representation of Labour in Capitalism*, ed. Diane Elson. London: CSE Books.

Endnotes. 2010. The History of Subsumption. *Endnotes* 2. https://endnotes. org. uk/issues/2/en/endnotes-the-histor y-of-subsumption.

Engels, Frederick. 1844. Outlines of a Critique of Political Economy. In *Deutsch-Französische Jahrbücher*. https://www.marxists.org/archive/marx/ works/1844/df-jahrbucher/outlines.htm.

Ensmenger, Nathan and William Aspray. 2002."Software as a Labor Process." In *History of Computing: Software Issues*, ed. Ulf Hashagen, Reinhard Keil-Slawik, and Arthur L. Norberg, 139-166. New York: Springer-Verlag.

Feenberg, Andrew. 2015. Lukács's Theory of Reification and Contemporary Social

Movements. *Rethinking Marxism* 27 (4): 490-507.

Flakin, Nathaniel. 2019. An Introduction to the Kautsky Debate. *Left Voice*. July 23. https://www.leftvoice.org/an-introduction-to-the-kautsky-debate.

Fuchs, Christian. 2014. *Digital Labour and Karl Marx*. New York: Routledge.

Fuchs, Christian. 2016. *Reading Marx in the Information Age: A Media and Communications Studies Perspective on Capital*, vol. 1. New York: Routledge.

Fuchs, Christian. 2019. Karl Marx in the Age of Big Data Capitalism. In *Digital Objects, Digital Subjects: Interdisciplinary Perspectives on Capitalism, Labour and Politics in the Age of Big Data*, ed. David Chandler and Christian Fuchs. London: University of Westminster.

Fuchs, Christian, and Vincent Mosco. 2015. *Marx in the Age of Digital Capitalism*. Leiden: Brill.

Fuchs, Christian, and Nick Dyer-Witheford. 2013. Karl Marx@ Internet Studies. *New Media & Society* 15 (5): 782-796.

Gerovitch, Slava. 2002. *From Newspeak to Cyberspeak: A History of Soviet Cybernetics*. Cambridge: MIT Press.

Goldner, Loren. 1995. Amadeo Bordiga, the Agrarian Question and the International Revolutionary Movement. *Critique: Journal of Socialist Theory* 23 (1): 73-100.

Gramsci, Antonio. 1992 [1971]. *Selections from the Prison Notebooks of Antonio Gramsci*, ed. and trans. Quintin Hoare and Geoffrey Nowell Smith. New York: International Publishers.

Greenbaum, J. 1979. *In the Name of Efficiency: Management Theory and Shopfloor Practice in Data-Processing Work*. Philadelphia: Temple University Press.

Greenbaum, J. 1998. On Twenty-Five Years with Braverman's 'Labour and Monopoly Capital' (Or, How Did Control and Coordination of Labor Get into Software so Quickly). *Monthly Review* 50 (8).

Hansen, Alvin H. 1921. The Technological Interpretation of History. *The Quarterly Journal of Economics* 36 (1): 72-83.

Hardt, Michael, and Antonio Negri. 2000. *Empire*. Cambridge, MA: Harvard University Press.

Heilbroner, Robert L. 1967. Do Machines Make History? *Technology and Culture*

8 (3): 335-345.

Heinrich, Michael. 1991. *Die Wissenschaft vom Wert: Die Marxsche Kritik der Politischen Ökonomie Zwischen Wissenschaftlicher Revolution und Klassischer Tradition*. Westfälisches Dampfboot.

Heinrich, Michael. 2007. Invaders from Marx: On the Uses of Marxian Theory, & the Difficulties of a Contemporary Reading. *Left Curve* 31.

Heinrich, Michael. 2012. *An Introduction to the Three Volumes of Karl Marx's Capital*. New York: Monthly Review Press.

Heinrich, Michael. 2013. Crisis Theor y, the Law of the Tendency of the Profit Rate to Fall, and Marx's Studies in the 1870s. *Monthly Review*. April 1. https://monthlyreview.org/2013/04/01/crisis-theory-the-law-of-the-ten dency-of-the-profit-rate-to-fall-and-marxs-studies-in-the-1870s/.

Holloway, John. 2002. *Change the World Without Taking Power: The Meaning of Revolution Today*. London: Pluto Press.

Hounshell, David. 2000. Are Programmers Oppressed by Monopoly Capital. In *or Shall the Geeks Inherit the Earth? Commentary on Nathan Ensmerger & William Aspray*, 'Software as Labor Process' in History of Computing: Software Issues, ed. Ulf Hashagen, Reinhard Keil-Slawik, and Arthur L. Norberg, 167-175. New York: Springer.

Huws, Ursula. 2003. *The making of a cybertariat: Virtual work in a real world*. New York: Monthly Review Press.

Jehu. 2015. Schrodinger's Capital: Heinrich's Hilarious 'Refutation' of Marx on the Falling Rate of Profit. *The Real Movement*. December 4. https://therealmovement.wordpress.com/2015/12/04/schrodingers-capital-heinrichs-hilarious-refutation-of-marx-on-the-falling-rate-of-profit/#more-4041.

Jordan, Tim. 2015. *Information Politics: Liberation and Exploitation in the Digital Society*. London: Pluto Press.

Kautsky, Karl. 1989 [1929]. Nature and Society. *International Journal of Comparative Sociology* 30 (1-2).

Knights, David, and Hugh Willmott, eds. 1990. *Labour Process Theory*. London: Macmillan.

Korsch, Karl. 2013 [1923]. *Marxism and Philosophy*. London: Verso.

Kraft, Philip. 1977. *Programmers and Managers: The Routinization of Computer*

第二章 劳动、资本与机器：马克思主义理论与技术

Programming in the United States. New York: Springer.
Kraft, Philip. 1979. The Industrialization of Computer Programming: From Programming to 'Software Production.' In *Case Studies on the Labor Process*, ed. Andrew S. Zimbalist. New York: Monthly Review Press.
Kraft, Philip. 1999. To Control and Inspire: US Management in the Age of Computer Information Systems and Global Production. In *Rethinking the Labour Process*, ed. Mark Wardell, Thomas L. Steiger and Peter Meiksens. Albany, NY: SUNY Press.
Kraft, Philip, and Steven Dubnoff. 1986. Job Content, Fragmentation, and Control in Computer Software Work. *Industrial Relations: A Journal of Economy and Society* 25 (2): 184-196.
Krassó, Nicolas. 1967. Trotsky's Marxism. *New Left Review* 1 (44). July/August.
Kurz,Heinz D. 2010. Technical Progress, Capital Accumulation and Income Distribution in Classical Economics: Adam Smith, David Ricardo and Karl Marx. *The European Journal of the History of Economic Thought* 17 (5): 1183-1222.
Land, Nick. 2012. *Fanged Noumena: Collected Writings 1987-2007*. Falmouth: Urbanomic.
Land, Nick. 2017. A Quick and Dirty Guide to Accelerationism. *Jacobite*. May 25, 2017. https://jacobitemag.com/2017/05/25/a-quick-and-dirty-introd uction-to-accelerationism.
Lazzarato, Maurizio. 1996. Immaterial Labor. In *Radical Thought in Italy: A Potential Politics*, ed. Paulo Virno and Michael Hardt, 133-147. Minneapolis: University of Minnesota Press.
Lenin, Vladmir Ilich. 1920. Report on the Work of the Council of People's Commissars. December 22, 1920. http://soviethistor y.msu.edu/1921-2/electrification-campaign/communism-is-soviet-power-electrification-of-the-whole-country/.
Lenin, Vladimir Ilich. 1971 [1918]. The Immediate Tasks of the Soviet Government. In *Collected Works* Volume 42. Moscow: Progress Publishers.
Lenin, Vladimir Ilich. 1972 [1914]. *Collected Works* Volume 20. Moscow: Progress Publishers. https://www.marxists.org/archive/lenin/works/1914/ mar/13.htm.
Lukács, Georg. 1972 [1923]. *History and Class Consciousness: Studies in Marxist*

Dialectics. Cambridge: MIT Press.

Mackenzie, Donald. 1984. Marx and the Machine. *Technology and Culture* 25 (3): 473-502.

Mandel, Ernest. 1991. Trotsky's Economic Ideas and the Soviet Union Today. *Bulletin in Defense of Marxism* 84: 24-26.

Marcuse, Herbert. 1998 [1941]. Some Social Implications of Modern Technology. In *Technology, War and Fascism: Collected Papers of Herbert Marcuse Volume 1*, ed. Douglas Kellner and Peter Marcuse. New York: Routledge.

Marazzi, Christian. 2008. *Capital and Language: From the New Economy to the War Economy*, trans. Gregory Conti. Los Angeles: Semiotext [e].

Marcuse, Herbert. 2013 [1964]. *One-Dimensional Man: Studies in the Ideology of Advanced Industrial Society*. New York: Routledge.

Marx, Karl. 1955. *The Poverty of Philosophy*. Moscow: Progress Publishers. https://www.marxists.org/archive/marx/works/download/pdf/Poverty-Philosophy.pdf.

Marx, Karl. 1990. *Capital*, vol. 1. New York: Penguin.

Marx, Karl. 1992. *Capital*, vol. 2. New York: Penguin.

Marx, Karl. 1991. *Capital*, vol. 3. New York: Penguin.

Marx, Karl. 1993. *Grundrisse*. New York: Penguin.

Marx, Karl and Frederick Engels. 1845. *The German Ideology*. https://www.marxists.org/archive/marx/works/1845/german-ideology/index.htm.

Medina, Eden. 2011. *Cybernetic Revolutionaries: Technology and Politics in Allende's Chile*. Cambridge, MA: MIT Press.

Morris-Suzuki, Tessa. 1984. Robots and Capitalism. *New Left Review* 147: 109–121.

Mosco, Vincent, and Catherine McKercher. 2009. *The Laboring of Communication: Will Knowledge Workers of the World Unite?* Lanham: Rowman & Littlefield.

Mosco, Vincent and Janet Wasco, eds. 1988. *The Political Economy of Information*. University of Wisconsin Press.

Moulier, Boutang, and Yann. 2012. Cognitive Capitalism. Cambridge: Polity.

Noble, David. 1986. *Forces of Production: A Social History of Industrial Automation*. Piscataway, NJ: Transaction Publishers.

Orlikowski, W.J. 1988. The Data Processing Occupation: Professionalization or

Proletarianization? *Research in the Sociology of Work* 4: 95-124.

Pasquinelli, Matteo. 2017. Machines That Morph Logic: Neural Networks and the Distorted Automation of Intelligence as Statistical Inference. *Glass Bead Journal* 1 (1).

Peters, Benjamin. 2016. *How Not to Network a Nation: The Uneasy History of the Soviet Internet*. Cambridge: MIT Press.

Pitts, Frederick Harry. 2017. Beyond the Fragment: Postoperaismo, Postcapitalism and Marx's 'Notes on Machines', 45 Years on. *Economy and Society* 46 (3-4): 324-345.

Pitts, Frederick Harry. 2018. *Critiquing Capitalism Today: New Ways to Read Marx*. London: Palgrave Macmillan.

Ramtin, Ramin. 1991. *Capitalism and Automation: Revolution in Technology and Capitalist Breakdown*. London: Pluto Press.

Rasmussen, Bente and Birgitte Johansen. 2005. Trick or treat? Autonomy as Control in Knowledge Work. In *Management, Labour Process and Software Development: Reality Bytes*, ed. Rowena Barret. New York: Routledge.

Reichelt, Helmut. 1982. From the Frankfurt School to Value-Form Analysis. *Thesis Eleven* 4 (1): 166-169.

Rees, John. 1994. Engels' Marxism. *International Socialism Journal* 65. Ricardo, David. 2001 [1821]. *On The Principles of Political Economy and Taxation*. Kitchener: Batoche Books.

Ricardo, David. 1951-1973. *The Works and Correspondence of David Ricardo*, 11 Vols, ed. Piero Sraffa with collaboration of Maurice H. Dobb. Cambridge: Cambridge University Press.

Robins, Kevin, and Frank Webster. 1988. Cybernetic Capitalism: Information, Technology, Everyday Life. In *The Political Economy of Information*, ed. Vincent Mosco and Janet Wasko, 44-75.

Rosenthal, Caitlin. 2019. *Accounting for Slavery: Masters and Management*. Cambridge, MA: Harvard University Press.

Rubin, Isaak Illich. 1978 [1927]. Abstract Labour and Value in Marx's System. *Capital & Class* 2 (2): 107-109.

Saad-Filho, Alfredo. 1997. Concrete and abstract labour in Marx's theory of value. *Review of Political Economy* 9 (4): 457-477.

Schiller, Dan. 1999. *Digital Capitalism: Networking the Global Market System.* Cambridge, MA: MIT Press.

Schiller, Dan. 2014. *Digital Depression: Information Technology and Economic Crisis.* Urbana: University of Illinois Press.

Schmidt, Alfred. 1981. *History and Structure, an Essay on Hegelian-Marxist and Structuralist Theories of History.* Cambridge: MIT Press.

Smith, Adam. 1991 [1776]. *Wealth of Nations.* Amherst, NY: Prometheus Books.

Smith, Tony. 2009. The Chapters on Machinery in the 1861-63 Manuscripts.In *Re-reading Marx: New Perspectives After the Critical Edition*, ed. Riccardo Bellofiore and Roberto Fineschi, 112-127. London: Palgrave Macmillan.

Sochor, Zenovia A. 1981. Soviet Taylorism Revisited. *Soviet Studies* 33 (2): 246-264.

Sohn-Rethel, Alfred. 1978. *Intellectual and Manual Labour: A Critique of Epistemology.* London and Basingstoke: Macmillan.

Srnicek, Nick, and Alex Williams. 2015. *Inventing the Future: Postcapitalism and a World Without Work.* London: Verso.

Starosta, Guido, and Axel Kicillof. 2007. On Materiality and Social Form: a Political Critique of Rubin's Value-Form Theory. *Historical Materialism* 15 (3): 9-43.

Sweezy, P.M. 1968 [1942]）.*The Theory of Capitalist Development.* New York: Monthly Review Press.

Tarallo, Bernadette Mary. 1987. *The Production of Information: An Examination of the Employment Relations of Software Engineers and Computer Programmers.* PhD Diss: University of California, Davis.

Terranova, Tiziana. 2004. *Network Culture: Politics for the Information Age.* London: Pluto Press.

Thompson, Paul, and Chris Smith. 2010. *Working Life: Renewing Labour Process Analysis.* London: Palgrave McMillan.

Trotsky, Leon. 1957 [1924]. *Literature and Revolution.* New York: Russel and Russel.

Ure, Andrew. 1835. *The Philosophy of Manufactures, or an Exposition of the Scientific, Moral, and Commercial Economy of the Factory System of Great Britain.* London: Charles Knight.

Virno, Paulo. 2001. On General Intellect. https://libcom.org/library/on-gen eral-intellect-paulo-virno.von Mises, Ludwig. 1935. Calculation in the Socialist Commonwealth. In Collectivist Economic Planning, ed. F.A. Hayek. London: Routledge.

Wardell, Mark, Thomas L. Steiger, and Peter Meiksins, eds. 1999. *Rethinking the Labor Process*. New York: State University of New York Press.

Wark, McKenzie. 2015. *Molecular Red: Theory for the Anthropocene*. London: Verso.

Wood, Stephen. 1982. *The Degradation of Work? Skill, Deskilling, and the Labour Process*. London: Hutchinson Radius.

Xiang, Feng. 2018."AI will spell the end of capitalism." *The Washington Post*. May 3. https://www.washingtonpost.com/news/theworldpost/wp/2018/ 05/03/end-of-capitalism/.

Zilis, Shivon. 2016. Machine Intelligence Will Let Us All Work Like CEOs. *Harvard Business Review*. June 13. https://hbr.org/2016/06/machine-int elligence-will-let-us-all-work-like-ceos.

Zimmerman, Andrew. 1997. The Ideology of the Machine and the Spirit of the Factory: Remarx on Babbage and Ure. *Cultural Critique* 37: 5-29.

第三章 "后工人主义"与非物质劳动的新自主性

引　言

　　本章继续通过"劳动、资本与机器"三位一体的概念探讨马克思主义理论。在此，重点转向本书的批判对象——"后工人主义"。要理解"后工人主义"，我们必须首先了解它从何而来，以及它获得前缀"后"的出处：被称为"工人主义"的思想脉络。首先，我概述了"工人主义"和"后工人主义"。然后，我将讨论针对非物质劳动理论基础的现有重要批评。接下来，我将重构非物质劳动新自主性的论点。这是一个专门针对技术的论点，主要依赖所谓的技术在资本与劳动之间发挥中介功能的变化。技术论点包括三个循环往复的阶段：人机混合、抽象合作和脱离资本的新自主性。最后，我简要提及非物质劳动所谓的新自主性的意义，但我的批判直到第七章，即接下来三章的人工智能产业案例研究之后才会出现。

第三章　"后工人主义"与非物质劳动的新自主性

从"工人主义"到"后工人主义"

20世纪50年代的意大利，有一群后来被称为"工人主义"（Operaismo，又称为 workerism）的思想家，他们与马克思主义的正统观念背道而驰，与西方马克思主义的哲学悲观主义也截然不同。其中最著名的成员包括马里奥·特龙蒂（Mario Tronti）、拉涅罗·潘齐耶里（Raniero Panzieri）、罗马诺·阿尔卡蒂（Romano Alquati）和安东尼奥·内格里（Antonio Negri）。最初，"工人主义"思想家与劳动过程理论家一样，将其目光投向工业工作场所。但是，劳动过程理论通常认为工人反应式地抵制监视、控制和重构其工作的单一资本，而"工人主义"则进行了明确的阶级倒置（class inversion），认为在技术先进的资本主义，资本本质上是反应式的。特龙蒂（1964）认为：

> 资本主义发展在先，工人紧随其后……是一个错误……我们必须将问题颠倒过来，扭转两极，从头开始：而开端就是工人阶级的阶级斗争。在社会发达资本的层面，资本主义的发展从属于工人阶级的斗争；资本主义的发展跟在工人阶级的斗争后面，工人阶级的斗争确定了资本自身再生产的政治机制必须调整的步伐。

劳动向前推进，而资本争相适应。自动化被理解为资本对产业工人集体力量的反应。潘齐耶里在其关于资本主义计划（或通过技术手段组织生产）的著作中贯彻了这一思想。潘齐耶里批判了列宁，他认为列宁相信资本过于无政府，以至于无法参与广泛的、有计划的社会化组织。潘齐耶里（1976）认为，事实上，机器在生产中的使用构筑了资本主义计划，而并非某种中立的技术进步，因为这些机器是由资本"塑造"的，以服务于资本的利益（12）。阿尔卡蒂（2013 [1961]）详细阐述了信息技术如何使资本掌握工人的知识和决策过程，并断言"资本主义专制主义的普遍传播……首先是通过其技术以及'科学'来实现的"。

资本对技术的有计划部署使得"工人主义"思想家对资本会自动淘汰自己的观点表示怀疑。潘齐耶里（2017 [1961]）坚持认为，"当今资本主义社会的技术发展或规划特点中不存在任何内在的神秘因素，能够保证'自动'转变或'必然'推翻现有关系"。最好的预期是阶级斗争变化的可能性。资本引进新机器，劳动者就会采取新的攻防模式（Holloway 2002, 161-162）。资本的有机构成增加了，但劳动的"阶级构成"也在不断变化，产生了资本未曾预料的新的社会能力（Zerowork 1975）。因此，"工人主义"将历史视为"斗争的循环"，而不是通向共产主义的线性轨迹，在这一循环过程中，资本和劳动均会发生争斗、撤退、重组和变异，以便再次战斗（Dyer-Witheford 1999）。

"工人主义"关注不断变化的劳工构成，从而对狭隘和静态的阶级观念提出了疑问。"工人主义"思想家注意到，资本主义的规划正在向工业工作场所以外的地方延伸，因此认为无产阶级也必须扩大。特龙蒂（1966）认为，资本越来越"将社会视为手段，将生产视为目的"。他和其他"工人主义"思想家提出了"社会工厂"的概念，以描述整个社会如何被重构以支持生产的迫切需要（Dyer-Witheford 1999, 134）。"工人主义"最

第三章 "后工人主义"与非物质劳动的新自主性

初关注的是产业工人，这些工人后来被"社会化工人"这一新类别所取代（Dyer-Witheford 2005，137-138）。社会化工人表达了"社会工厂"中社会合作的新水平，在这种合作中，以前被认为是非生产性的各种工作都被纳入增殖的循环。最终，一些"工人主义"思想家得出结论，社会不仅是围绕工厂组织起来的，而且正在成为与工厂共存的"没有围墙的工厂"（Negri 1989，89）。"工人主义"内部对该结论的革命意义认识存在争议。一些人，如特龙蒂，仍然坚信代表工人的共产党的核心地位，而另一些人则开始相信，社会中没有任何子群体具有首要的革命地位。在内格里看来，资本与劳动之间的对立在整个社会中爆发，"裂变式地复制，表现为无数新的运动，这些新的运动不仅仅在工作场所对抗资本逻辑"（Dyer-Witheford 2005，138）。"工人主义"内部这一思想路线演变为"后工人主义"。

随着个人电脑和其他信息技术的涌现，内格里开始赞美技术对劳动的赋权："虽然技术是为了控制和指挥的目的而启动的，但随着系统的发展，技术变成了一种'机器生态'——一种社会化工人可以挖掘和探索的日常潜能环境，一种其用途不再完全由资本决定的技术栖息地"（Negri 1989，93，转引自 Dyer-Witheford 2005，140）。社会化工人的这些新兴潜力究竟是什么？正如戴尔-维特福德（Dyer-Witheford 2005）所指出的，在这个问题上，内格里是"典型的抽象"（140）。内格里（1989）含糊地断言，社会化工人的生产能力以"科学、通信和知识通信"为中心（116）。尽管缺乏明确性，但社会化工人的新能力是"后工人主义"得以建立的基础。

基于新出现的技术环境，内格里否定了马克思的价值理论，认为它是"经典和……资产阶级神秘化的遗产"（Negri 1991，

23)。他认为，在高科技资本主义下，价值是由全体人民以社会化形式生产出来的，而马克思的理论建立在个人工作的基础上，因此是"高度还原论"（Negri 1991, 29）和"客观主义、原子化和拜物教"（Negri 1991, 64）。社会工厂和劳动者高于资本的"工人主义"观念，以及内格里对技术的肯定倾向和对马克思价值理论的否定，为"后工人主义"铺平了道路，后者进一步阐述了这些立场，并将其广泛应用于学术界和其他领域。

"后工人主义"

"后工人主义"的著名人物包括迈克尔·哈特（Michael Hardt）、安东尼奥·内格里、保罗·维尔诺（Paolo Virno）、卡罗·韦塞隆（Carlo Vercellone）、扬·穆利尔-布唐（Yann Moulier-Boutang）[①]、莫里齐奥·拉扎拉托（Maurizio Lazzarato）和马特奥·帕斯奎内利（Matteo Pasquinelli）[②]。拉扎拉托（Lazzarato 1996）的论文《非物质劳动》阐述了"后工人主义"工作的所谓新情况，随后哈特和内格里出版了大受欢迎的《帝国》（*Empire* 2000），之后又出版了三部续集（Hardt and Negri 2005, 2009, 2017）。"后工人主义"不仅借鉴了马克思主义，还借鉴了吉尔·德勒兹和费利克斯·瓜塔里（Gilles Deleuze

---

[①] 穆利尔-布唐（Moulier-Boutang 2012）和韦塞隆（Vercellone 2005）是"认知资本主义理论"的倡导者，该理论在非物质劳动理论方面与"后工人主义"相一致或重叠。

[②] 帕斯奎内利是唯一一位直接参与人工智能研究的"后工人主义"思想家。他宣称自己的使命是"填补马克思主义与控制论之间的空白"（2015, 50）。另见帕斯奎内利（2016, 2017）。

第三章 "后工人主义"与非物质劳动的新自主性

and Felix Guattari 1983）等后结构主义理论家的观点，但我不会在此深入探讨他们受到的这些影响。

"后工人主义"始于技术变革。"后工人主义"的一个基本原则是它主张"劳动的质量和性质发生变化……其中信息和通信在生产过程中发挥了基础性作用"（Hardt and Negri 2000, 289）。这种转变取决于计算机能否成为"普遍性工具，或……核心工具，所有活动都可以通过它进行"（Hardt and Negri 2000, 292）。计算机化带来了资本主义的"后福特主义"生产的新时代，连同新的阶级一起构成所谓的非物质劳动。对于"后工人主义"而言，"后福特主义"中计算机的普及彻底重新定义了劳动、资本与机器之间的关系。

在对非物质劳动进行理论化时，"后工人主义"借鉴了对"机器论片段"的预言性理解。他们对这段话的依赖如此重要，以至于皮茨（Pitts 2017）建议将"后工人主义"称为"片段思想"（328）。哈特和内格里（2000）将"片段"解释为一种预言："马克思眼中的未来就是我们的时代。劳动能力的彻底转变，以及科学、通信和语言融入生产力，重新定义了整个劳动现象学和整个世界的生产视野"（364）。"后福特主义"时代的根本变革蕴含着"一种自发和基本的共产主义的潜力"（Hardt and Negri 2000, 294）。然而，"后工人主义"有时也提供有保留的解释。例如，维尔诺（Virno 2001）断言，在"后福特主义"中，"马克思所描述的趋势实际上已经实现，但令人惊讶的是，并没有出现革命性甚至冲突性的影响。与其说是危机重重，不如说是机器中客观化知识的作用与劳动时间相关性的下降之间的不相称导致了新的、稳定的统治形式"。在哈特和内格里（2000）看来，"新的通信技术带来了新的民主和新的社会平等的愿景",尽管迄今为止它们"事实上制造了新的不平等和排斥的界限"(300)。然而,正如我将要表达的那样,这些更为细致入微的论述被更倾向于激进变革的宽泛论断所淹没。

"后工人主义"的优势之一在于,它坚持认为计算机为一个不以商品生产为基础的社会提供了大有可为的可供性(affordances)。对于"后工人主义"而言,计算机的一个重要方面是它可以被组装成数字网络,从而实现远距离的快速通信和协调。"在计算机上工作的大脑之间的合作"(Moulier-Boutang 2012,104)使得"生产急剧分散化"(Hardt and Negri 2000,294)。计算机的另一个重要方面是,"非竞争性和非排他性"的软件,具有"准公共"物品的地位(Moulier-Boutang 2012,104)。信息产品易于复制且价格低廉,破坏了私有财产概念,带来了商品化问题,并为公共资源或"公地"提供了新的可能性(Hardt and Negri 2000,300-303)。免费和开源软件被视为新数字"公地"的一种表现形式(Moulier-Boutang 2012,79-91)。"后工人主义"思想家确实承认,资本有办法利用这些大有可为的能力来达到自己的目的,但我认为,他们低估了这一点的真实程度。低估的原因之一是对计算机的递归能力缺乏认识。哈特和内格里(2000)认识到软件的递归特性,指出"计算机……可以在应用中不断修改自身的操作。即使是最初级的人工智能形式,也能让计算机在与用户和环境互动的基础上扩展和完善其操作"(291)。然而,他们并不认为我们应该担心"数字泰勒主义",因为即使"有时看起来计算机系统、人工智能和算法似乎正在淘汰人类劳动……事实上,有无数的数字任务是机器无法完成的"(Hardt and Negri 2017,131)。计

第三章 "后工人主义"与非物质劳动的新自主性

算机的递归能力在范围上是有限的。非物质劳动指的是那些专属于人类的任务；它是依赖于计算机的劳动，但不能简化为计算机程序。非物质劳动究竟如何定义呢？

非物质劳动被描述为这样的工作，即计算机在其中充当"普遍性工具"（the universal tool）（Hardt and Negri 2000, 292）。这得益于"新的'大众智力'（mass intellectuality）的出现"（Lazzarato 1996, 134）。因此，穆利尔-布唐（Moulier-Boutang 2012）提到了"认知者"（cognitariat）这一概念（96），并认为谈论"认知"资本主义是恰当的，这种资本主义"只能在相互连接的数字网络上运转的集体大脑活动的基础上进行"（Moulier-Boutang 2012, 56）。然而，非物质劳动不仅仅是计算机工作。它通常具有双重性质。拉扎拉托（Lazzarato 1996）这样定义非物质劳动：

> 一方面……它直接指的是正在发生的变化……在这种变化中，直接劳动所涉及的技能不断演化为涉及控制论和计算机控制（以及横向和纵向通信）的技能。另一方面……非物质劳动涉及一系列通常不被视为'工作'的活动——换言之，涉及确定和固定文化与艺术标准、时尚、品味、消费规范以及更具战略性的公众舆论的各种活动。（133）

非物质劳动的第一个方面是数字劳动或信息劳动，即任何涉及使用计算机和/或其他信息技术的工作。这本身就是一个广泛的类别。但它的广度超过了第二个方面，拉扎拉托（1996）将其概括为通信和主体性（subjectivities）生产（134-140）。

因此，非物质劳动既指高科技工人这一贵族阶层，也指"后工业社会中每个生产主体的活动形式"（Lazzarato 1996，136）。

哈特和内格里（Hardt and Negri 2000）对非物质劳动的定义同样具有扩张性和两面性。在第一种情况下，非物质劳动是"生产非物质产品，如服务、文化产品、知识或通信"的劳动（290）。哈特和内格里（2000）提出了三种类型的非物质劳动。一种是"以改变生产流程本身的方式融入通信技术"的工业生产，如准时生产（just-in-time manufacturing）*（293）。还有分析性和符号性工作；其要么是"创造性和智能性操作"，要么是"常规符号任务"。这既指计算机工作，也指"即使不涉及与计算机的直接接触，按照计算机操作模式对符号和信息的操作也极为普遍"的工作（291）。最后，还有情感的生产和操作处理，这"需要（虚拟的或实际的）人与人之间的接触、身体模式的劳动"，包括护理工作、娱乐和任何"近距离服务"（293）。最近，哈特和内格里重述了他们的如下立场：

> 与马克思所分析的工业形式相比，劳动的性质和条件已经发生了根本性的变化……首先，人们的工作安排越来越灵活、越来越流动以及越来越不稳定……其次，劳动越来越社会化，越来越以与他人合作为基础，嵌入一个充满通信网络和数字连接的世界中……资本通过合作流（cooperative flows）而被增殖，在合作流中，语言、情感、

---

* 准时生产是一种生产流程，一旦客户有需要或准备出售时，生产商立即获取商品和生产库存。采用准时生产流程的生产商在生产货物之前不会有库存，接到订单后立即生产。商品一旦生产完成，就立即运给客户，不会有多余库存放在仓库里。——译者

第三章 "后工人主义"与非物质劳动的新自主性

代码和图像都被纳入物质生产过程中。(2017,93)

与拉扎拉托的表述一样,在哈特和内格里看来,非物质劳动并不局限于各种计算机化的工作类型,如上文提到的情感性劳动。哈特和内格里(2004)有时将非物质劳动称为"生物政治劳动"或"不仅创造物质产品,而且创造关系并最终创造社会生活本身的劳动",这与拉扎拉托的主体性生产概念(109)相呼应。在第二种意义上,非物质劳动是由一种被称为"大众"(multitude)的新生产力来完成的(Hardt and Negri 2000)。大众超越了传统意义上被归类为工人的人群。它代表了"劳动形式之间没有政治优先性的主张:今天,所有形式的劳动都具有社会生产力,它们共同生产,并具有抵抗资本统治的共同可能性"(Hardt and Negri 2004,106-107)。大众的"新生产力没有场所……因为他们占据了所有场所,他们在这个不确定的非场所生产并被剥削"(Hardt and Negri 2000,210)。劳工作为一个阶级分布在整个社会领域。

"后工人主义"的新劳工形象具有矛盾的双重性,既指高科技工人,也指地球上几乎每一个人。正如卡姆菲尔德(Camfield 2007)断言,"后工人主义"意味着哈特和内格里的两种截然不同的非物质劳动表述之间出现了"概念滑坡"(30)。本书主要关注非物质劳动的狭义表述,即计算劳动和高科技劳动。这样做是有道理的,因为虽然大众是一个假定的普遍范畴,但其普遍性取决于全面计算机化。大众的特点在于其"生产的普遍能力"(Hardt and Negri 2000,209),但这种能力是由"生产的计算机和通信革命"带来的"劳动过程的真正同质化"(Hardt and Negri 2000,292)所产生的,"生产的计算机和通信革命""改变了劳动实践，使它们都趋向于信息与通信技术的模式"（Hardt and Negri 2000，291）。生产的计算机化"使得"不同的劳动活动汇集在一起，并以一种同质的方式被视为"对符号和信息的操作处理"（Hardt and Negri 2000，292）。因此，非物质劳动"在定性上已成为霸权，并将一种趋势强加于其他形式的劳动和社会本身……今天的劳动和社会必须信息化、智能化、通信化和情感化"（2004，109）。大众的普遍性是指大众接近于当前存在的高科技劳动。正如戴尔-维特福德（Dyer-Witheford，2005）所断言的，对于"后工人主义"而言，"半机械人（cyborg）、高科技形式的……劳工仍然是享有特权的参照点"（152-153）。由于非物质劳动理应趋向于网络化、计算化媒介高度的半机械人形象，因此我对非物质劳动的批判也将聚焦于此。人工智能产业中的劳动就是典型的非物质劳动。因此，对这种劳动的案例研究应该能为评估非物质劳动理论提供一种实证方法。

"后工人主义"在重新定义劳动的同时，还主张重新定义价值。由于非物质劳动产品"往往超越所有定量测量，并采取共同的形式"，"后工人主义"认为马克思的价值理论不再适用于此（Hardt and Negri 2009，135-136）。换句话说，由于非物质劳动采取了信息化和通信化的形式，资本遇到了"可测量危机"（Marazzi 2008，43）。非物质劳动不再像历史上的劳动那样由资本通过劳动时间来控制；它使得"后泰勒主义生产"成为必然（Lazzarato 1996，140）。然而，这并不是说"后工人主义"完全抛弃了价值概念。哈特和内格里认为，"即使在后现代资本主义中不再有测量价值的固定尺度，但价值仍然强大且无处不在"（2000，356）。然而，价值现在"在某种意义上，外在于

[资本]"而产生（Hardt and Negri 2009，141）。增殖是马克思用来描述资本增加过程的术语，哈特和内格里（Hardt and Negri 2000）将其用于描述无产阶级提高自身能力的过程（358）。价值不再是指生产商品所需的平均社会必要劳动时间，而是指劳动脱离资本后表现出来的自主性。这就是非物质劳动理论的核心前提——信息技术使劳动从资本那里获得了新自主性。这个核心前提是我在本书中批判的重点，本章其余部分将对其进行详细探讨。但首先，我将考虑现有的对非物质劳动理论的重要批评，并将其与我的批评区分开来。

非物质劳动理论

非物质劳动到底有多非物质？保罗·汤普森（Paul Thompson 2005）指出了劳动的必要物质性，即"劳动从来都不是非物质的。在市场经济中，不是劳动内容，而是劳动的商品形式赋予对象或观念以'权重'"（84）。汤普森指出，资本场景下的劳动具有双重属性，既是具体的，也是抽象的。不同类型的劳动对资本的意义并非源于其具体的特殊性，而是源于其产品作为价值的载体如何支持增殖循环。从这个意义上说，将计算机化的工作说成是非物质的，是不重要的。从认知价值形式的角度来看，所有形式的资本主义工作都具有具体的特殊性和抽象的意义，"物质劳动和非物质劳动之间几乎没有什么区别"（Pitts 2017，333）。因此，将价值形式纳入考虑范围削弱了"后工人主义"反对马克思劳动价值论的论点。

按照"后工人主义"的说法，非物质劳动通常在工作场所之外进行集体生产。由于非物质劳动不受打卡机的限制，它无法像传统劳动那样被量化,因此价值也就无法再被测量(Marazzi 2008,43;Hardt and Negri 2009,135-136)。然而,皮茨(2017)指出了这一论点是如何依赖一个它同时否认的前提:"后工人主义者关于'片段'实现的主张建立在一种不被承认的正统观念之上。尽管他们宣称自己是反生产主义的,但他们支持传统的劳动价值论……作为一种手段,劳动价值论可以被视为在历史上纯属多余"(329)。被"后工人主义"宣布死亡的价值理论是一种李嘉图式的价值理论,它只关注生产中体现劳动的时间,尽管它也断言价值不再产生于"确定的场所"或"特定的生产活动",而是产生于"普遍的生产能力"(Hardt and Negri 2000,209)。哈特和内格里没有将马克思的价值理论适应于网络化、计算机化劳动的情景(例如,见 Fuchs 2014,127-132),而是打破了价值理论,将其转化为包罗万象的劳动"自我增殖"观念(2017,119)。然而,从承认价值形式的角度来看,已经有一种内置于资本的机制从网络化和分散化的劳动中获取价值。正如前一章关于马克思新解读部分所讨论的,即使单个资本无法精确量化生产特定商品所投入的小时数,价值在实践中也是通过在交换实现后计算的。非物质性始终是在资本场景下劳动的一种属性,因为价值作为一种非物质的现实抽象,由人与人之间的社会关系构成(Pitts 2018)。

与"非物质性"这一描述相比,"后工人主义"关于非物质劳动新自主性的主张受到的关注较少。在此背景下,对自主性的少数评估主要基于理论而非经验基础而进行。尼古拉斯·托伯恩(Nicholas Thoburn 2001)指出,《帝国》和内格里早期的个人著作似乎"将通信生产力的趋势与新出现的自由等同起

第三章 "后工人主义"与非物质劳动的新自主性

来——仿佛生产越是具有流动性和非物质,就越能摆脱控制"(86-87)。托伯恩认为,这是自相矛盾的,因为在假定这种新兴的自主性的同时,哈特和内格里却发现了"福柯式和德勒兹式的[资本]权力对所有社会关系的内在性概念"(87)。戴维·卡姆菲尔德(David Camfield 2007)从"从属"的角度构建了自主性与无所不包的资本之间的矛盾:"哈特和内格里的主张等同于一种论点,即劳动对资本的真正从属正在消退,这使得资本对自主生产进行寄生性剥削。他们并未试图将这一点与他们关于整个社会已经真正从属于资本的论点相协调"(35)。"后工人主义"并不这样看待这些批评所指出的矛盾,因为在非物质劳动时代,劳动据称发生了本体论上的变化。尽管资本已经渗透到社会的方方面面,形成了一个全球性的社会工厂,但非物质劳动新自主性产生了一种新的价值,这种价值将资本限定于寄生虫这一角色上。然而,本书的主要目的并不是指出"后工人主义"理论基础的矛盾之处。

新自主性据称是"后福特主义"技术变革的结果。无论"后工人主义"的理论基础是否连贯,新自主性在逻辑上都是可能的。因此,我们可以问一问非物质劳动理论是否很好地映射了现实世界。尽管非物质劳动理论通常被视为是对一种趋势、潜力的描述或作为一种"挑衅"(Fuchs 2017),但我想评估的是非物质劳动理论作为一种经验描述的性能。在接下来的章节中,我将重新构建非物质劳动新自主性的论点。正如我们将看到的,这是一个具体的技术论点,主要依赖于技术在资本与劳动之间的媒介功能的所谓变化。在我的重构中,技术论点包括三个循环发生的阶段:人机混合、抽象合作和脱离资本的新自主性。

人机混合

"后工人主义"认为,"后福特主义"技术力量的平衡向有利于劳动的方向移转,这与《资本论》第1卷中关于工人成为机器附属品的凄惨描述刚好相反。资本增加了它的有机构成,但"资本构成的变化……主观上有助于加强劳工的地位"(Hardt and Negri 2017, 114)。由于技术与劳动不再相互冲突,资本在以往时代所依赖的"技术的压制性使用,包括生产的自动化和计算机化"变得越来越困难(Hardt and Negri 2000, 267)。传统的惩戒技术和"泰勒主义与福特主义机制无法再控制生产和社会力量的动力"(Hardt and Negri 2000, 268)。劳工非但没有受到更多的支配,反而获得了对机器越来越多的控制,甚至与机器融为一体:"人类与机器的混合不再由现代时期的线性路径所界定",劳工获得了"控制机器质变过程的能力"(Hardt and Negri 2000, 367)。资本失去了对技术的控制,因此马克思所描述的资本有机构成不断增加的逻辑不再有效。相反,劳动变得越来越机械化:

> 大众的科学、情感和语言力量积极地改变着社会生产的条件……这首先包括对合作生产主体性的彻底修正;它包括……与大众重新占有和再创造的机器合并和混合的行为;它包括……一种不仅是空间上的,而且是机器意义上的退出,即主体被转化为机器(并发现构成它的合作在机器中倍增)。(Hardt and Negri 2000, 366-367)

第三章 "后工人主义"与非物质劳动的新自主性

哈特和内格里在他们最新的著作中重述了这一观念，他们认为应该认识到，"也许现在已经超越了马克思，随着生产日益社会化，固定资本开始趋向植入生活本身，创造出机器化的人性"（2017，114）。这里需要注意的是，虽然哈特和内格里当然借鉴了德勒兹和瓜塔里（Deleuze and Guattari 1983）提出的广义的机器概念，但并非他们对机器的所有提及都可以在这一语域（register）内理解（参见Hardt and Negri 2017，110）。德勒兹和瓜塔里的机器概念旨在表达人类劳动如何总是与技术、制度和各种非人类（non-humans）纠缠在一起：

> 在德勒兹和瓜塔里所使用的机器概念中，至关重要的……是对构成任何特定机器的各种部件相互关系的组织的考虑。因此，机器可以而且确实表现为任何维度，既可以是物质的，也可以是非物质的……既可以是可见的，也可以是不可见的……关键点是作为集体机器的组合，而不是……实际的技术对象。（Savat 2009，2-3）

与这种机器的跨历史概念不同，哈特和内格里描述了"后福特主义"时代特有的人机融合的新过程。在过去，"生产过程……严重限制了超越资本界限的潜力的实现……以及情感和智力才能、产生合作和组织网络的能力、沟通技巧"（Hardt and Negri 2009，151-152）。但在"后工人主义"时代，情况则有所不同：

> 自工业文明诞生以来，工人对机器和机器系统的了解比资本家及其管理者更全面、更深入。如今，工人对知识

的占有过程成为决定性的：它不只是在生产过程中实现，而是在整个生产合作过程中被强化和具体化，并扩散到整个流通和社会化的生命过程中。（Hardt and Negri 2017，119）

技术从工人面对的"死劳动"变成了集体的人类假肢："固定资本……过去体力和脑力劳动的记忆和仓库，越来越多地嵌入'社会个体'"（Hardt and Negri 2017，114）。这种新的"机器退出"或人机混合产生了一种新的人类（Hardt and Negri 2000，367）。哈特和内格里（2017）解释道："当我们说固定资本被劳动主体重新占有时，我们并不是简单地指固定资本成为劳动主体的财产，而是指固定资本作为主体性的组成部分嵌入机器组合之中"（122）。这不是比喻，也并非意指未来："当我们看到今天的年轻人沉浸在机器组合中时，我们应该认识到，他们的存在本身就是一种反抗。无论他们是否意识到，他们都在抵抗中生产"（Hardt and Negri 2017，123）。我认为，只有详细阐述"后工人主义"被忽视的一个方面——它对非物质劳动中不可简化的人的因素的坚持——才能理解这种颇为令人费解的反抗表述，以及这里所推崇的人机混合概念。

哈特和内格里（2017）宣称，在"人类生活与机器之间……进行本体论划分"是一个"错误"（109）。然而，尽管有这样的声明，尽管经常提及半机械人和对技术的普遍亲和力，"后工人主义"却非常明确地被赋予这样一种立场，即人类劳动的某些能力是机器无法实现的。只有在这一假设的基础上，"后工人主义"才能确认劳动的机器化并非资本有机构成的增加，而是劳动自我导向能力的扩展。在哈特和内格里（2017）看来，"有无

第三章 "后工人主义"与非物质劳动的新自主性

数数字化任务是机器无法完成的"（131）。维尔诺（2003）同样断言，在"后福特主义"中，"生产资料不能简化为机器，它是由与'活劳动'密不可分的语言-认知能力"构成（61）。维尔诺强调，对于非物质劳动而言，"无限多样的概念和逻辑方案发挥着决定性作用，这些概念和逻辑方案永远不可能在固定资本中设定，其与活生生的多元主体的反复出现密不可分"（2003，106）。穆利尔-布唐认为，如果没有"与机器体系截然不同的活人的力量……这些［非物质劳动］都无法发生"（2012，163）。

这种"活劳动"的力量被描述为自主创造力（Hardt and Negri 2000, 83）或"集体智能，分布在全体人口中的创造力"（Moulier-Boutang 2012, 34）。资本不再从"人类劳动能力的支出，而是从发明能力的支出中维持自身……从无法简化为机器的活的技能，以及最大多数人的共同意见中维持自身"（Moulier-Boutang 2012, 32，着重号为原文所有）。发明能力是"不能简化为机器、标准化和代码化人力资本的隐性知识"（Moulier-Boutang 2012, 54）。基于这种沟通和创造能力的不可或缺的人性，哈特和内格里（2017）认为，资本尝试的任何"数字泰勒主义"（Digital Taylorism）都将遇到无法逾越的限制（131）。有趣的是，这种关于人类本质能力的立场与近期以商业为导向的关于人工智能和工作的文献有相当多的相似之处。

在以商业为导向的关于人工智能和工作的文献中，一个常见的比喻就是我所说的"半人马理论"（centaur theory）。这个名字源于1997年国际象棋冠军加里·卡斯帕罗夫（Garry Kasparov）被IBM的人工智能"深蓝"击败的著名事件。卡斯帕罗夫后来开发了一种由人机团队作为棋手的国际象棋，被称为"半机械人国际象棋""先进国际象棋""半人马国际象棋"

（Markoff 2020）。"半人马国际象棋"不是让人类与机器对决，而是混合体之间进行对决。我利用"半人马"概念来说明"后工人主义"和当代商业文献如何试图调和自动化技术进步与对未来的乐观评价。这两类思想家都提出，人工智能的最终目的将是增强而非实现人类能力的自动化，因为机器根本无法完成某些任务。

埃里克·布林约尔松（Erik Brynjolfsson）和安德鲁·麦卡菲（Andrew McAfee）是研究人工智能经济影响最有影响力的作家。他们的著作是"半人马理论"的典型范例。他们断言，"真正有用的人工智能"的出现是"我们历史上最重要的一次性事件"之一，堪比蒸汽动力和电力的利用（Brynjolfsson and McAfee 2014，90）。根据他们的评估，随着人工智能的涌现，"成本将下降，结果将改善，我们的生活将变得更美好"，甚至低技能、常规性工作在很大程度上将被淘汰（Brynjolfsson and McAfee 2014，91）。新的劳动分工将把令人不快的苦差事交给机器，让人类腾出手来完成"有创意的创造"（idea creation）（Brynjolfsson and McAfee 2014，192）。同样，在阿贾伊·阿格拉瓦等人（Ajay Agrawal et al. 2018）、保罗·道格蒂和詹姆斯·威尔逊（Paul Daugherty and James Wilson 2018）看来，人工智能将被用来自动完成有大量数据可用的常规工作，而人类将利用其不可自动化的判断力，在没有规则和低数据的情况下进行预测。理查德·萨斯金德和丹尼尔·萨斯金德（2015）认为"半人马"人类涉足的领域更加有限，有关道德责任的职位才能授予给它（279-284）。另一方面，马尔科姆·弗兰克等人（Malcolm Frank et al. 2017）断言，人工智能可以为工人创造一个"知识经济的外骨骼"（151），甚至认为"对于绝大多数职业来说,[人工智能]实际上将提升和保护就业"(8)。究竟是哪种类型的劳动留给了"半人马"人类涉足的领域,不同作者的观点各异。但中心思想仍然是,有些事情是机器无法做到的。"后工人主义"和商业"半人马"理论的观点都很明确:成为半机械人组成的一部分是不错的,因为人类的能力基本上将得到保留。我将在接下来的部分对这一假设提出疑问,但首先让我们阐述一下新自主性技术论点的其他两个阶段。

抽象合作

"后工人主义"试图用马克思"一般智力"概念的重构版本,将非物质劳动的不可自动化的能力进行概念化。在马克思最初的表述中,一般智力指的是资本从劳动中获取并在技术中实现的知识和能力储备;固定资本中"社会知识"的广泛客观化,成为"生产的直接力量"(Marx 1993, 706)。"后工人主义"重新诠释了马克思的一般智力概念,用来描述非物质劳动的可能的新技术能力。哈特和内格里将一般智力定义为"由积累知识、技术和技能创造的集体社会智力"(2000, 364)。这一定义并不必然与马克思对一般智力的表述相矛盾。它可能指的是固定资本。但当哈特和内格里(Hardt and Negri 2000)断言,在"后福特主义"时代,"劳动是一般智力和一般躯体无法衡量的生产活动"时,很明显,对他们来说,一般智力意味着完全不同的东西(358)。维尔诺(2003)对这一变化的解释如下:

> 马克思将一般智力设想为一种科学的客观化能力,一

种机器系统。显然，一般智力的这一方面很重要，但它并不是全部。我们应该考虑这样一个维度，即一般智力不是化身为（或者说是铁铸的）机器系统，而是作为"活劳动"的属性而存在。今天，一般智力首先表现为活生生的主体的沟通、抽象和自我反思。根据经济发展的逻辑，似乎有理由认为，有必要让一部分一般智力不要凝结为固定资本，而是在沟通互动中，在认识论范式、对话表演、语言游戏的掩盖下逐渐呈现。(65)

因此，机器只是一般智力的一个次要组成部分。更重要的是，一般智力还指网络化劳动的新能力；它"与合作、人类劳动的协同行动以及个人的沟通能力是同一回事"(Virno 2003, 65)。一般智力"不一定是指物种获得的知识的总和，而是指思维能力和潜力本身"(Virno 2003, 66)。单个工人不再像新社会化的大量非物质劳动者那样发挥作用："今天，一般智力正在成为经济和社会生产的主角"(Hardt and Negri 2017, 114)。这种新的社会劳动带来了一种新种类的剥削：

> 生产力与统治制度之间的辩证关系不再有确定的位置。劳动力的自身素质（差异、尺度和决定性）不再能够被把握，同样，剥削也不再能够被本地化和量化。实际上，剥削和统治的对象往往不是具体的生产活动，而是普遍的生产能力……抽象的社会活动及其综合力量。(Hardt and Negri 2000, 209)

因此，"后工人主义"提出了剥削的扩大化和软化：扩大化是因为现在所有的社会存在都是生产性劳动，因此剥削是一张撒向整个社会的大网；软化是因为剥削没有明确的时刻——它"无所不在"，但"这没有什么可悲之处"（Moulier-Boutang 2012，92）。剥削并没有消除，只是被重新定义为"征用合作"（Hardt and Negri 2000，385）或"获取积极外部性"（Moulier-Boutang 2012，55）或"作为公地生产的价值的部分或全部的私人占有"（Hardt and Negri 2004，145）。资本只有寄生在这种新的社会生产形式的成果上才能生存："资本征用合作……在社会生产和社会实践层面"（Hardt and Negri 2009，140-141）。资本不再能指挥劳动；它"越来越成为外在的，在生产过程中的作用越来越小"（Hardt and Negri 2009，142）。

在这种新的社会生产方式的基础上，哈特和内格里（2017）发现了"对资本的挑战，甚至是潜在的威胁，因为在生产的社会组织中起主要作用的往往是劳动所体现和调动的活的知识，而不是管理和管理科学所部署的死的知识"（115）。因此，非物质劳动展示了一种"成为公地"的新方式（Hardt and Negri 2004，129）。这种新的合作模式被哈特和内格里（2000）称为"抽象合作"（abstract cooperation）（296）。它"完全内在于劳动活动自身"，而在以往的资本主义时代，合作是由资本强加的（Hardt and Negri 2000，294）。抽象合作是分散的和扩散的。在拉扎拉托（Lazzarato 1996）看来，"非物质劳动本身是以直接集体的形式构成的，我们可以说它只以网络和流量的形式存在"（154）。非物质劳动赖以存在的沟通和创造能力是由机器促进的，但却无法在机器中实施。联网的劳动者在没有资本组织指挥的情况下将他们的努力结合在一起，并产生剩余，而资本充其量只能希望在事后将该剩余占有。资本对技术的控制陷入困境,而资本对日益机器化状态的努力也遇到了障碍。

脱离资本的新自主性

人机混合和抽象合作的结果是"自主生产"的能力（Hardt and Negri 2000, 276）。这也被表述为"真正的（和不断增强的）生产能力和自主能力"（Hardt and Negri 2017, 77），以及"非物质劳动生产协同的根本自主性"（Lazzarato 1996, 140）。哈特和内格里（2017）断言,"随着［人机混合］过程的推进,在资本失去自我实现能力的同时,社会个体获得了自主性"（114）。非物质劳动者"融入了生产工具,在人类学意义上得到蜕变,以机器的方式行动和生产,与资本分离并得以自主"（Hardt and Negri 2017, 133）。因此,非物质劳动"在合作中脱离资本并变得越来越抽象——也就是说,它有更大的能力自主地组织生产本身,尤其是相对于机器而言"（Hardt and Negri 2017, 117）。机器在劳动与资本关系中的历史偏向翻转了。被赋予固定资本的工人的生产性社会合作……为工人的自主性提供了可能性,颠倒了劳动与资本之间的力量关系"（Hardt and Negri 2017, 115）。劳动获得了"如此高层次的尊严和权力,以至于它有可能拒绝强加给它的增殖形式,从而,即使是在命令之下,也能发展出自身的自主性"（Hardt and Negri 2017, 117）。马克思用来描述资本递归循环的"自我增殖"概念被颠倒过来,用来描述大众如何自主地扩展其能力（Hardt and Negri 2017, 119）。在这一发展过程中,"后工人主义"发现了超越资本的社会未来的内核。

第三章 "后工人主义"与非物质劳动的新自主性

自主生产"超越了资本主义关系……赋予劳动越来越多的自主性,并提供了可在解放计划中使用的工具或武器"(Hardt and Negri 2009,137)。拉扎拉托(1996)在"工作的人类学现实及其意义的重构"中看到了一场"无声的革命"(140)。但这不仅仅是从工作中解放出来。在哈特和内格里(2000)看来,非物质劳动"似乎为一种自发的基础共产主义提供了可能性"(294)。工人们"将生产工具和知识融入自己的思想和身体……他们被改造了,并有可能变得越来越远离资本,越来越独立于资本。这一过程将阶级斗争注入生产生活本身"(Hardt and Negri 2017,115)。出现了一种"新的生产性质……一种新的生活形式,它是新的生产方式的基础"(Hardt and Negri 2017,119)。这种自主性在本质上具有新颖性:

> 这种自主性与我们在资本主义生产早期阶段谈到的工人自主性的形式相同吗?当然不是,因为现在不仅在生产过程方面,而且在本体论意义上都有了一定程度的自主性——劳动获得了本体论上的一致性,即使仍然服从于资本主义的指挥。(Hardt and Negri 2017,117)

这种本体论上的一致性"仅仅是……行动的力量"(Hardt and Negri 2000,358)或内在的"大众的可能性"(Hardt and Negri 2000,82)。资本无法模仿这种可能性,而这种可能性是所有其他劳动能力的总和,其无法在机器中实施。这意味着资本主义的终结,因为资本主义存在的条件——可剥削的劳动——正在消失。

新自主性的技术论点

我们可以用一句话来概括新自主性的技术论点："资本主义控制模式不能再遏制劳动力新技术构成的力量"（Hardt and Negri 2009，143）。信息技术和技术技能的涌现促使非物质劳动（本质上抵制资本的全面机器接管）实现机器化混合。混合化产生了一种新的社会自我组织或抽象合作能力，这种能力不听命于传统的控制和剥削，因此资本只能寄生于收集劳动自主生产的价值。因此，非物质劳动加速了资本的崩溃。

然而，必须指出的是，在"后工人主义"相关著作中，这一论点的表述模棱两可。所描述的革命性变化已经发生、正在发生，还是将要或可能在未来发生，这一切并不清楚。非物质劳动常常被描述为完全霸权式的，但在另一些段落中，我们被告知某些"命题必须被理解为一种趋势的指示"（Hardt and Negri 2017，118）。有时，非物质劳动被描述为已经超越了资本的控制，而在其他时候，它又被描述为只具有"某些有限的自主性"（Hardt and Negri 2017，133）。有时，资本被描述为已经沦为自主生产的寄生虫，而在其他表述中，劳动仍然"从属于由资本主导的价值榨取机制"，尽管该机制不再正常运作（Hardt and Negri 2017，117）。

为了与非物质劳动理论进行尽可能富有成效的接触，我想坚持新自主性的论点。这意味着要尽可能有力地表述它，而不是做一个"稻草人"或软弱无力的错误表述。为了让新自主性论点更有说服力的第一步是确定这样的观点，全球范围内的劳动作为一个整体肯定没有实现脱离资本而完全自主。我相信没

第三章 "后工人主义"与非物质劳动的新自主性

有人会对此提出异议。更可信的说法是,某些劳动小团体已经获得了某种程度的有限自主性。因此,我们可以将"后工人主义"关于非物质劳动的矛盾表述解释为新自主性的不均衡发展。我认为,这种发展的最连贯的模式是一个循环。这个循环是这样的:人机混合使抽象合作成为可能,而抽象合作又使非物质劳动获得了新程度的自主性。在这一过程中,无论自主性程度提高到什么地步,都可以获得更多的技术,从而加强人机混合,进而扩大抽象合作的能力,并重新开始循环。最终,劳动将实现或可能实现完全自主性(即共产主义)。这种重构似乎是理解"后工人主义"对"自我增殖"概念反转的最佳方式(Hardt and Negri 2017,119)。如果我们承认信息技术为工人阶级提供了有限的新能力,使其能够在资本循环之外进行生产,那么,根据这种解读,非物质劳动的新自主性目前已部分实现,并将在未来增强。然而,正如我在第七章中指出的那样,即使是这种有条件的解读也会面临困难。

结　论

本章概述了"工人主义""后工人主义",并阐述了非物质劳动理论的技术论点。至此,我们对马克思主义理论前景的勾勒已经完成(尽管还远远不够全面)。现在,我们已准备好与实际存在的人工智能打交道。接下来的三章将把重点从理论转向研究人工智能产业,特别是其中的工作,然后在第七章再从人工智能产业的角度来评估非物质劳动理论。

参考文献

Alquati, Romano. 2013 [1961]. Organic Composition of Capital and Labour-Power at Olivetti. *Viewpoint Magazine*, September 27, 2013. https://www.viewpointmag.com/2013/09/27/organic-composition-of-capital-and-labor-power-at-olivetti-1961/. Accessed 25 Apr 2018.

Agrawal, Ajay, Joshua S. Gans, and Avi Goldfarb. 2018. *Prediction Machines: The Simple Economics of Artificial Intelligence*. Boston: Harvard Business Review Press.

Brynjolfsson, Erik, and Andrew McAfee. 2014. *The Second Machine Age: Work, Progress, and Prosperity in a Time of Brilliant Technologies*. New York and London: W. W. Norton & Company.

Camfield, David. 2007. The Multitude and the Kangaroo: A Critique of Hardt and Negri's Theory of Immaterial Labour. *Historical Materialism* 15 (2): 21-52.

Daugherty, Paul R., and H. James Wilson. 2018. *Human + Machine: Reimagining Work in the Age of AI*. Boston: Harvard Business Review.

Deleuze, Gilles, and Félix Guattari. 1983. *Anti-Oedipus: Capitalism and Schizophrenia*, trans. Robert Hurley, Mark Seem, and Helen R. Lane. Minneapolis: University of Minnesota Press.

Dyer-Witheford, Nick. 1999. *Cyber-Marx: Cycles and Circuits of Struggle in High-Technology Capitalism*. Champaign: University of Illinois Press.

Dyer-Witheford, Nick. 2005. Cyber-Negri: General Intellect and Immaterial Labor. In *The Philosophy of Antonio Negri*, vol. 1, ed. Timothy Murphy and Abdul-Karim Mustapha. London: Pluto Press.

Frank, Malcolm, Paul Roehrig, and Ben Pring. 2017. *What to Do When Machines Do Everything: How to Get Ahead in a World of AI, Algorithms, Bots, and Big Data*. New York: Wiley.

Fuchs, Christian. 2014. *Digital Labour and Karl Marx*. New York: Routledge.

Fuchs, Christian. 2017. Reflections on Michael Hardt and Antonio Negri's Book 'Assembly'. *tripleC: Communication, Capitalism & Critique. Open Access Journal for a Global Sustainable Information Society* 15 (2): 851-865.

Hardt, Michael, and Antonio Negri. 2000. *Empire*. Cambridge, MA: Harvard University Press.

Hardt, Michael, and Antonio Negri. 2004. *Multitude: War and Democracy in the Age of Empire*. London: Penguin.

Hardt, Michael, and Antonio Negri. 2009. *Commonwealth*. Cambridge, MA:Harvard University Press.

Hardt, Michael, and Antonio Negri. 2017. *Assembly*. Oxford: Oxford University Press.

Holloway, John. 2002. *Change the World Without Taking Power: The Meaning of Revolution Today*. London: Pluto Press.

Lazzarato, Maurizio. 1996. Immaterial Labor. In *Radical Thought in Italy: A Potential Politics*, ed. Paulo Virno and Michael Hardt, 133-147. Minneapolis: University of Minnesota Press.

Marazzi, Christian. 2008. *Capital and Language: From the New Economy to the War Economy*, trans. Gregory Conti. Los Angeles: Semiotext[e].

Markoff, John. 2020. A Case for Cooperation Between Machines and Humans. *The New York Times*, May 21. https://www.nytimes.com/2020/05/21/technology/ben-shneiderman-automation-humans.html.

Marx, Karl. 1990. *Capital*, vol. 1. New York: Penguin.

Marx, Karl. 1993. *Grundrisse*. New York: Penguin.

Moulier-Boutang, Yann. 2012. *Cognitive Capitalism*. Cambridge: Polity.

Negri, Antonio. 1989. *The Politics of Subversion: A Manifesto for the Twenty-First Century*. Cambridge: Polity.

Negri, Antonio. 1991. *Marx Beyond Marx: Lessons on the Grundrisse*. Brooklyn: Autonomedia.

Panzieri, Raniero. 1976. Surplus Value and Planning: Notes of the Reading of Capital. In *The Labour Process and Class Strategies*. London: The Conference of Socialist Economists.

Panzieri, Raniero. 2017 [1961]. The Capitalist Use of Machinery: Marx Versus the Objectivists. https://libcom.org/library/capalist-use-machinery-raniero-panzieri.

Pasquinelli, Matteo. 2015. Italian Operaismo and the Information Machine. *Theory, Culture & Society* 32 (3): 49-68.

Pasquinelli, Matteo. 2016. Abnormal Encephalization in the Age of Machine Learning. *e-flux* 75. http://www.e-flux.com/journal/75/67133/abnormal-encephalization-in-the-age-of-machine-learning/.

Pasquinelli, Matteo. 2017."Machines that Morph Logic: Neural Networks and the Distorted Automation of Intelligence as Statistical Inference." *Glass Bead* 1 (1).

Pitts, Frederick Harry. 2017. Beyond the Fragment: Postoperaismo, Postcapitalism and Marx's 'Notes on Machines', 45 Years on. *Economy and Society* 46 (3-4): 324-345.

Pitts, Frederick Harry. 2018. A Crisis of Measurability? Critiquing Post-operaismo on Labour, Value and the Basic Income. *Capital & Class* 42 (1): 3-21.

Savat, David. 2009. Introduction: Deleuze and New Technology. In *Deleuze and New Technology*, ed. Mark Poster and David Savat. Edinburgh: Edin- burgh University Press.

Susskind, Richard E., and Daniel Susskind. 2015. *The Future of the Professions: How Technology Will Transform the Work of Human Experts.* Oxford: Oxford University Press.

Thoburn, Nicholas. 2001. Autonomous Production? On Negri's New Synthesis. *Theory, Culture & Society* 18 (5): 75-96.

Thompson, Paul. 2005. Foundation and Empire: A Critique of Hardt and Negri. *Capital & Class* 29 (2): 73-98.

Tronti, Mario. 1964. Lenin in England. *Classe Operaia* 1. https://www.marxists.org/reference/subject/philosophy/works/it/tronti.htm.

Tronti, Mario. 1966. *Operai capitale*. Einaudi Editore. https://libcom.org/lib rary/operai-e-capitale-mario-tronti.

Vercellone, Carlo. 2005. The Hypothesis of Cognitive Capitalism. No. halshs-00273641. HAL. https://halshs.archives-ouvertes.fr/halshs-00273641/.

Virno, Paolo. 2001. General Intellect. In *Lessico Postfordista*, ed. Adelino Zanini, and Ubaldo Fadini, trans. Arianna Bove. Milan: Feltrinelli. https://www.generation-online.org/p/fpvirno10.htm.

Virno, Paolo. 2003. *A Grammar of the Multitude*. Los Angeles: Semiotext (e).

Zerowork Collective. 1975. Introduction. *Zerowork: Political Materials* 1.

第四章 智能产业化：人工智能产业的政治经济史

引 言

人工智能从少数工程师、科学家和数学家感兴趣的边缘研究，发展到21世纪控制论资本的宠儿，只用了短短50多年的时间。[1] 通过将人工智能置于历史和社会背景中，我们可以发现，它是一项夹杂私益的智力事业。人工智能是一种自动化技术，自诞生之日起就与资本和国家交织在一起。人工智能最早是伴随早期工业自动化技术的应用而出现的，它粉碎了有组织的产业工人的力量。在它出现几十年后，又被应用于获取各种技术领域的专业工人的知识并使其自动化。20世纪80年代初，围绕所谓的专家系统建立起来的第一代人工智能产业在20世纪

---

[1] 关于更一般的人工智能历史，参见克雷维尔（Crevier 1993）、尼尔森（Nilsson 2014）、多明戈斯（Domingos 2015）、卡普兰（Kaplan 2016）和阿尔派丁（Alpaydin 2016）。

90年代衰落。但自21世纪10年代中期以来，建立在机器学习基础上的第二代人工智能产业在更大的科技产业背景下发展起来。如今，机器学习被用于从数据中提取模型以及解决问题的方案；人们希望能在无须首先从"活劳动"那里获取知识的情况下实现自动化。在这段简短的历史中，我还将介绍人工智能的主要流派，并展示这些流派如何呈现出技术递归的能力，而资本则一直试图用这种能力实现自身的目的。这一历史概述为下一章分析当代人工智能产业奠定了基础。

历史背景

会思考的机器这一概念可以追溯至远古时代（Husbands et al. 2008）。一般认为，人工智能的正式研究始于第二次世界大战后的马萨诸塞州，即第一台多用途数字计算机ENIAC部署后不到十年，以及艾伦·图灵自杀后两年。在1956年的达特茅斯夏季研究项目中，人工智能一词诞生了。人工智能研究起步于战后的美国，当时的政治经济环境已经让人们对信息技术的递归可能性产生了浓厚的兴趣，而资本与劳动之间的对立在技术的推动下也呈现出新的强度。让我们从当时社会和技术环境的四个相关特征展开讨论。

首先是控制论对知识和技术的影响。控制论是一门研究（从计算机到大脑再到组织等）复杂系统如何通过处理信息而实现被广泛描述为"控制与沟通"行为的学科（Wiener 2019 [1948]）。控制论认为大脑和计算机采用的机制基本相同，从而模糊了人类和机器之间的界限。控制论的一个核心关注点是反馈，即一个系统在将其输出作为输入的基础上形成回路，以

第四章　智能产业化：人工智能产业的政治经济史

对环境做出反应的过程。因此，控制论学者与图灵一样，关注递归现象。控制论兴盛于第二次世界大战期间的火炮研究（Wiener 2019 [1948]，8-11）。新型飞机的速度不断提高，使得依靠熟练的人类操作员瞄准防空武器的传统方法无法奏效，因此诺伯特·维纳及其同事设计了一种机器，可以进行相关计算并让火炮自动瞄准。这种控制论的成功使人们在20世纪四五十年代开始产生奇思妙想，人类可以设计和制造比自己更复杂的机器（Johnston 2008，25）。同时，在政府和军方的大力支持下，控制论在各种领域的研究和应用也随之兴起（Kline 2015）。控制论的影响无论如何估量都不为过，即使其术语已不再被明确使用。正如约翰·约翰斯顿（John Johnston 2008）所言，控制论"形成了历史的纽带，构成后工业世界基础设施的信息网络和计算机组合正是首先在这一纽带上发展起来的"（25）。

早期的人工智能与控制论并没有截然不同的界限。这两个领域的研究者都对智能感兴趣，1956年达特茅斯研讨会的几位与会者都曾涉及控制论的研究。保罗·爱德华兹（Paul Edwards 1996）认为，控制论模糊了人类与机器之间的界限，从而推动了第二次世界大战后"赛博格话语"（cyborg discourse）的出现（2）。人工智能将承继并推进这一话语。控制论将计算机与大脑进行类比，而早期的人工智能研究人员则提出了一个"更加全面和抽象的计算机——大脑隐喻"（Edwards 1996，252）。这最终使得研究分化为关注符号系统、逻辑学和心理学的人工智能研究者，以及对自组织系统和神经生理学更感兴趣的控制论专家（Kline 2011，6）。

第二个背景因素是，在战时机械化和新自动化技术进步的推动下，盟国资本的工业生产能力大幅提高。1946年，《财富》

杂志发表了一篇颇具影响力的文章,题为"不需要人的机器",呼吁将战时在自动机器体系方面取得的技术进步全面应用到日常生产中（Leaver and Brown 1946）。两年后,自动化一词的定义首次公开发表（Le Grand 1948）。伴随着新生产技术而来的是福特主义劳动组织的强化。亨利·福特的流水线早在1913年就开始运行,而战后,使用机器体系以简化和加快工作,并加强管理者对工人的控制的速度提升了（Noble 1986,39）。新的生产技术往往给工人带来灾难性的后果。仅在1940年至1945年间,美国就有约88,000名工人在工业事故中丧生,1100多万人受伤（Noble 1986,23）。先进的福特主义与用于数据处理的大型计算机和计算机化生产机器体系的引入相吻合（Smith 2000,5）。1952年,第一台商用计算机数控（CNC）机床出现,并迅速让资本与劳动的冲突一触即发（Noble 1986）。1959年,第一台工业机器人Unimate在新泽西州通用汽车公司的一家工厂安装成功。它由一个单臂组成,可以每次通过编程执行一项任务。1961年,Unimate开始批量生产,并被广泛仿制,从而导致工业机器人激增（Wallén 2008,9-10）。信息技术递归能力的经济潜力日益显现。

第三个背景因素是工业劳动面貌的变化。在第二次世界大战期间,劳动力的构成发生了巨大的变化,即妇女和黑人暂时受雇以填补先前专属于白人男子的工作岗位。虽然战后他们大多被解雇,但福特主义工作场所剩余的大批工人在战后相对于资本而言处于强势地位。美国的战时不罢工承诺到期,"新近强大起来的工会已准备好检验自己的实力"（Noble 1986,24）。劳工的力量在无数次罢工中爆发。战争期间,美国发生了14,471次罢工,涉及近700万工人（Noble 1986,22）。这支

第四章　智能产业化：人工智能产业的政治经济史

好战的劳动力促使资本对劳动发起了多管齐下的攻击，其中一个有力的武器就是自动化技术的应用。资本看到了"前所未有的机遇"，如"降低的技能要求，更加集中的管理控制以及机器取代工人"（Noble 1986，36）。控制论专家维纳（1949）写信给全美汽车工人联合会（UAW）主席沃尔特·鲁瑟（他从未回信），对"无雇员工厂"的可能性表示担忧，并指出"任何与奴隶（无论是人类奴隶还是机器奴隶）劳动竞争的劳工，都必须接受奴隶劳动的工作条件"。最终，20世纪中期的自动化技术并没有实现其推广者所承诺的完美的妄想目标，其对劳工来说也并非世界末日。不过，自动化技术确实让企业减少了非熟练工人和低技能工人的雇佣数量（Noble 1986）。在许多资本主义国家，自动化与转向凯恩斯主义福利以及劳工与资本之间的"阶级妥协"相结合，促使产业工人以革命性的进攻换取福利和工资的增长（Harvey 2007，10）。

第四个背景因素也与劳动面貌的变化有关，那就是以计算机技术为基础的新型劳动力的崛起。达特茅斯研讨会召开一年后，管理学家彼得·德鲁克（Peter Drucker 1957）认为：

> 如今，流水线已经过时了……即使是机械类工作也是建立在由具有高技能和高知识的人共同努力的基础之上，这些人为共同的目标共同行使负责任的、决策性的以及个人性的判断力……自动化很可能会淘汰生产车间中的非熟练工人。但取而代之的是同等数量的具有高技能和高判断力的人……他们中的每个人都在自己的知识领域工作，对于判断具有广泛的裁量权。然而，他们每个人都必须与其他所有人密切合作……不断与其他人沟通，不断适应其他

人的决策,并反过来做出影响其他人工作的决策。(67)

据说,在体力劳动自动化和技术增强通信的基础上,将出现一种新的知识工人。回过头来看,我们知道德鲁克所观察到的情况只适用于世界上少数地区的一小部分工人。高技能的协作性和交流性工作确实出现了,但它并没有让工作本身得到彻底改变。就在德鲁克写作的当时,和计算机有关的工作也开始出现,但却缺乏他所认为的知识工人所具有的闪光点。

早期的"计算机劳动力"是按性别划分的。男性从事工程硬件工作,因此受到新闻界和学术界的关注,而软件制作或编程工作则由女性承担,她们不被视为有声望的人,甚至不为公众所知(Light 1999)。例如,第一台多用途数字计算机ENIAC的程序是由让·詹宁斯(Jean Jennings)和弗朗西斯·比拉斯(Frances Bilas)领导的一个女性团队编写的(Abbate 2012, 24-33)。戴维·艾伦·格里尔(David Alan Grier 2005)认为,在第二次世界大战期间的早期,与计算机有关的工作是"无产者的工作,是给予那些缺乏经济或社会地位来追求科学事业的人的机会。妇女可能是从事计算机工作人数最多的群体,同时非洲裔美国人、犹太人、爱尔兰人以及残疾人和穷人也加入了她们的行列"(276)。战后,早期的程序员不容易被取代。从战争中归来的士兵并不具备相关技能,因此随着需求的爆炸性增长,许多女性留在了劳动力队伍中(Little 2017)。1950年,当时只有几百名程序员,但5年后,就有约10,000名程序员在使用现有的大约1000台计算机。到1960年,"在蓬勃发展的商业计算机市场中",编程"成为一种独立的职业,约有60,000名从业人员为大约5000台计算机提供服务。编程开始作为一门技艺出现"（Edwards 1996，248）。

尽管这些因素远非一幅完整的图景，但它们勾勒出了人工智能出现的社会背景：一个不断变化的工人阶级面对控制性不断增强的资本。本章其余部分将追溯当代人工智能产业从这一初始背景下发展起来的轨迹。

人工智能研究的到来

1956年达特茅斯研讨会（由洛克菲勒基金会和美国海军研究办公室资助）的组织者将其项目建立在如下猜想基础之上：

> 学习的每一个方面或智能的任何其他特征都基本上可以被精确地描述出来，以至于可以用机器来模拟。我们将试图找到如何让机器使用语言、形成抽象概念和定义、解决目前只有人类才能解决的各种问题以及自我完善的方法。（McCarthy et al. 1955）

他们希望通过"2个月以及10个人的研究"来实现这些目标（McCarthy et al. 1955）。几年后，其中一些研究人员宣称："现在世界上已经有了会思考、会学习、会创造的机器……它们做这些事情的能力将迅速提高，直到在可见的未来，它们能处理问题的范围将与人类头脑所能处理问题的范围一致"（Simon and Newell 1958，8）。不难想象，为什么资本会发现人工智能——如这些早期宣言中描述的那样——具有吸引力。然而，这种玄虚的愿望并没有实现。研讨会并没有达到目标，半个世纪过去了，机器仍未实现与人类思维相同的功能。

然而，这些大胆的主张确实让人们对一种被称为符号人工智能或"好的老式人工智能（GOFAI）"（Haugeland 1989）的特殊人工智能方法产生兴趣，并吸引了资本的注意。虽然达特茅斯研讨会的一些与会者认同另一种受神经生物学启发的方法（这种方法后来发展成为今天的机器学习），但GOFAI在20世纪80年代中期之前一直在人工智能领域占据霸权地位。GOFAI的目标是通过操作编入符号语言的信息，在机器中实现如逻辑推理般的高级认知功能（Newell and Simon 1976）。正如达特茅斯研讨会的组织者所说的那样，它假定"人类思维的很大一部分是根据推理规则和推测规则来操控词语的"（McCarthy et al. 1955）。因此，GOFAI 的目标是"将世界上的知识形式化，并植入预先定义和预先整理的计算机系统中"（Edwards 1996，255）。一个典型的GOFAI系统通过"生成并逐步修改符号结构，直到产生一个解决方案结构"（Newell and Simon 1976，120-121）来解决问题，这一过程被称为"启发式搜索"（Boden 2014，90）。该系统包含符号语言问题的内部表征，并对其执行基于规则的操作。想象一下国际象棋程序。棋盘上可能的排列状态数量虽多，但也有限，在任何给定状态下可能的状态变化由有限的规则集决定。然而，一名优秀的棋手不仅要考虑棋盘当前的状态，还要考虑未来可能出现的状态。在脑海中反复计划当前和未来所有可能的棋步既耗时又费脑，因此优秀的棋手或程序会应用启发式方法或经验法则来减少搜索（Hofstadter 1979，150-151）。例如，一个人可以排除所有会导致丢掉王后的行为。

内部表征的必要性给GOFAI带来了一个严重的问题，即框架问题，或"在现实的时间量之内更新、搜索和以其他方式处理大量符号结构问题"（Copeland 2000；另见 Dennett 2006）。我们可以从常识推理的角度来思考这个问题。如果我看到一个盘子放在桌子上（在没有诸如好事的猫或地震等因素的情况下），我不会去想它是否会突然消失，然后又重新出现在桌子下面，或者自然破碎。常识告诉我们，要发生这些事情，盘子必须受到力的作用。由于缺乏常识，GOFAI 系统必须将所有这些基本知识作为明确规则编入程序，而即使是平实的物理概念，也需要非常多的规则进行表达，更不用说要变幻莫测的社会交互了。因此，除了非常简单的领域，GOFAI 不得不面临复杂性问题。尽管存在这样那样的问题，但人工智能早期的成功大多要归功于 GOFAI。下面要讨论的第一代人工智能产业，就是建立在被称为"专家系统"的 GOFAI 应用程序基础之上的。虽然 GOFAI 的名气已经逐渐消退，但它仍应用于人工智能的规划子领域之中，这些应用领域包括视频游戏、路线规划、空中交通管制和电子元件构建（Kaplan 2016, 25）。现在很少有人将 GOFAI 视为人工智能的未来，因为正如博登所言，"我们所说的大部分'智能'都是由程序员详述的对行动、操作员和启发式方法的选择"（Boden 2014, 90）。但在人工智能发展的早期，情况则有所不同。

20 世纪 50 和 60 年代，人工智能产业尚未形成。研究这一课题的人同时在工业界和学术界工作，经常在这两个领域之间来回穿梭，而这两个领域之间的联系是以军方资助为基础的。爱德华兹（Edwards 1996）将新生的计算机技术产业称为"学术、工业和军事合作而自我延续"的"铁三角"（47）。第二次世界大战结束时，美国科学研究与发展办公室（OSRD）将每年的军事研发资金从战前的 2300 万美元增加到了 1 亿多美元

(Edwards 1996，46）。战后，这项支出仍在继续，通过资助各大学建立了许多卓越中心（其中一些专门研究人工智能）。据爱德华兹（1996）称，人工智能"20多年来几乎完全属于没有即时商业利益回报的纯研究领域，[它]每年从美国高级研究计划局（ARPA）获得的资金占其总资金的80%之多"（64）。美国高级研究计划局和海军研究办公室是早期人工智能研究的最大资助者。人工智能的商业可行性将建立在它们提供的资金基础之上。

海军研究办公室（现在仍然存在）资助应用于美国海军安全的技术研究和开发。美国高级研究计划局（现在称为DARPA）成立于1958年，是对前一年苏联成功部署Sputnik 1号卫星的回应。DARPA的使命是通过组织和资助科技研究，从而确保美国的技术领先。1962年，美国高级研究计划局成立了由J.C.R.利克莱德（J.C.R. Licklider）领导的信息处理技术办公室（IPTO），利克莱德主张人类与机器"共生"（symbiosis）（Licklider 1960）。大约从1962年开始，信息处理技术办公室资助了几所美国大学（包括麻省理工学院、卡内基理工学院和斯坦福大学）和工业领域的私人研究实验室的人工智能和其他计算机技术项目，所有这些实验室都设在美国（Nilsson 2010，120）。其中最著名的实验室或许就是兰德公司（PAND Corporation）。

总部位于加利福尼亚州圣莫尼卡的兰德公司，源于空军的一个研究项目，1948年从该研究项目分拆出来，发展成为20世纪最有影响力的研究机构之一。兰德公司的研究人员对包括计算机、互联网和人工智能在内的许多信息技术的发展起到了不可或缺的推动作用。世界上第一本关于人工智能的书——《计算机与思想选集》（*Computers and Thought*, Feigenbaum and

第四章 智能产业化：人工智能产业的政治经济史

Feldman 1963）的20章内容中有6章是兰德公司的研究人员以前发表的（Klahr and Waterman 1986，1）。国际商业机器公司（IBM）也参与了包括人工智能在内的信息技术的几乎所有方面的发展。阿瑟·塞缪尔（Arthur Samuel）是最早使用机器学习一词的IBM研究人员，他于1956年开发了一个跳棋程序，该程序能够自我提升并击败跳棋新手。塞缪尔（1959）希望"通过编程让计算机从经验中学习，最终将不再需要（程序员）细致的编程工作"（211）。贝尔实验室还参与了无数信息技术的开发以及人工智能的早期实验。信息论的倡导者克劳德·香农（Claude Shannon）从1941年开始为贝尔工作，他开发了一种名为"忒修斯"（Theseus）的机器鼠，这种机器鼠使用一种初级机器学习方式来寻找走出迷宫的方法。值得一提的还有系统开发公司（SDC），它被认为是世界上第一家软件公司（Campbell-Kelly 2004，36-41）。它最初是兰德公司的一个项目小组，1957年从兰德公司分拆出来。SDC擅长从事大型联网计算机系统的设计和咨询。他们最为人所称道的可能是参与制作半自动化地面环境（SAGE）。SAGE是一个由联网雷达站和计算机组成的系统，旨在对美国领空进行全面监控。人工智能被用来管理由该系统整合的大量数据。SAGE于1958年投入使用，但从未进行过测试。[2]

---

[2] 其他一些组织也对早期的人工智能研究产生了影响，其中包括BBN技术公司、林肯实验室和SRI国际（前身为斯坦福研究所）。BBN从事早期的自然语言处理研究。SRI是斯坦福大学受托人建立的研究实验室。1966年，SRI创建了人工智能中心，开发出了被公认为第一个具有感知和推测周围环境能力的移动机器人"Shakey"。林肯实验室是1951年由联邦政府资助麻省理工学院创建的研发中心，旨在弥补美国空军力量的不足。林肯实验室也为 SAGE 的研发做出了贡献。

在整个20世纪50和60年代，早期的人工智能研究人员在这些机构之间流动。此时还未出现学术界与产业界之间职位转换的明显趋势。例如，利克莱德先是在林肯实验室和麻省理工学院工作，后来去了另一家公司，最后去了ARPA（Nilsson 2010，119）。颇具影响力的人工智能研究员艾伦·纽厄尔（Allan Newell）却走了另一条路，他早年在兰德公司工作，晚年则任职于CMU（Nilsson 2010，115）。虽然在20世纪50年代末和60年代初，一些大学也有专门研究人工智能的实验室，但这些实验室往往缺乏硬件，学术界的人工智能研究人员经常不得不使用行业研究实验室拥有的昂贵计算机来开展对计算要求较高的人工智能项目（Nilsson 2010，116）。麻省理工学院拥有一台IBM 704计算机，该计算机在1954年推出时还是最先进的，但随着计算机技术研究的不断深入，它很快就开始黯然失色。1960年，BBN技术（BBN Technologies）研究公司以12万美元的价格购买了第一台PDP-1（编程数据处理器）计算机，该计算机拥有更强大的计算能力。如此昂贵的硬件确保了人工智能研究人员将继续利用军方的巨额资金。

整个20世纪50和60年代，人工智能在机器视觉、机器人和定理证明等子领域取得了令人瞩目的成就。然而，由于这些成功大多是在人为定义的、非常狭窄领域的"玩具问题"上取得的，无法推广至更为复杂的现实世界，因此没有进行商业应用（Crevier 1993，114）。在人工智能领域之外，编程也从战后的雏形发展成为一个新兴职业。20世纪60年代，对软件的需求带动了对编程劳工的需求。然而，就在编程工作爆炸式增长的同时，它也开始自动化。事实上，自动化已成为编程的重要组成部分，直到今天依然如此。高级编程语言的发展就说明了这

第四章 智能产业化：人工智能产业的政治经济史

一点。

高级编程语言允许使用或多或少的自然语言进行编程（Sammet 1969，1-2）。其中最流行的是 FORTRAN（最初由 IBM 开发），它于 20 世纪 50 年代问世。在高级语言出现之前，程序都是用二进制机器代码编写的，这种二进制机器代码仅用 1 和 0 来精确说明与硬件有关的特定软件的所有功能，因此"极难使用，更难调试"（Edwards 1996，247）。当时的程序员参照 FORTRAN 的能力将用自然语言编写的程序自动转换为机器代码的能力称为"自动编程"（Backus 1981，25）。马克·坎贝尔（Mark Campbell 2020）将此称为"第一波自动编码"（81）。因此，所有编程都发展为编程自动化。一种"将计算机纳入自身操作"的递归操作成为计算机工作的基础（Chun 2005，29）。

根据约翰·巴斯库斯（John Backus 1981）的说法，在 1954 年之前，程序员"理所当然地认为他们的工作是一门复杂的创造性艺术，需要人类的创造力才能编制出高效的程序"（25）。高级编程语言将大部分以机器代码为基础的劳动过程自动化，使编程变得更容易学习。因此，根据爱德华兹（1996）的说法，在编程出现后不久，"它所需要的数学技能已经开始降低"（248-249）。这在一定程度上是由资本的估价需求所驱动的。"与计算机中心相关的程序员成本通常至少与计算机本身的成本相当……编程和调试占计算机操作成本的四分之三之多"（Backus 1981，26-27）。此外，"企业……希望在不聘请昂贵专家的情况下编写自己的软件……如果要使用计算机，就必须这样做，因为在 20 世纪 60 年代之前，'现成的'软件几乎不为人所知"（Edwards 1996，249）。编程劳动需要去技能化和去价值化。

人工智能的"寒冬"

20世纪60年代,全球经济在经历了第二次世界大战后的繁荣之后开始逐渐衰退,"滞胀"威胁着西方经济,民权活动家也打破了社会现状。早期关于人工智能的宣言,如达特茅斯研讨会研究人员的宣言,被斥为狂妄自大。人工智能"寒冬"随之而来,用于人工智能研究的资金大幅减少(Crevier 1993,203)。1966年,《自动语言处理咨询委员会报告》(ALPAC Report)的可怕评估给了人工智能重重一击。该报告受美国国家研究委员会委托编写,目的是对计算机语言学和机器翻译研究的前景进行评估(政府机构已经为这些研究提供了2000万美元的资助)。与人工翻译相比,机器翻译成本更高、速度更慢、准确性更低,报告促使政府终止对机器翻译的大部分资助,并在更广泛的公共领域抑制了对人工智能的热情(National Research Council and Automatic Language Processing Advisory Committee 1966)。1969年,进一步的打击来了。美国国会通过了第一份《曼斯菲尔德修正案》,严格限制政府机构资助的研究类型(Laitinen 1970)。该修正案"促使军方对基础研究的一些支持迅速减少,从而转向应用领域"(National Research Council 1999,213)。由于人工智能的应用很少,这对人工智能研究产生了削弱作用。在大西洋彼岸,1973年英国议会受托发布"人工智能:综合调查"报告。所谓的《莱特希尔报告》认为,人工智能研究只能解决"玩具问题",现实世界的复杂性仍将阻碍人工智能的发展。这份报告抑制了英国政府对人工智能研究的资助,这种状况直到20世纪80年代初才有所恢复,可以说,这份报告促成了美国在该领域的主导地位。

在整个人工智能"寒冬"期间，人工智能研究仍在低调进行。包括多伦多、罗切斯特、得克萨斯、马里兰、不列颠哥伦比亚、加利福尼亚和华盛顿在内的一些大学甚至成立了新的人工智能研究小组（Nilsson 2010，207）。进入20世纪70年代，ARPA仍"为主要的人工智能小组——麻省理工学院、斯坦福大学、SRI和卡内基-梅隆大学——提供高达80%至90%的资金"，但总金额有所减少（Edwards 1996，296）。许多专业计算机技术研究人员转而从事应用研究，而另一些人则完全离开了学术界，从而促进了初创企业的崛起、私人研究实验室的激增以及整个计算机技术行业的发展（Ensmenger and Aspray 2002，162-163）。例如，1974年微软公司成立，并于1981年发布了极具影响力的操作系统 MS-DOS。

专家系统：第一个人工智能产业时代

20世纪70年代，丹尼尔·贝尔（Daniel Bell）等社会理论家重新审视了德鲁克在20年前所描写的知识工人。贝尔（1973）不仅回顾了工作场所的变化，还预测了一个全新的"后工业"社会，其特点是从生产商品到提供服务的转变，以及从体力劳动到认知劳动的转变，所有这些都由处理大量信息的计算机技术驱动。尽管贝尔等人的划时代分析模式倾向于过分强调变化而忽略连续性，但当时确实出现了实质性的变化（Webster 2014）。1948年至1990年间，美国就业人数增加了近83%，其中97%来自流通资本部门或"非食品生产行业"，包括"服务、运输、通信、公用事业、批发和零售贸易、金融、保险和房地产"（US Bureau of Labor Statistics 1993，7）。20世纪70年代至90年代期间，工业制造业的比例在世界范围内出现了不同程度的下降，但在一些国家超过了20%（Castells and Aoyama 1994，11）。

然而，随着各种非制造业劳动的增加，将其自动化的努力也在加强。到20世纪80年代，德鲁克和贝尔所设想的高技能、沟通型知识工人也成为被称为"专家系统"的人工智能应用的自动化目标，该系统旨在获取特定领域的专家知识，并将其提供给管理层和/或缺乏上述知识的工人。因此，专家系统明确体现了泰勒主义的"劳动过程与工人技能分离"原则（Braverman 1998，78）。专家系统方法的倡导者并不害怕承认这一点：

> 我们发现，要想大幅提高生产率，就必须将自动化的网撒到比工厂车间更远的地方——覆盖信息处理人员、规划人员、解决问题的人员和决策人员。简而言之，有必要将自动化的力量带给知识工人。（Feigenbaum et al. 1988，4）

专家系统由两个主要部分组成：知识库和推理引擎。知识库由事实和启发式知识组成，用符号语言表示。知识库是通过一个称为"知识工程"的程序创建的，在这个程序中，工程师会采访某一领域的专家，并将他们的知识编码为一系列条件规则（Feigenbaum et al. 1988）。推理引擎定义了应用存储知识解决特定问题的步骤。用户可以查询专家系统，以获得"专家"的意见。

第一个专家系统 Dendral 是由斯坦福大学的爱德华·费

第四章 智能产业化：人工智能产业的政治经济史

根鲍姆（Edward Feigenbaum）和约书亚·莱德伯格（Joshua Lederberg）在20世纪60年代开发的，目的是帮助有机化学家识别未知的生物分子（Lederberg 1987，1）。Dendral证明了专家系统概念的可行性，虽然它仍停留在学术界，却催生了许多"后代"，其中一些已经商业化。1980年，数字设备公司（DEC）部署了"第一个在工业领域日常生产中使用的专家系统"，名为XCON（专家配置器）（Barker and O'Connor 1989）。XCON协助配置和组装可定制的计算机系统。据亚历克斯·罗兰和菲利普·希曼（Alex Roland and Philip Shiman 2002）称，到了"10年的中期，[DEC]估计其使用XCON每年可节省4000万美元"（191）。油田服务公司斯伦贝谢（Schlumberger）从1980年开始与学术研究人员合作开发专家系统"倾角仪顾问"（Dipmeter Adviser）。该系统通过分析传感器数据来推断"地下地质结构"，为钻井做准备（Davis et al. 1981，846）。该系统于1984年投入使用。同样是在1984年，由费根鲍姆等人于1980年创立的第一家人工智能初创公司Intellicorp从DARPA获得1,286,781美元，用于生产"进化的新一代"专家系统（Roland and Shiman 2002，198）。费根鲍姆还创建了Teknowledge公司，该公司最初是一家咨询公司，但在1984年至1986年期间，在DARPA资助的181.326万美元加持下，该公司开始涉足专家系统领域（Roland and Shiman 2002，201）。

20世纪80年代中期，对专家系统的需求激增（Crevier 1993，198）。人工智能企业家杰罗尔德·卡普兰（Jerrold Kaplan 1984）在评论"人工智能产业化"时指出："在过去几年里，人工智能界的状况发生了变化。人工智能研究人员过去可以安安静静地工作……随着人工智能实际应用的愿景逐渐变成现实，新的参与者进入了这个领域，彻底改变了它的性质"（51）。根据现在的估计，到1987年底，已有1500个专家系统投入商业使用（Feigenbaum et al. 1988, x）。直到20世纪80年代末这个时间点，可以公平地说，人工智能已成为一个独特的产业。丹尼尔·克雷维尔（Daniel Crevier）将新生的人工智能产业描述为由三个主要部分组成。最大的部分是被称为LISP机器的专家系统专用计算机，占市场份额的一半以上，其最大的生产商是施乐公司和德州仪器公司，以及两家来自马萨诸塞州的初创公司（Crevier 1993, 200）。第二大部分是专家系统"贝壳"，其可以根据不同的知识库进行功能调整。第三大部分是完全的专家系统应用，这是最小的产业。

　　专家系统必然是定制的；每个专家系统都必须根据其特定知识库构建，或至少深度定制，而且它们只能在狭窄的领域内使用。然而，DARPA需要的是一种"通用或普遍适用"的专家系统（Roland and Shiman 2002, 194）。它希望推理引擎可以部署到不同的知识库中，而无须修改其核心组成部分。从本质上讲，它想要的是通用人工智能（AGI）。DARPA向Teknowledge和Intellicorp慷慨提供资金，就是为了推动这一目标的实现。虽然通用专家系统被证明是不可行的，但对专家系统研发的兴趣和资助吸引了大量劳动力进入人工智能行业。在整个20世纪80年代，接受人工智能工作培训的人数急剧增加。新的研究生课程应运而生，如斯坦福大学开设的费根鲍姆人工智能应用理学硕士课程，其目不是培养学术研究人员，而是为产业培养应用人工智能开发的基本技能（Roland and Shiman 2002, 196）。人工智能促进协会（AAAI）的会员人数从1979年的约5000人增至1987年的16,421人（Nilsson 2010, 271）。

第四章 智能产业化：人工智能产业的政治经济史

到20世纪80年代中期，人工智能产业开始蓬勃发展。1986年，美国"与人工智能相关的硬件和软件销售额达到4.25亿美元"，成立了相关的40家新公司，投资总额约为3亿美元（Crevier 1993，200）。许多大公司成立了内部人工智能团队。1987年，企业集团杜邦公司"有100个专家系统在日常运行，500个处于不同的开发阶段"（Crevier，1993，199）。计算机技术公司数字设备公司（DEC）的人工智能团队在1986年只有77名员工，到1988年增至700人（Crevier 1993，199）。整个20世纪90年代，人们对专家系统的热情不减。使用中的专家系统总数从1987年的1500个增至1997年的大约12,500个（Liebowitz 1997，118）。

战略计算：人工智能与国家　第一部分

20世纪70年代和80年代，新自由主义兴起，首先在智利出现，然后在英国、美国和其他国家也相继出现。戴维·哈维（David Harvey）将新自由主义定义为"一种政治经济实践理论，该理论认为，在以强有力的私有产权、自由市场和自由贸易为特征的制度框架内，通过解放个人的创业自由和技能，可以最大程度地促进人类福祉"（Harvey 2007，2）。虽然新自由主义理论颂扬了市场自由不受国家影响的优势，但在实践中却形成了一个"新自由主义国家"，它推行必要的措施来维持市场运作（Harvey 2007，7）。

哈维（2007）认为，新自由主义国家表现出"对信息技术的浓厚兴趣和追求"，因为它们需要"信息创造技术以及积累、存储、传输、分析和使用海量数据库指导决策的能力"（3）。

20世纪80年代，国家参与计算机技术和人工智能研究的案例为哈维的观点提供了支持。人工智能走在了国家技术竞争的前沿，这与20世纪50和60年代美国和苏联之间的太空竞赛如出一辙。

日本通商产业省（MITI）于1982年启动了第五代计算机系统项目，从而拉开了人工智能竞赛的序幕。日本通商产业省创建了下一代计算机技术研究所（ICOT），以执行用于人工智能的超级计算机研发的十年计划。下一代计算机技术研究所由两个政府研究实验室和包括富士通、日立和东芝在内的八个日本工业巨头组成的财团支持。该项目预算约为8.5亿美元（Feigenbaum and McCorduck 1984，137）。到1992年，该项目取得了一些重要的技术进展，但却没有出现商业上可行的产出和人工智能优势，因此项目结束。

为了回应日本在计算机方面的野心，美国于1983年启动了"战略计算（SC）计划"。到1993年，DARPA已经"在计算机研究上额外花费了10亿美元，以实现机器智能"（Roland and Shiman 2002，1）。战略计算计划也并未实现其雄心勃勃的目标，而是在20世纪80年代末被调整为"高性能计算机技术"项目（Roland and Shiman 2002，325）。与日本的第五代项目一样，该项目也的确极大地促进了计算机技术基础设施的改善和人工智能技能的普及（Roland and Shiman 2002，331）。不过，并非所有美国的人工智能计划都失败了。动态分析和重新规划工具（The Dynamic Analysis Replanning Tool）（DART）是由BBN技术公司的一名工程师领导的团队为DARPA开发的。该工具于1991年部署，据当时的DARPA主任称，其成功的数理逻辑管理"在短短几个月内就收回了DARPA 30年来在人工智能方面

第四章　智能产业化：人工智能产业的政治经济史

的所有投资"（Hedberg 2002，81-83）。

　　美国的人工智能动员是对日本计划的直接回应，但也是出于对日益高科技化的共产主义幽灵的恐惧。关于苏联的人工智能研究的英文资料很少。由于（至少）两个因素，导致计算机在苏联起步较晚，发展缓慢。第一个因素是，苏联在计算机存在的最初几年里，对苏联公民和其他国家隐瞒了计算机的存在，从而减缓了相关技能的传播。第二个因素是，直到20世纪50年代中期，控制论仍被视为与马克思列宁主义相抵触的资产阶级伪科学（Gerovitch 2004）。直到1953年斯大林逝世后，控制论研究才逐渐为人们所接受。到1961年，控制论被誉为"创建共产主义社会的主要工具之一"（转引自Conway and Siegelman 2006，316）。与美国早期的人工智能研究一样，苏联的人工智能和控制论之间似乎也存在一些概念上的模糊之处。据鲍里斯·马林诺夫斯基（Boris Malinovsky 2010）称，苏联著名控制论专家维克多·格卢什科夫（Victor Glushkov）"将人工智能视为控制论中最有前途的方向"（32）。苏联的人工智能从业者致力于定理证明、模式识别、机器学习、语音识别、启发式搜索机器翻译和机器视觉的研究（Feigenbaum 1961；Gerovitch 2011，180；Peters 2016，117）。1960年，专家系统先驱费根鲍姆从美国到访苏联，在考察苏联的人工智能和计算机技术产业时，他得出结论：在苏联，"人工智能研究和计算机的其他高级应用正开始获得优先地位，而一年前它似乎还没有这种地位"（Feigenbaum 1961，579）。到了1966年，在第一届机器对机器国际象棋锦标赛上，苏联的国际象棋人工智能程序以3比1的比分击败了由麻省理工学院和斯坦福大学的人工智能从业者（包括达特茅斯研讨会的主要组织者约翰·麦卡锡）创建的程序

（Adelson-Velskii et al. 1970；Feigenbaum 1968）。然而，苏联并没有在人工智能领域取得有影响力的地位。

英国政府也对日本的第五代计划做出了反应，于1983年制定了为期五年的阿尔维计划（Alvey Programme）。阿尔维计划的"最初重点"是人工智能，但也包括其他计算机技术研究（Oakley and Owen 1989，172）。该计划从公共机构和私人那里获得了2.9亿英镑的资金。该计划的目标并不像日本或美国的目标那样乐观，但它是否成功仍存在争议（Oakley and Owen 1989，172）。同样在1983年，欧洲共同体委员会启动了为期10年的欧洲信息技术研究战略计划（ESPRIT）。该项目旨在开发重点为人工智能的欧洲信息技术的工业潜力（Steels and Lepape 1993，5）。它分为两个阶段，第一阶段包括32个人工智能项目，耗资8400万欧洲货币单位（ECU）。到1993年，正在进行的第二阶段又包括27个涉及人工智能的项目，资金总额约为8000万欧洲货币单位（Steels and Lepape 1993，4）。

尽管这些战略性计算机技术项目在细节上各有不同，但可以进行一些有用的概括。所有项目都是由国家或超国家机构推动的，这些机构认识到有必要直接干预计算机技术和人工智能的研究和商业化。所有项目都涉及学术、商业和工业部门之间的合作（ESPRIT项目则涉及国家之间的合作）。所有项目在很大程度上都未能实现最初的目标。尽管如此，所有这些项目都促进了人工智能和计算机技能以及技术基础设施的传播，为个人计算机技术和互联网的出现奠定了基础。

20世纪80年代，资本和国家对计算机方面的热情以及对专家系统的推动引发了对人工智能产业的第一次批判性反弹。如第二章所述，出现了一系列对专家系统能力保持警惕的马克思主义研究（Cooley 1981, 1987；Athanasiou 1985；Berman 1992；Ramtin 1991）。然而，这一时期的批评者并没有看到他们对人工智能的最坏担心的出现，因为到20世纪90年代初，人工智能产业进入衰退期，此后20多年该状况一直未能得到恢复。

专家系统的衰落

尽管资本和国家都在努力，但人工智能产业在20世纪90年代初还是经历了第二次人工智能"寒冬"。这次"寒冬"的通常原因是专家系统的"脆性"，即当遇到超出其狭窄领域的问题时，专家系统的性能会下降到零（Feigenbaum et al. 1988, 253）；以及专家系统的"不透明性"，即当交互规则越来越多时，专家系统的运转方式难以预测（Crevier 1993, 204）。底层硬件也发生了变化。专家系统通常在专门为此目的制造的LISP机上运行，这些机器的价格高达数万美元。1977年，Commodore PET（795美元）和 Apple II（1298美元）问世，个人计算机成为可能。随着可用于某些人工智能程序的廉价计算机的功能越来越强大，成本、易用性和广泛的适用性等考虑让人们对LISP机的兴趣得以转移。

然而，这不仅仅是一个技术问题。对于专家系统来说，劳动也是一个问题。一些工人对他们的知识被知识工程程序攫取表示不满。管理层对知识工程和专家系统硬件所需的大笔开支也不总是保有热忱。XCON的一位创建者在1984年指出，"仍然需要大量的传教工作"（Kraft 1984, 48）。事实证明，生产专家系统所需的劳动比预期的要多。随着专家系统从研究实验室走向商业应用，它们被应用于越来越复杂的领域，因此需要越来越多的规则。DARPA认为，"系统的生产必须大幅流水线化"（Roland and Shiman 2002，194）。根据估算，设想中的未来专家系统需要知识工程师付出不可能完成的艰巨努力，因此到了20世纪80年代中期，"知识工程师开始意识到，要建立真正广泛的人工智能系统，就必须使知识获取过程本身自动化"（Crevier 1993，205）。此外，系统维护问题也变得突出。专家系统在其应用领域发生变化时需要随时更新。资本主义竞争要求不断革新业务流程，因此知识工程是一项永无止境的任务。

提出的解决方案是递归性的；一个专家系统可以构建若干专家系统。这意味着"将有助于构建专家系统的知识编成代码，以供计算机使用"（Feigenbaum et al. 1988，250）。事实证明，现有技术难以解决这一问题，但在1982年，（DARPA资助的）麻省理工学院人工智能实验室发布了一款名为程序员学徒（The Programmer's Apprentice）的半自动化程序（Rich and Waters 1988）。它掀起了自动编码的"第二波浪潮"，其中程序"根据文本或图形模型中的人类概念生成高级代码"（Campbell 2020，81）。到目前为止，这一领域的成功还极其有限，但有人认为机器学习很快就会使其变得可行（Campbell 2020，82）。专家系统的支持者在20世纪80年代中期也得出了类似的结论，并承认"学习是帮助建立大型知识库所需的'灵丹妙药'"（Feigenbaum et al. 1988，255）。然而，专家系统无法学习，到20世纪90年代末，该行业逐渐衰落。"专家系统"一词逐渐消失，因为其技术被悄无声息地嵌入其他信息技术中（Angeli 2010，52）。GOFAI的时代结束了。

在第二个人工智能"寒冬"期间，互联网等新技术成为公

第四章 智能产业化：人工智能产业的政治经济史

众关注的焦点，而人工智能研究则在学术界的阴影下继续进行。20世纪90年代，席勒（Schiller 1999）所称的"数字资本主义"兴起，此概念源于围绕互联网基础设施的资本重组。这一时期出现了对早期互联网公司的投机性投资狂潮。网络浏览器不断改进，互联网公司如雨后春笋般涌现，投资者乐此不疲地将资金投向任何声称能在"网络"上开展业务的事物。从1998年到2002年，约有50,000家公司成立，目的在于通过互联网盈利（Goldfarb et al. 2005，2）。其中几家互联网公司成为当今最大的人工智能生产商：互联网零售商亚马逊成立于1994年，最初专注于互联网搜索的谷歌和最初专注于社交媒体的腾讯均成立于1998年。

随着互联网在整个工业领域的普及，全球范围内的沟通和协调变得更加容易，工业生产也开始发生变化。受丰田生产模式启发的理论家们提倡"精益"（lean）生产，其成为福特主义大规模生产的继承者。精益生产旨在追求手工生产的质量和灵活以及大规模生产的数量。沃马克（Womack et al. 1990）认为，精益生产"在组织的各个层面雇佣多技能工人团队，并使用高度灵活、自动化程度越来越高的机器来生产种类繁多的大批量产品"（13）。我们将在第六章中看到，被称为"敏捷"（Agile）的相关开发方法已在软件和人工智能生产中广泛使用。

2000年，"互联网"（dot com）投机性投资泡沫破灭，20世纪90年代普遍存在的科技乐观主义大幅度削弱，次年全球经济陷入衰退。近一半的互联网公司（如 Pets.com）倒闭。亚马逊的股价从107美元跌至仅7美元（不过后来有所回升），部分原因是它在2002年建立了云平台亚马逊网络服务（AWS）（Edwards 2016）。其他幸存的互联网公司在股灾后的经济环境中茁壮成长，并开始多元化发展。谷歌在2006年收购了YouTube，在2007年收购了在线广告公司双击公司（DoubleClick）。

机器学习的崛起

2000年代，人工智能已不再是行业流行语。GOFAI和专家系统未能取得成功，但相互竞争的人工智能范式正在兴起。[3]人工智能的机器学习方法自1956年达特茅斯研讨会以来就一直存在，但直到20世纪80年代才实现商业化，直到2010年之后才在商业上得到普及，成为人工智能行业第二个时代的主力军。数10年来，相比GOFAI而言，机器学习一直处于次要地位。这通常归因于马文·明斯基与西摩·帕帕特（Marvin Minsky and Seymour Papert 1969）展示了称为感知器的简单人工神经网络，该人工神经网络无法处理互斥析取（exclusive disjunction）

---

[3]　其中另一种相互竞争范式是情景、具身、动态（SED）框架。SED指的是20世纪80年代以来发展起来的各种人工智能方法，这些方法强调身体及其感知装置对认知不可或缺的重要性（Beer 2014，128）。其倡导者认为，任何只模仿非实体高级认知的工程师智能尝试，在面对具体现实的复杂性时都注定会失败。因此，SED方法既关注机器人技术，也关注人工智能。针对GOFAI的符号表征，SED的先驱罗德尼·布鲁克斯（Rodney Brooks 1991）断言，"最好把世界作为自己的模型"（140）。为了规避框架问题，SED系统"不包含复杂的环境符号模型。信息被留在'外面的世界'，直到系统需要时才会出现"（Copeland 2000）。因此，传感器可以在一定程度上取代符号结构。尽管 ReThink Robotics 等公司已经为产业环境所需生产了基于SED方法的仿人机器人，但SED方法在商业上取得的成功有限。迄今为止，此类产品的商业影响微乎其微，因此本书不讨论此种方法。

第四章 智能产业化：人工智能产业的政治经济史

（一个命题，如果其组成陈述一个为真，一个不为真，则该命题为真实的）的逻辑函数。尽管受到广泛质疑，杰弗里·辛顿（Geoffrey Hinton）、戴维·鲁梅尔哈特（David Rumelhart）和詹姆斯·麦凯兰（James McCelland）于整个20世纪70年代在加利福尼亚大学圣迭戈分校PDP（并行分布处理）小组继续研究机器学习。尼尔森（Nilsson 2010）指出，"在1980年左右之前，机器学习……被一些人视为处于人工智能的边缘"（398）。当PDP小组发表了具有影响力的论文，广泛拓展了机器学习的应用范围后，情况发生了变化（McClelland and Rumelhart 1986）。

与GOFAI相比，机器学习采用了一种截然不同的人工智能研究方法。GOFAI主要用于模拟高层次的认知功能如逻辑推理，而机器学习历来旨在模拟较低层次的认知和感知模式识别功能。早期的机器学习研究人员认为，人工智能研究应首先考虑大脑的结构如何实现智能，而不是哲学家和数学家如何试图在逻辑中重建智能。因此，PDP小组将他们的工作描述为研究认知的"微结构"（McClelland and Rumelhart 1986，79）。他们试图用代码模拟大脑相互连接神经元的复杂网络（Sun 2014）。其中一种方法是人工神经网络（ANN）架构，该架构将相互连接神经元模型集合组建为层级结构。最底层接收输入数据，中间层——也称为隐藏层——处理向上发送的数据，最顶层给出输出。处理过程是并行的，分布在整个网络中。一般来说，人工神经网络的层数越多，所能发现的模式就越复杂，也就能解决越复杂的问题。虽然关于当代人工智能的流行话语经常将人工神经网络与机器学习混为一谈，但两者并不相同。人工神经网络架构是实现机器学习的一种可能方式，而机器学习是实现人工智能的一种方式。④然而，虽然有很多其他方法可以实现机器学习，但本书在讨论机器学习时，还是会考虑到人工神经网络架构，这是为了便于解释，同时也是因为深度学习——当今最热门的人工智能方法——涉及非常庞大的人工神经网络。

除了最初的雄心壮志和架构之外，机器学习与GOFAI的区别还在于其备受推崇的学习能力。然而，机器学习意义上的学习不同于人类的学习。机器学习意味着使用算法自动"从数据中提取模式"（Kaplan 2016，27）。提取模式以另一种算法的形式出现，称为模型。埃瑟姆·阿尔帕伊丁（Ethem Alpaydin 2014）解释说，"要在计算机上解决问题，我们需要一种算法……然而，对于某些任务，我们没有算法"（1）。如果我们不知道如何创建合适的算法，但我们有一些相关的数据，我们或许可以使用机器学习从这些数据中"自动提取算法"（Alpaydin 2014，2）。一旦建立了模型，就可以将其应用于新数据。模型可以是描述性的（用于分析数据），也可以是预测性的（用于从数据中推断），或者两者兼而有之（Alpaydin 2014，3）。

我们已经了解，机器学习依赖于数据。正如我们将要看到的，它需要大量的数据。但是，人工智能是如何使用算法从数据中提取模型的呢？我们将在第六章结合劳动过程更详细地介绍不同类型的机器学习。现在，我们只需要知道机器学习系统通过数据训练来学习。在人工神经网络中，连接各层神经元的突触（synapses）用来代表连接强度的数值"加权"（weighted）。起初，这些数值是随机设置的，输入的数据通过它们"喂养"，

---

④ 关于机器学习方法的多样性，请参见麦肯锡（Mackenzie 2017）著作第八章的论述。

第四章 智能产业化：人工智能产业的政治经济史

网络给出的输出很可能是错误或无用的。学习算法在一个被称为训练的过程中调整这些连接的权重，目的是接近正确的输出，或至少是有用的输出。所生成的模型不仅能在训练数据上正确工作，还能在新数据上正确工作。这就是所谓的"泛化能力"（generalization ability）（Alpaydin 2016，40）。机器学习模型应用的领域很窄，如人脸识别模型无法识别语音。如今，最佳泛化能力意味着模型可以应用于类似领域的新数据。这种最小意义上的泛化与大多数实际存在的人工智能一样接近通用人工智能。[5]

阿尔帕伊丁所描述的转变，即从编写算法来解决已知问题到使用机器学习从数据中自动生成模型，标志着一种新的递归程度，表现其具有新的自动化潜力。在佩德罗·多明戈斯（Pedro Domingos 2015）看来，"工业革命使体力劳动自动化，信息革命使脑力劳动自动化，而机器学习则使自动化本身自动化"（9-10）。从这个角度看，机器学习"与编程相反"，因为有了它，"算法……制造其他算法……计算机编写自己的程序，所以我们不必再编写程序"（Domingos 2015，6-7）。这种说法确实指出了机器学习的突出新颖性，但应谨慎看待。我们不应该根据围绕机器学习的说法就认为它不需要人工干预，或者认为通用人工智能离我们只有几步之遥。我们将在第六章中看到，尽管已经实现了自动化，但机器学习的生产仍然需要大量的人类工作。

---

[5] 在不久的将来，可能有必要重新考虑通用人工智能和实际存在的人工智能，它们基于OpenAI的多种应用语言模型GPT-3（Shardin 2020）的有前途的早期实验和DeepMind对强化学习令人印象深刻的普遍使用而产生，该强化学习在学习如何玩一系列视频游戏（Mnih et al. 2013）。

我们还应避免将机器学习与人类智能进行不必要的类比。虽然机器学习确实是一种递归技术，它"将计算机纳入自己的操作"（Chun 2005，29），但它是通过"蛮力"（brute force）技术实现的，很难直接与人类智能相提并论。如导言所述，人工智能与计算之间的界限是模糊的。人类在短时间内从相对较少的数据中学习，而先进的人工智能则依赖于海量数据集和大量训练，并由庞大的强大计算机阵列驱动（Han and Dally 2018；Press 2018）。例如，2012年，当基于机器学习的第二个人工智能行业时代开始蓄势待发时，谷歌的一个学习识别猫图像的机器学习系统利用了16,000个处理器，从由1000万张图像组成的数据集中进行学习（Markoff 2012）。如今，尖端的机器学习需要的资源要多得多。根据一项分析，2018年最大的机器学习训练过程消耗的计算能力是2012年的30万倍。作者断言，"很难相信最近计算使用量快速增长的趋势会停止"（Sastry et al. 2019）。

20世纪80年代末，当机器学习被应用于语音识别和光学字符识别等领域时，它取得了首次商业成功（Crevier 1993，215-216；Lisboa and Vellido 2000，vii）。到1989年，有300家公司，"其中大多数是由研究人员创办的初创公司，在争夺［人工神经网络］市场"（Crevier 1993，216）。有一种说法认为，1994年全球人工智能市场规模"约为9亿美元，其中北美占三分之二"（Roland and Shiman 2002，214）。然而，到了新千禧年前夕，研究人员承认，"神经网络在'现实世界'中的应用还很少。尽管有一些公司已经开展了神经网络的前瞻性研究，但在日常商业生活中使用神经网络的公司并不多"（Vellido et al.），这种状况要得到改变还需要十年。与此同时，人工智能慢慢重新出现在公众视野中。1997年，IBM的国际象棋棋手GOFAI系统"深蓝"击败了国际象棋大师加里·卡斯帕罗夫（Gary Kasparov），一些实验性的半自动车辆（通常采用机器学习）在受控环境中取得了有限的成功，从而引起了人们的关注。

深度学习：第二个人工智能产业时代

1987年，PDP小组的辛顿从圣地亚哥搬到了多伦多的加拿大高级研究所（CIFAR），在那里，他利用有限的政府资金和一小群学生继续进行机器学习研究。当时，机器学习并不是一个热门话题。到21世纪初，"专门从事神经网络研究的研究人员已减少到不足半打"（Allen 2015）。这是一个"Web 2.0"时代，即应用程序和网站由激增的用户生成的内容所定义，以及普通用户的易用性不断提高（DiNucci 1999，32）。更多后来成为人工智能巨头的公司也在此时出现。2000年，百度成立，专注于互联网搜索，而社交网络脸书则出现在2004年。2006年，辛顿等人展示了后来被称为"深度"的机器学习，因为它使用了拥有多达1000层的人工神经网络（LeCun et al. 2015，436-444；He et al. 2016）。层数的增加使深度学习系统能够发现数据中更复杂的分层模式（LeCun et al. 2015，436）。就在CIFAR的研究人员完善其新的深度学习方法时，全球经济几乎崩溃。

2007—2008年的金融危机是由美国的次级抵押贷款和随之而来的房地产泡沫引发的，并被银行的高频算法交易和各种高风险借贷行为所放大，最终导致全球经济崩溃。政府的大规模救市阻止了银行的全面倒闭，但2009年的大衰退还是降临到了全球。虽然在人工智能产业的背景下提及这场以金融为基础的危机似乎有些奇怪，但它与2000年的互联网崩溃不无关系，今天的几家人工智能巨头都与此有所牵连。卡洛塔·佩雷斯（Carlota Perez 2009）认为，这两次危机应被视为同一个故事的插曲："前者以技术创新为基础，后者以金融创新为基础，信息技术和互联网促进、加速了金融创新，并使之全球化"（802）。虽然科技公司在经济衰退缓解后蓬勃发展，但总的来说，工人却没有任何发展。

2009年后，仅美国就失去了数十万个工作岗位，最富有和最贫穷人口之间的收入不平等大幅加剧，财富向最富有的家庭集中（Federal Reserve 2014）。在全球范围内，劳动力收入在国民收入中所占的份额从20世纪80年代开始持续下降（OECD 2012；IMF 2017）。当世界还在徘徊的时候，辛顿等人通过一项创纪录的语音识别应用展示了深度学习的潜力（Hinton et al. 2012）。人们发现，用于计算机游戏的图形处理器（GPU）非常适用于机器学习所需的密集型并行计算。公司也开始意识到如何捕捉在线活动和移动设备使用所产生的越来越多的数据来训练机器学习模型（Kelly 2014）。

在接下来的几年里，机器学习的市场逐渐打开，人工智能产业开始发展出了当代形式。早期，资本对机器学习生产劳动力十分渴求。CIFAR的大多数研究人员都将自己的研究成果分拆成初创企业，其中许多都被科技巨头收购。辛顿和两名学生亚历克斯·克里热夫斯基（Alex Krizhevsky）与伊利亚·苏茨克沃尔（Ilya Sutskever）于2012年成立了DNNresearch Inc.，将深度学习应用于图像识别和语言处理。该公司赢得了谷歌60万美元的奖励，随后于2013年被这家科技巨头收购。同年，辛

第四章 智能产业化：人工智能产业的政治经济史

顿被谷歌大脑（Google Brain）聘为杰出研究员。克里热夫斯基和苏茨克沃尔也被谷歌聘用，而辛顿的其他学生如扬·勒昆（Yann Lecun）和鲁斯兰·萨拉库季诺夫（Ruslan Salakutdinov）则分别于2013年和2016年受聘领导脸书的人工智能研究小组和苹果的人工智能研究项目。约书亚·本吉奥（Yoshua Bengio）也曾在CIFAR与辛顿共事，他于2015年受聘于IBM。

《经济学人》（2016）在追踪此类进展时指出，"人工智能终于开始兑现承诺"。到2016年，几乎所有的硅谷科技巨头都开设了内部人工智能研究实验室，科技公司首席执行官如谷歌的桑达尔·皮查伊（Sundar Pichai）宣称，计算机技术将从"移动优先"转向"人工智能优先"（D'Onfro 2016）。即使是可以追溯到20世纪中期的企业，如通用电气和IBM，也开始对生产人工智能和将人工智能纳入生产流程产生了兴趣（Woyke 2017；Boyle，2017）。

大约在同一时期，中国开始向人工智能研究投入资金。李开复（Kai-Fu Lee 2018）将2016年DeepMind开发的AlphaGo战胜中国围棋冠军柯洁描述为中国政府和企业的"斯普特尼克时刻"（Sputnik moment）*，而在此之前，中国政府和企业对人工智能的兴趣不大（1）。随后几年，中国最大的科技公司百度、腾讯和阿里巴巴纷纷转向人工智能，中国政府也发布了人工智能计划，随之而来的是政策变化和数10亿美元的投资。在撰写本书时，人工智能产业正处于蓬勃发展的第二个时代。虽然

---

* 斯普特尼克（Sputnik）是苏联于1957年发射的世界第一颗人造卫星的名字，这给美国政府带来很大震撼。所谓斯普特尼克时刻，是指人们为了摆脱外来威胁，应对挑战的时刻。——译者

人工智能产业仍然相对年轻且规模较小，但机器学习正在为新一轮自动化浪潮提供工具，资本希望这将"获得降低劳动成本、增加产量、提高质量和减少停机时间等好处"（Statista 2019，11）。

结　论

本章勾勒了人工智能产业的政治经济史。它表明，人工智能从一开始就与资本、国家和军方有着千丝万缕的联系。人工智能并非仅仅引领纯粹的概念或学术生活；它作为一种自动化技术不断被推进，尽管它尚未提供其倡导者所希望的全部递归性权力财富。专家系统固有的局限性使其成为效率低下的自动化技术，这一点让早期人工智能传播者的希望在很大程度上破灭了，但机器学习的情形可能有所不同。由机器学习带来的、通过自动从数据中提取算法来完成自动化任务的可能性，导致了自动化的不同路径。我将在第六章再讨论这个话题。

参考文献

Abbate, Janet. 2012. *Recoding Gender: Women's Changing Participation in Computing*. Cambridge, MA: MIT Press.

Adelson-Velskii, G.M., et al. 1970. Programming a Computer How to Play Chess. *Russian Mathematical Survey* 25 (221).

Allen, Kate. 2015. How a Toronto Professor's Research Revolutionized Artificial Intelligence. *The Star*, April 17.

Alpaydin, Ethem. 2014. *Introduction to Machine Learning*. Cambridge: MIT

Press.

Alpaydin, Ethem. 2016. *Machine Learning: The New AI*. Cambridge: MIT Press. Angeli, Chrissanthi. 2010. Diagnostic Expert Systems: From Expert's Knowledge to Real-Time Systems. *Advanced Knowledge Based Systems: Model, Applications & Research* 1: 50-73.

Athanasiou, Tom. 1985. Artificial Intelligence: Cleverly Disguised Politics. In *Compulsive Technology: Computers as Culture*, ed. Tony Solomonides and Les Levidow, 13-35. London: Free Association Books.

Backus, John. 1981. The History of FORTRAN I, II and III. In *History of Programming Languages*, vol. 1, ed. Richard L. Wexelblat, 25-45. Academic Press. http://www.softwarepreser vation.org/projects/FOR TRAN/paper/p25-backus.pdf.

Barker, Virginia E., and Dennis E. O'Connor. 1989. Expert systems for configuration at Digital: XCON and beyond. *Communications of the ACM* 32 (3): 298-318.

Beer, Randall D. 2014. Dynamical Systems and Embedded Cognition. In The *Cambridge Handbook of Artificial Intelligence*, ed. Keith Frankish and William M. Ramsey, 128-148. Cambridge: Cambridge University Press.

Bell, Daniel. 1973. *The Coming of Post-Industrial Society: A Venture in Social Forecasting*. New York: Basic Books.

Berman, Bruce. 1992. Artificial Intelligence and the Ideology of Capitalist Reconstruction. *AI & Society* 6: 103-114.

Boden, Margaret A. 2014. GOFAI. In *The Cambridge Handbook of Artificial Intelligence*, ed. Keith Frankish and William M. Ramsey, 89–107. Cambridge: Cambridge University Press.

Boyle, Alan. 2017. IBM Makes a 10-Year, $240 M Investment in Artificial Intelligence Research at MIT. *GeekWire*, September 6. https://www.geekwire.com/2017/ibm-makes-240m-investment-artificial-intelligence-research-mit/.

Braverman, Harry. 1998. *Labor and Monopoly Capital: The Degradation of Work in the Twentieth Century*. New York: NYU Press.

Brooks, Rodney A. 1991. Intelligence Without Representation. *Artificial Intelligence* 47 (1-3): 139-159.

Campbell, Mark. 2020. Automated Coding: The Quest to Develop Programs That

Develop Programs. *Computer* 53 (2, February).

Campbell-Kelly, Martin. 2004. *From Airline Reservations to Sonic the Hedgehog: A History of the Software Industry.* Cambridge: MIT Press.

Castells, Manuel, and Yuko Aoyama. 1994. Paths Towards the Informational Society: Employment Structure in G-7 Countries, 1920-90. *International Labour Review* 133: 5.

Chun, Wendy Hui Kyong. 2005. On Software, or the Persistence of Visual Knowledge. *Grey Room* 18: 26-51.

Cooley, Mike. 1981. On the Taylorisation of Intellectual Work. In *Science, Technology and the Labour Process*, vol. 2, ed. Les Levidow and Robert Young. London: CSE Books.

Cooley, Mike. 1987. *Architect or Bee? The Human Price of Technology*. London: Hogarth Press.

Conway, Flo, and Jim Siegelman. 2006. *Dark Hero of the Information Age: In Search of Norbert Wiener, the Father of Cybernetics.* New York: Basic Books.

Copeland, Jack. 2000. What Is Artificial Intelligence?" *AlanTuring.net.* Accessed 7 Nov 2018. http://www.alanturing.net/turing_archive/pages/reference%20articles/what_is_AI/What%20is%20AI11.html .

Crevier, Daniel. 1993. *AI: The Tumultuous History of the Search for Artificial Intelligence*. New York: Basic Books.

Davis, Randall, Howard Austin, Ingrid Carlbom, Bud Frawley, Paul Pruchnik, Rich Sneiderman, and J.A. Gilreath. 1981. The DIPMETER ADVISOR: Interpretation of Geologic Signals. In *Proceedings of the 7th International Joint Conference on Artificial Intelligence*, vol. 2, 846-849. Morgan Kaufmann Publishers Inc.

Dennett, Daniel. 2006. Cognitive Wheels: The Frame Problem of AI. In *Philosophy of Psychology: Contemporary Readings*, ed. José Luis Bermúdez. New York: Routledge.

DiNucci, Darcy. 1999. Fragmented Future. *Print* 53 (4): 32-33.

Domingos, Pedro. 2015. *The Master Algorithm: How the Quest for the Ultimate Learning Machine Will Remake Our World*. New York: Basic Books.

D'Onfro, Jillian. 2016. Google CEO: We're Headed Towards an 'AI First' World. *Business Insider India*, April 22. https://www.businessinsider.in/Google-CEO-

Were-headed-towards-an-AI-first-world/articleshow/519350 48.cms.
Drucker, Peter. 1957. *Landmarks of Tomorrow*. New York: Harper and Brothers.
Edwards, Jim. 2016. One of the Kings of the '90s Dot-Com Bubble Now Faces 20 Years in Prison. *Business Insider*, December 6. https://www.businessinsider.com/where-are-the-kings-of-the-1990s-dot-com-bubble-bust-2016-12.
Edwards, Paul N. 1996. *The Closed World: Computers and the Politics of Discourse in Cold War America*. Cambridge: MIT Press.
Ensmenger, Nathan, and William Aspray. 2002. Software as Labor Process. In *History of Computing: Software Issues*, 139-165. Berlin: Springer.
Federal Reserve. 2014. Changes in U.S. Family Finances from 2010 to 2013: Evidence from the Survey of Consumer Finances. *Federal Reserve Bulletin* 100 (4, September). https://www.federalreserve.gov/pubs/bulletin/2014/pdf/scf14.pdf.
Feigenbaum, Edward A. 1961. Soviet Cybernetics and Computer Sciences, 1960. *Communications of the ACM* 4 (12): 566-579.
Feigenbaum, Edward A. 1968. Artificial Intelligence: Themes in the Second Decade. AI-MEMO-67. Stanford University Department of Computer Science. https://stacks.stanford.edu/file/druid:cc421zn5789/cc421zn5789. pdf.
Feigenbaum, Edward A., and Julian Feldman (eds.). 1963. *Computers and Thought*. New York: McGraw-Hill.
Feigenbaum, Edward A., and Pamela McCorduck. 1984. *The Fifth Generation*. London: Pan Books.
Feigenbaum, Edward A., Pamela McCorduck, and Penny Nii. 1988. *The Rise of the Expert Company*. New York: Times Books.
Frankish, Keith, and William M. Ramsey (eds). 2014. *The Cambridge Handbook of Artificial Intelligence*. Cambridge: Cambridge University Press.
Gerovitch, Slava. 2004. *From Newspeak to Cyberspeak: A History of Soviet Cybernetics*. Cambridge: MIT Press.
Gerovitch, Slava. 2011. Artificial Intelligence with a National Face: American and Soviet Cultural Metaphors for Thought. In *The Search for a Theory of Cognition: Early Mechanisms and New Ideas*, ed. Stefano Franchi and Francesco Bianchini. New York: Rodopi.
Goldfarb, Brent D., Michael D. Pfarrer, and David Kirsch. 2005. Searching for

Ghosts: Business Survival, Unmeasured Entrepreneurial Activity and Private Equity Investment in the Dot-Com Era. *Robert H. Smith School Research Paper* No. 06-027.

Grier, David Alan. 2005. *When Computers Were Human*. Princeton: Princeton University Press.

Han, Song, and William J. Dally. 2018. Bandwidth-Efficient Deep Learning. In *DAC '18: The 55th Annual Design Automation Conference*, June 24-29, San Francisco, CA, USA. ACM: NY, USA, 6 pages. https://doi.org/10.1145/3195970.3199847.

Harvey, David. 2007. *A Brief History of Neoliberalism*. Oxford: Oxford University Press.

Haugeland, John. 1989. *Artificial Intelligence: The Very Idea*. Cambridge: MIT Press.

He, Kaiming, Xiangyu Zhang, Shaoqing Ren, and Jian Sun. 2016. Deep Residual Learning for Image Recognition. In *Proceedings of the IEEE Conference on Computer Vision and Pattern Recognition*, 770-778. http://openaccess.thecvf.com/content_cvpr_2016/papers/He_Deep_R esidual_Learning_CVPR_2016_paper.pdf.

Hedberg, Sara Reese. 2002. DART: Revolutionizing Logistics Planning. *IEEE Intelligent Systems* 17 (3): 81-83.

Hinton, Geoffrey, Li Deng, Yu. Dong, George Dahl, Abdel-Rahman Mohamed, Navdeep Jaitly, Andrew Senior, Vincent Vanhoucke, Patrick Nguyen, Tara N. Sainath, and Brian Kingsbury. 2012. Deep Neural Networks for Acoustic Modeling in Speech Recognition. *IEEE Signal Processing Magazine* 29: 82-97.

Hofstadter, Douglas R. 1979. *Gödel, Escher, Bach: An Eternal Golden Braid*. New York: Basic Books.

Husbands, Philip, Owen Holland, and Michael Wheeler (eds). 2008. *The Mechanical Mind in History*. Cambridge, MA/London: MIT Press.

IMF. 2017. Chapter 3: Understanding the Downward Trend in Labor Income Shares. *World Economic Outlook* 2017. https://www.imf.org/en/Publicati ons/WEO/Issues/2017/04/04/world-economic-outlook-april-2017.

Johnston, John. 2008. *The Allure of Machinic Life: Cybernetics, Artificial Life, and the New AI*. Cambridge, MA: MIT Press.

Kaplan, Jerrold. 1984. The Industrialization of Artificial Intelligence: From By-Line to Bottom Line. *AI Magazine* 5 (2): 51.

Kaplan, Jerry. 2016. *Artificial Intelligence: What Everyone Needs to Know*. Oxford: Oxford University Press.

Kelly, Kevin. 2014. The Three Breakthroughs That Have Finally Unleashed AI on the World. *Wired*, October 27. https://www.wired.com/2014/10/fut ure-of-artificial-intelligence/.

Klahr, Philip, and Donald A. Waterman. 1986. Artificial Intelligence: A RAND Perspective. *AI Magazine* 7 (2): 54.

Kline, Ronald. 2011."Cybernetics, Automata Studies, and the Dartmouth Conference on Artificial Intelligence." *IEEE Annals of the History of Computing* 33 (4): 5-16.

Kline, Ronald. 2015. *The Cybernetics Moment: Or Why We Call Our Age the Information Age*. Baltimore: Johns Hopkins.

Kraft, Arnold. 1984. XCON: An Expert Configuration System at Digital Equipment Corporation. In *The AI Business: The Commercial Uses of Artificial Intelligence*, ed. P.H. Winston and K.A. Prenderghast. Cambridge: MIT Press.

Laitinen, Herbert A. 1970. Reverberations from the Mansfield Amendment. *Analytical Chemistry* 42 (7): 689.

Leaver, Eric W., and John J. Brown. 1946. Machines Without Men. *Fortune* 34 (11): 165-204.

LeCun, Yan, Yoshua Bengio, and Geoffrey Hinton. 2015. Deep Learning. *Nature* 521: 436-444.

Lederberg, Joshua. 1987. How DENDRAL Was Conceived and Born. In *Proceedings of the ACM Symposium on the History of Medical Informatics*. National Library of Medicine. https://profiles.nlm.nih.gov/ps/access/BBA LYP.pdf.

Lee, Kai-Fu. 2018. *AI Superpowers: China, Silicon Valley, and the New World Order*. New York: Houghton Mifflin Harcourt.

Le Grand, Rupert. 1948. Ford Handles with Automation. *American Machinist* 92: 107-109.

Licklider, Joseph C.R. 1960. Man–Computer Symbiosis. *IRE Transactions on*

Human Factors in Electronics 1: 4-11.

Liebowitz, Jay. 1997. Worldwide Perspectives and Trends in Expert Systems: An Analysis Based on the Three World Congresses on Expert Systems. *AI Magazine* 18 (2): 115.

Light, Jennifer S. 1999. When Computers Were Women. *Technology and Culture* 40 (3): 455-483.

Lisboa, P.J.G., and Alfredo Vellido. 2000. Preface: Business Applications of Neural Networks. In *Business Applications of Neural Networks: The State-of-the-Art of Real-world Applications*, ed. P.J.G. Lisboa, Bill Edisbury, and Alfredo Vellido. Singapore: World Scientific.

Little, Becky. 2017. The First 1940s Coders Were Women—So How Did Tech Bros Take Over? *History.com*, September 1. https://www.history.com/news/coding-used-to-be-a-womans-job-so-it-was-paid-less-and-under valued.

Mackenzie, Adrian. 2017. *Machine Learners: Archaeology of a Data Practice*. Cambridge: MIT Press.

Malinovsky, Boris. 2010. *Pioneers of Soviet Computing*, ed. Anne Fitzpatrick, trans. Emmanuel Aronie. Published electronically. http://www.sigcis.org/files/SIGCISMC2010_001.pdf.

Markoff, John. 2012. How Many Computers to Identify a Cat? 16,000. *The New York Times,* June 25. https://www.nytimes.com/2012/06/26/technology/in-a-big-network-of-computers-evidence-of-machine-learning.html.

McCarthy, John, Martin Minsky, N. Rochester, and Claude Shannon. 1955. A Proposal for the Dartmouth Summer Research Project on Artificial Intelligence. Accessed 6 Nov 2018. http://www-formal.stanford.edu/jmc/history/dartmouth/dartmouth.html.

McClelland, J.L., and D.E. Rumelhart. 1986. *Parallel Distributed Processing: Explorations in the Microstructure of Cognition*. Cambridge: MIT Press.

Minsky, Marvin, and Seymour Papert. 1969. *Perceptrons: An Introduction to Computational Geometry*. Cambridge: MIT Press.

Mnih, Volodymyr, Koray Kavukcuoglu, David Silver, Alex Graves, Ioannis Antonoglou, Daan Wierstra, and Martin Riedmiller. 2013. Playing Atari with Deep Reinforcement Learning. *arXiv Preprint*. arXiv:1312.5602.

National Research Council. 1999. *Funding a Revolution: Government Support for*

Computing Research. Washington, DC: National Academies Press.

National Research Council and Automatic Language Processing Advisory Committee. 1966. *Language and Machines: Computers in Translation and Linguistics: A Report*, vol. 1416. Washington, DC: National Academies Press.

Newell, Allen, and Herbert A. Simon. 1976. Computer Science as Empirical Inquiry: Symbols and Search. *Communications of the ACM* 19 (3): 113-126.

Nilsson, Nils. 2010. *The Quest for Artificial Intelligence*. Cambridge: Cambridge University Press.

Noble, David. 1986. *Forces of Production: A Social History of Industrial Automation*. Piscataway, NJ: Transaction Publishers.

Oakley, Brian, and Kenneth Owen. 1989. *Alvey: Britain's Strategic Computing Initiative*. Cambridge: MIT Press.

OECD. 2012. Chapter 3: Labour Losing to Capital: What Explains the Declining Labour Share? *OECD Employment Outlook* 2012. https://www.oecd.org/els/emp/EMO%202012%20Eng_Chapter%203.pdf.

Perez, Carlota. 2009. The Double Bubble at the Turn of the Century: Technological Roots and Structural Implications. *Cambridge Journal of Economics* 33 (4): 779-805.

Peters, Benjamin. 2016. *How Not to Network a Nation: The Uneasy History of the Soviet Internet*. Cambridge: MIT Press.

Press, Gil. 2018. The Brute Force of IBM Deep Blue and Google DeepMind. *Forbes*, Februaryhttps://www.forbes.com/sites/gilpress/2018/02/07/the-brute-force-of-deep-blue-and-deep-learning.

Ramtin, Ramin. 1991. *Capitalism and Automation: Revolution in Technology and Capitalist Breakdown*. London: Pluto Press.

Rich, Charles, and Richard C. Waters. 1988. The Programmer's Apprentice: A Research Overview. *Computer* 21 (11): 10-25.

Roland, Alex, and Philip Shiman. 2002. *Strategic Computing: DARPA and the Quest for Machine Intelligence, 1983–1993*. Cambridge: MIT Press.

Sammet, Jean E. 1969. *Programming Languages; History and Fundamentals*. Englewood Cliffs, NJ: Prentice Hall.

Samuel, Arthur L. 1959. Some Studies in Machine Learning Using the Game of Checkers. *IBM Journal of Research and Development* 3 (3): 210-229.

Sastry, G., J. Clark, G. Brockman, and I. Sutskever. 2019. Compute Used in Older Headline Results. *OpenAI Blog*. Last accessed 5 May 2020. https://openai.com/blog/ai-and-compute/#addendum.

Schiller, Dan. 1999. *Digital Capitalism: Networking the Global Market System*. Cambridge: MIT Press.

Shardin, Anton. 2020. Apps and Startups Powered by GPT-3. *Leta Capital*, October 29. https://medium.com/letavc/apps-and-startups-pow ered-by-gpt-3-976c55dbc737.

Simon, Herbert A., and Allen Newell. 1958. Heuristic Problem Solving: The Next Advance in Operations Research. *Operations Research* 6 (1): 1-10.

Smith, Tony. 2000. *Technology and Capital in the Age of Lean Production: A Marxian Critique of the 'New Economy'*. Albany, NY: SUNY Press.

Statista. 2019. *In-Depth: Artificial Intelligence 2019: Statista Digital Market Outlook*. Statista.

Steels, Luc, and Brice Lepape. 1993. Knowledge Engineering in Esprit. *IEEE Expert* 8 (4): 4-10.

Sun, Ron. 2014. Connectionism and Neural Networks. In The *Cambridge Hand book of Artificial Intelligence*, ed. Keith Frankish and William M. Ramsey, 108-127. Cambridge: Cambridge University Press.

The Economist. 2016. The Return of the Machinery Question, June 23. https://www.economist.com/special-report/2016/06/23/the-return-of-the-machin er y-question.

US Bureau of Labor Statistics. 1993. Labor Composition and U.S. Productivity Growth, 1948-90. https://www.bls.gov/mfp/labor_composition.pdf.

Vellido, Alfredo, Paulo J.G. Lisboa, and J. Vaughan. 1999. Neural Networks in Business: A Survey of Applications（1992-1998）. *Expert Systems with Applications* 17 (1): 51-70.

Wallén, Johanna. 2008. *The History of the Industrial Robot*. Linköping: Linköping University Electronic Press.

Webster, Frank. 2014. *Theories of the Information Society*. New York: Routledge.

Wiener, Norbert. 1949. Father of Cybernetics Norbert Wiener's Letter to UAW President Walter Reuther. *LibCom*. https://libcom.org/history/father-cybernetics-norbert-wieners-letter-uaw-president-walter-reuther.

Wiener, Norbert. 2019 [1948]. *Cybernetics*. Cambridge, MA: MIT Press.
Womack, James P., Daniel T. Jones, and Daniel Roos. 1990. *The Machine That Changed the World*. New York: Macmillan.
Woyke, Elizabeth. 2017. General Electric Builds an AI Workforce. *MIT Technology Review*, June 27. https://www.technologyreview.com/s/607962/general-electric-builds-an-ai-workforce/.

第五章　机器学习与固定资本：
　　　当代人工智能产业

引　言

作为人工智能产业第二个时代的当代人工智能商品是相对较小但高度集中和竞争激烈产业的产物，该产业是更大的科技产业中一个不断发展的部门。在本章中，我将对该产业的结构和动态进行考察。上半部分讨论该产业的资本方面，包括其规模、空间分布以及有别于其他产业的特点，还包括国家的参与、云计算的中心地位、新兴的专有人工智能硬件市场和开源人工智能现象。下半部分讨论该产业的劳工方面。我区分了产业中的不同角色，从报酬丰厚的数据科学家到有时一天只赚几美元的"幽灵工人"。我还讨论了人工智能产业是如何按性别和种族分层的，其特点是性别歧视猖獗，以及这些特点是如何对围绕机器学习（从数据中提取模式）而建立的产业产生独特影响的。最后，我将讨论人工智能产业以及更大的科技产业中的工人如

第五章　机器学习与固定资本：当代人工智能产业

何逆非政治主义历史潮流而动，并开始针对人工智能的种族主义、性别歧视和军事化等问题而组织起来的。

但首先，让我们像上一章那样，勾勒一下当代人工智能产业所处的政治经济大环境中的一些重要因素。其中第一个是平台，包括所有主要人工智能生产商的许多公司，都在2008年金融危机后对其技术和商业模式等进行了重构。平台模式围绕收集和使用数据展开。尼克·斯尼切克（Nick Srnicek 2017）将平台定义为"使两个或更多群体能够互动"的"数字基础设施"，其通常"附带一系列工具，这些工具使得用户能够构建自己的产品、服务和市场"（43）。平台资本抓取经过平台的数据并出售，还将数据用作生产其他商品的输入。数据是销售机器学习商品的人工智能生产商增殖过程中非常重要的输入。机器学习和平台形成了一个良性循环。平台收集数据，而机器学习通过数据进行训练。反过来，机器学习又提供了优化平台功能的各种方法（例如，通过微目标广告优化平台功能）。数据收集需要监控，因此当价值评估依赖数据收集时，资本也依赖监控。贪婪地收集数据并不是平台模式不幸的副作用，而是其必要组成部分之一。监控与人工智能相辅相成。

第二个因素是全球市场上廉价劳动力的供应日益减少，尤其是在中国。自1978年中国向世界市场开放以来，来自全球北方的资本逐渐习惯于利用中国丰富的廉价制造业的劳动力。然而，自2005年以来，中国劳动成本至少增加了三倍，自2017年以来，该成本已经超过了巴西、阿根廷和墨西哥的劳动成本（Gao 2017）。不难看出，资本对人工智能的热情至少在一定程度上是对劳动成本增加的反应。随着劳动成本的上升，自动化的动力也随之提升。智库布鲁金斯学会的研究人员简洁明了地指出，"工资上涨使得计算机在越来越多的低技能任务中具有成本效益"（Karsten and West 2015）。在中国，大型资本已经感受到了压力。瑞典瑞士合营公司 ABB Robotics 报告称，2020 年底，"中国的机器人销量将增加 90%"（Revill 2021）。对于试图"转移"业务的美国资本来说，劳动成本也是一个问题。一个好玩的例子发生在 2016 年，美国总统特朗普大肆宣扬他成功地迫使制造商开瑞尔（Carrier）取消了将 1000 个工作岗位从印第安纳州迁往墨西哥的计划。然而，开瑞尔公司总裁后来承认，"为了继续保持竞争力"，公司将在自动化方面投资 1600 万美元，这"最终意味着……工作岗位将会减少"（Turner 2016）。

第三个因素是人们对人工智能军事应用的新兴趣。美国的反恐战争已经在网络战方面投入了大量资金，但俄罗斯干预 2016 年美国大选的消息曝光后，人们再次关注信息技术可能被用于进攻的方式。过去 10 年间，军方还资助开发了融合各种人工智能的军事技术，其中包括无人机、战场机器人和半机械人士兵增强技术（Scharre 2018；Surber 2018）。2017 年，俄罗斯总统普京宣称："谁在人工智能领域领先，谁将统治世界"（RT 2017）。其他国家政府似乎也同意这一点。美国国防部于 2018 年成立了 JAIC（联合人工智能中心），其使命是"通过加速供应和使用人工智能来改造国防部"（CIO DoD 2018）。包括洛克希德·马丁公司（Lockheed Martin）在内的美国五大国防承包商都在开展人工智能项目（Roth 2019），谷歌等主要人工智能生产商也一直（经常是秘密地）接受军事机构的合同，这让许多员工感到懊恼。虽然谷歌已承诺不再研发攻击性武器，但奥伯豪斯（Oberhaus 2018）认为，军方与人工智能生产商之间的互动不太可能停止，因为人工智能生产商必须继续销售商品：

"一旦你主导了民用市场，资本主义的增长需求就不会神奇地停止。"人工智能产业究竟会如何分化，还有待观察。当然，平台、劳动成本上升和人工智能军事化只是几个相关的背景因素。不过，它们为我们研究当代人工智能产业提供了一个框架。

人工智能产业图谱

今天的人工智能产业是全球性的，尽管集中程度不均衡，但最大的人工智能企业位于美国和中国。截至2018年，拥有人工智能企业最多的四个国家分别是美国（2028家）、中国（1011家）、英国（392家）和加拿大（285家）（《2018年中国人工智能发展报告》）。在美国，人工智能生产主要由大型科技公司谷歌、亚马逊、微软、脸书、英特尔和苹果主导，还有一些老牌公司如IBM和西门子以及初创公司如数据机器人（DataRobot）和优步。在中国，人工智能产业围绕所谓的BAT展开，由大型科技公司百度、阿里巴巴和腾讯以及商汤科技等实力雄厚的初创公司组成（表5.1）。

表5.1 人工智能技术巨头与"巨无霸"（2019年）

公司名称	销售额（亿）	利润（亿）	资产（亿）	市值（亿）	员工（个）	所属国家	全球资产排名
苹果	2617	594	3737	9613	132,000	美国	6
亚马逊	2329	101	1626	9161	647,500	美国	28
Alphabet	1370	307	2328	8632	98,771	美国	17
通用电气	1216	224（亏损）	3177	8140	283,000	美国	389
微软	1182	335	2589	9465	131,000	美国	16

续表

公司名称	销售额（亿）	利润（亿）	资产（亿）	市值（亿）	员工（个）	所属国家	全球资产排名
西门子	983	55	1642	970	379,000	德国	64
IBM	787	86	1309	1249	381,100	美国	60
英特尔	708	211	1280	2631	107,400	美国	44
脸书	558	221	973	5120	35,587	美国	63
阿里巴巴	519	103	1337	4808	101,958	中国	59
腾讯	472	119	1054	4721	54,309	中国	74
百度	154	42	433	597	42,267	中国	297

数据来自Murphy等（2019）

虽然因为研究内容不同而得到的数据差异很大，但人工智能产业无疑在不断增长。人工智能产业的全球收入在2015年约为50亿美元，到2019年增至大约150亿美元和370亿美元之间（Statista 2020）。智库Tractica（2019）预计，到2025年，全球人工智能产业收入将增至898.5亿美元，但另一项分析认为，到2025年，全球人工智能产业收入将超过1250亿美元（Statista 2020）。通过观察初创公司，我们可以确认该产业的增长。2014年，获得风险投资的人工智能初创企业不到1000家，但到了2018年，这一数字已增至3000多家（Perrault et al. 2019，88）。对人工智能初创企业的投资从2010年的13亿美元增加至2018年404亿美元（Perrault et al.）。一项预测表明，到2021年，人工智能初创企业的投资额将达到522亿美元（International Data Corporation 2018）。虽然对这些预测应持谨慎态度，但它们确实准确地表明了资本对人工智能的热情。

无论从哪个角度看，人工智能产业都是新兴产业，方兴未艾。2016年的一项研究（针对1548家人工智能公司）报告称，62%的公司仍处于"实验室项目"阶段，仅有5.6%的公司已做好"业务战略方向"的准备（Naimat 2016，6）。虽然现在肯定有更多的公司在市场上推出了人工智能商品，但对此尚未有后续研究。根据一项基于1388份回馈的最新研究，2019年，超过50%的受访公司在生产或分析中使用了人工智能（Magoulas and Swoyer 2020）。这当然不能代表世界上所有的公司，但无论如何，这是一个令人惊讶的高数值。

虽然媒体报道的重点往往是最前沿的人工智能研究，比如DeepMind的AlphaGo采用的深度学习，但目前大多数人工智能商业应用采用的都是较为简单的方法。我采访过的一家初创公司的首席执行官托鲁（Tolu）告诉我："工业界的需求与学术界的进展之间越来越不匹配……很多花哨的神经网络方法……没人想要。企业……需要文本处理、语音识别，他们需要的是底层（技术），而不是第400层（的技术）。"不过，随着深度学习的发展及其成本的降低，这种情况可能会有所改变。

机器学习的应用领域非常广泛，这里无法一一详述。一些常见的应用包括"朋友推荐、广告定位、用户兴趣预测、供需模拟和搜索结果排名"（Dong 2017）。然而，人工智能商品也可用于教育、农业和物流等各行各业（Zilis and Cham 2016）。根据一项研究显示，人工智能最受欢迎的应用领域是广告和客户资源管理（Pham 2017）。另一项研究表明，医疗保健、金融和市场营销是最主要的领域（Faggella 2019）。就我们的目的而言，只需效仿布林约尔松和迈克菲（Brynjolfsson and McAfee 2017），他们具有启发性地将人工智能产业映射为感知和认知两个广泛且重叠的领域。

在这种情况下，感知是感官设备的机器执行。它包括物体识别、面部识别、字符识别、语音识别和机器翻译等子领域。人工智能感知在一些狭窄的领域已经超越了人类的表现。2016年，一个物体分类识别系统出现在一项标记ImageNet数据集的任务中，其错误率低于3%，该数据集是一个用于训练机器学习模型的图像集合，也经常被用作基准。而人类在这方面的平均水平为5%（Perrault et al. 2019，67）。据报道，2018年，微软的一个系统在将新闻报道从中文翻译为英文时，其在质量和准确性方面均达到了人类水平（Perrault et al. 2019，68）。目前，用于图像、视频、文档和语音的人工智能感知软件已投入商用。例如，谷歌通过谷歌云人工智能平台销售图像识别性能。客户可以将预先训练好的机器学习模型嵌入其网站或应用程序中，自动检测照片中的情感、物体或明确内容。谷歌和微软都提供免费的在线翻译服务，但也为企业销售功能更强大的版本。除了这些通用选项外，至少还有十几家公司为从医学到军事等特定领域提供专业翻译系统。

布林约尔松和迈克菲所说的认知，在当今以机器学习为基础的人工智能产业中，更准确地说是分类和预测。分类是一种流行的机器学习商业应用，因为在许多可能的情况下，自动确定给定的实体或数据点是否属于X类或Y类可能是有用和有利可图的。例如，保险公司正在使用机器学习驱动的分类来汇总驾驶员的实时电话数据，从而根据驾驶员是否符合良好驾驶标准来获得精细的"行为保费定价"（Faggella 2020）。预测是指从分类中推断以猜测未来可能发生的事情，或者在缺乏数据情况下对某些情势进行猜测。例如，人们可能想预测信用卡交易是否存在欺诈行为。征信机构Equifax声称应用机器学习已将其信用评分模型的预测能力提高了15%（Press 2017）。总之，从广义上讲，感知和认知是当今人工智能商品提供的两项主要功能。什么样的公司生产这样的商品？

人工智能资本构成

参与人工智能产业的主要有五类组织。一是来自美国和中国的少数巨型科技资本，如谷歌和百度。二是工业制造业的"巨无霸"，如通用电气和西门子，它们正试图通过转向人工智能生产来实现其现代化。三是遍布全球的众多创业公司。四是智库和研究实验室。这些机构由慈善、学术、工业和政府组合起来的资源共同资助，其中有些是非营利性组织。国家对人工智能生产的参与程度很高的机构构成第五类组织。在下面的章节中，我将对每一类组织的实例进行分析。

人工智能科技巨头

2016年，《经济学人》指出，在"硅谷，少数几家巨头正在享受自19世纪末以来连强盗权贵都未曾见过的市场份额和利润率"。这些强大的科技资本都已进入人工智能的生产领域，正如我们所见，它们与以数据为中心特征的平台有着循环关系。对数据的需求促使这些公司向任何可以提取数据的市场和行业进行根茎式扩张。关于这种根茎式扩张主义，尼克·斯尼切克（Nick Srnicek 2017）提出了一种"趋同论"（convergence thesis）或这样一种理论，即"不同的平台公司在蚕食相同的[关键]市场和数据领域时，往往会变得越来越相似"（107）。仅举几个例子，搜索公司谷歌收购了视频流媒体网站YouTube，并试图创建一个社交媒体平台（Google+），而社交媒体平台脸书则试图进军亚马逊占主导地位的在线零售业。亚马逊通过 Spark 进军社交媒体，以及通过 Prime Video 进军视频流媒体，均告失败。脸书甚至提出发行自己的加密货币 Libra，为公司提供支付数据，而谷歌则通过谷歌支付获得类似的数据。无论斯尼切克的"趋同论"是否完全正确，人工智能似乎在很大程度上验证了这一论点。科技巨头们都倾向于采用基于云的人工智能模式，同时提供免费的产品服务，如 Gmail、谷歌地图和谷歌翻译等，这些服务是以用户数据的访问权和所有权为交换条件（或多或少是默许的）。从这些服务的用户那里收集到的数据被反馈到应用程序中，以改善这些程序的功能。

值得注意的是，尽管人们对人工智能充满期待，而且它在科技巨头的自我展示中扮演着越来越核心的角色，但迄今为止，人工智能对收入的直接贡献仍然很小。例如，2019年，谷歌的整体收入仍有约85%来自广告，而脸书的比例甚至更高（Schomer 2019）。然而，人工智能对于谷歌和脸书所依赖的微目标广告至关重要，这些广告是根据特定用户的行为和偏好数据为其量身定制的，因此其对企业收入的间接贡献肯定更大。

我将以谷歌为例，探讨科技巨头的典型特征。

谷歌公司成立于1998年，经历了2000年至2002年的互联网崩溃并在此后迅速提升了公司的技术层次。基于谷歌搜索算法的早期成功，该公司扩张了其数字领域业务，目前拥有世界上最流行的搜索引擎、最流行的网络浏览器（Chrome），使用最广泛的移动操作系统（Android）、最流行的流媒体视频平台（YouTube）和非常流行的电子邮件服务（Gmail）。

2011年，随着谷歌大脑实验室的成立，谷歌首次公开涉足

第五章 机器学习与固定资本：当代人工智能产业

人工智能领域。谷歌大脑制定了自己的研究议程，同时开展人工智能基础研究和商业化研究。其员工在学术场合展示和发表他们的研究成果，并通过谷歌人工智能博客进行分享。2012年，谷歌大脑研究人员展示了一个深度学习系统，该系统学会了识别图像中的猫（Markoff 2012），这使得谷歌大脑受到媒体关注。在这一壮举之后，谷歌又开展了一系列有影响力的人工智能研究，包括基于机器学习对谷歌翻译进行全面改造，大大提高了翻译质量。谷歌在内部应用人工智能研究的程度无法估计，据谷歌一位高管称，到2015年，谷歌大脑产生的价值足以抵消公司的大量投机性投资（Dougherty 2015）。

与大多数人工智能科技巨头一样，谷歌生产的人工智能既面向消费商品（非生产性用途）市场，也面向固定资本（用于生产过程）市场。谷歌最引人注目的人工智能消费商品可能是2016年首次生产的谷歌Home"智能音箱"。它是谷歌助手（Google Assistant）的物理平台，利用语音识别技术，通过口语命令执行娱乐、组织和家庭自动化任务，同时还可作为数据收集设备发挥作用（Langley and Tuohy 2019）。不过，谷歌最重要的人工智能商品是作为固定资本出售给其他资本使用的。这主要是通过谷歌云平台实现的，该平台在2017年的季度收入为10亿美元，似乎是公司内部增长最快的部门（Trefis Team 2019）。然而，谷歌的云技术却落后于亚马逊，后者是市场占有率达35%的主要云提供商（Miller 2017）。阿里巴巴、IBM、微软、Salesforce和甲骨文也提供其他云平台。

人工智能研究所需的计算能力持续而快速地增长。对于大多数公司来说，拥有必需的硬件是不可行的，他们只能从云提供商那里租用硬件。根据阿莫代伊和赫南德兹（Amodei and

Hernandez 2018）的计算，自2012年以来，用于训练最强大的机器学习系统的计算能力每3.5个月就会翻一番，而且看不到尽头。为了了解当代人工智能生产所需的成本，谷歌的研究人员自豪地报告说，他们在"仅120万美元"的最低硬件预算下进行的实验一次性取得了成功，而脸书的类似实验则花费了410万美元（转引自Perez 2017）。

谷歌的云人工智能产品包括一个供人工智能开发人员训练模型的平台，以及各种"即插即用的人工智能组件"，这些组件"使开发人员能够很容易将景象、语言、对话和结构化数据添加到他们的应用程序中"（Google，nd-a）。这些产品可帮助数据科学家和其他熟练的人工智能工作者将现有的机器学习模型整合到业务流程中。谷歌还针对缺乏机器学习专业知识的用户，提供常见业务问题的"预打包"解决方案。"文档理解人工智能"（Document Understanding AI）可自动阅读和处理文档，而"接触中心人工智能"（Contact Center AI）可通过语音或文本自动提供客户服务（Google，n.d.-b）。最后正如我将在下一章详细讨论的那样，自2018年以来，谷歌一直在提供一种"企业构建新算法的自动化方式"（Metz 2018b）。这项自动机器学习服务旨在为缺乏机器学习专业知识的企业提供制作机器学习模型的可能性。

与所有科技巨头一样，谷歌也会收购有前途的初创公司。从2009年到2020年，谷歌收购了30家人工智能初创公司，是收购企业数量最多的科技巨头（Hurst 2020）。2014年，谷歌以4亿英镑收购了英国公司DeepMind，一家"没有收入或市场化产品的初创公司"（*The Economist* 2017）。此后，DeepMind开展了突破性的机器学习研究，如围棋对弈机器人AlphaZero。

它们将自己的首要目标描述为创造通用人工智能,并声明自己的使命是"解决智能问题,利用它让世界变得更美好"(DeepMind,n.d.)。与此同时,谷歌正在将DeepMind的研究成果用于医疗保健商品中,并利用DeepMind的研究成果,(通过预测性调整分布)将谷歌数据中心的制冷能耗降低了40%以上(Evans and Gao 2016)。

总之,谷歌是典型的人工智能巨头,因为它越来越多地将人工智能功能整合到各种业务流程中,其中大部分流程都能让谷歌获得大量数据,从而用于扩大人工智能工作。与大多数人工智能巨头一样,谷歌同时为消费商品市场和固定资本市场生产产品,并通过云平台提供大部分商品。谷歌还参与收购人工智能初创企业,并不断努力打入新市场。然而,谷歌与其他巨头的不同之处在于其庞大规模、多元性质以及在研究方面的大量投资。用户在使用互联网时,几乎"绕不开"谷歌的产品或服务。

人工智能"巨无霸"

人工智能"巨无霸"通用电气(GE)成立于1892年,是一家与众不同的人工智能公司。通用电气最初是一家电机制造商,也是早期计算机技术行业的贡献者。如今,通用电气是一家企业集团,投资领域从医疗保健到航空,应有尽有。它在2015年左右开始投资人工智能。通用电气和其他人工智能"巨无霸"如西门子(成立于1847年)一样,主要致力于为工业制造生产人工智能固定资本产品。科技巨头在制造业领域涉足不多,因此"巨无霸"们目前几乎可以自由发挥(Walker 2019)。通用电气提供一系列人工智能咨询服务,但其主要关注点是人工智能驱动的平台，提供监控和模拟生产流程的能力。iFIX 是一个由机器学习驱动的工业自动化系统，可以让工厂操作员在一个应用程序中查看和控制工厂的所有相关操作。通用电气还在销售 Predix 工业物联网平台，并将其作为工厂的操作系统进行销售（Passieri 2015）。Predix 整合了生产和流通过程中的数据，实现了预测性管理。西门子也提供名为 MindSphere 的类似产品，该产品被描述为"基于云的开放式物联网操作系统……可连接您的产品、工厂、系统和机器"（Siemens, n.d.）。与科技巨头一样，人工智能"巨无霸"也热衷于收购初创企业。从 2007 年到 2017 年，西门子斥资 100 亿美元用以收购软件初创企业（Walker 2019）。人工智能"巨无霸"从人工智能巨头那里购买技术（如通用电气使用亚马逊的网络服务，西门子使用 IBM 的沃森分析），同时也在开发自己的内部技术。这些公司是否会与人工智能科技巨头融合还有待观察，不过通用电气似乎不太可能在短期内投资自己的社交媒体网络。

人工智能初创企业

初创企业是科技产业备受赞誉的典范。它们是规模较小的公司，通常依赖风险投资。我采访过的初创公司员工规模从 6 名员工到 30 多名员工不等。人工智能初创公司的业务模式多种多样。它们可能销售预制的机器学习模型、提供由自己的机器学习模型产生的见解、销售服务或专用硬件。预制的机器学习模型可用于许多领域。我的受访者制作了语音生物统计系统、用于营销和广告的预测模型以及用于医疗的机器视觉模型，这些只是几个很少的例子。提供见解或服务的公司采用咨询业务模式，或为其他企业构建或协助构建定制的人工智能系统。我的一位受访者为银行提供咨询，而另一位受访者则为智能电器的自然语言处理系统提供服务。

法比安（Fabian 2018）认为，2018年全球人工智能初创企业总数为3465家。人工智能初创企业的数量总是在不断变化，因为许多企业破产，而另一些企业则被更大的公司收购。在2017年退出市场的120家人工智能初创公司中，有115家被收购（Patrizio 2018）。在谷歌收购DeepMind这一知名案例中，当时DeepMind并没有成功的产品，这种情况并不多见。一些初创企业可能会开发出成功的产品，并抵制收购。2018年，成立于2014年的中国初创企业商汤科技获得6亿美元融资，总估值超过45亿美元，成为当时全球最有价值的人工智能初创企业（Vincent 2018）。商汤科技的产品专注于机器视觉，范围从社交媒体的"美化"滤镜到自动驾驶汽车视觉和自动监控视频分析。不过，即使人工智能初创企业没有被科技巨头收购，它们大多已经在基础设施层面与科技巨头建立了联系，依靠科技巨头的云来为它们提供计算能力和应用程序。

人工智能智库

人工智能智库是由学术界、工业界、政府或慈善机构资助成立的私人研究机构。虽然人工智能研究最早就与智库有关（如兰德公司），但专门研究人工智能的智库直到2010年代中期才开始出现（Think Tank Watch 2018）。这些组织的性质各不相同。有些是由关注未来通用人工智能的危险和前景的超人类主义者创办的，如机器智能研究所（MIRI），它是一个由包括泰尔基金会（Thiel Foundation）在内的慈善团体资助的非营利组织。机器智能研究所是"人工智能安全"运动的一员，旨在确保一旦出现人工智能，能够对其进行控制。

其他的人工智能智库则关注实际存在的人工智能和人工智能产业。这些智库通常与产业界和学术界都有联系，如人工智能当下研究所（AI Now Institute）（隶属纽约大学，由谷歌和微软资助）和人工智能合作伙伴（Partnership on AI）（合作伙伴包括麻省理工学院媒体实验室、亚马逊、脸书和谷歌）。人工智能当下研究所（n.d.）自称其研究"人工智能的社会影响"，而人工智能合作伙伴（n.d.）则称其目标是"研究和制定人工智能技术的最佳实践，促进公众对人工智能的理解，并充当讨论和参与人工智能及其对人类和社会影响的开放平台"。这些智库对人工智能社会影响的诸多方面做了有价值的研究，包括从性别关系和隐私到有关发展和政策影响的最佳实践的技术问题。但其中至少有一些智库还发挥着其他功能。

智库的一个重要功能是充当科技巨头们正在推进的所谓人工智能程序"民主化"的工具。下文将详细讨论这些问题，但现在只需指出，关注社会的智库在人工智能产业发展方面发挥着重要的公共关系功能。在谷歌为五角大楼的"项目专家"（Project Maven）提供无人机视觉软件的秘密协议曝光后，这一点就体现出来了。在泄露给截击（The Intercept）的邮件中，时任谷歌云首席科学家的李飞飞（Fei-Fei Li）担心，她主要参与的"项目专家"的曝光，可能会抵消她的公司将人工智能产品描绘成社会公益产品的努力：

> 我不知道如果媒体开始炒作谷歌正在秘密制造人工智能武器或人工智能技术并实现国防工业武器制造的话题时会发生什么……2017年，谷歌云一直在打造人工智能民主

化主题，戴安和我一直在讨论企业的人性化人工智能。我会超级小心地保护这些非常正面的形象。（转引自 Fang 2018）

在员工的压力和公众的强烈抗议下，李飞飞辞职了。将公共关系功能完全归于此类智库是不正确的。但否认这一功能的存在也是错误的（Ochigame 2019），而且随着科技巨头因其可疑行为而受到越来越多的审查，这一功能对该产业正变得越来越重要，正如下文关于劳工的章节所阐述的那样。

其他智库因不同原因而令人感兴趣；OpenAI 的情况尤其如此。OpenAI 成立于 2015 年，由埃隆·马斯克和彼得·蒂尔（Peter Thiel）等人出资 10 亿美元设立。杰弗里·辛顿以前的学生伊利亚·萨茨凯弗（Ilya Sutskever）是首席科学家。OpenAI 生产尖端的机器学习系统，如 OpenAI Five，它由五个人工神经网络组成，曾在竞技视频游戏 DOTA2 中击败职业玩家。虽然最初是作为非营利机构运营，但在 2019 年，OpenAI 宣布转向"上限盈利"（capped-profit）模式，这是与人工智能技术巨头竞争的必然结果。他们认为"需要在未来几年投资数十亿美元用于大规模云计算，吸引和留住优秀人才，以及建造人工智能超级计算机"（OpenAI 2019）。此后，微软向该智库投资了 10 亿美元，并成为其独家云供应商，拥有其未来研究成果的权利（Brockman 2019）。OpenAI 的故事概括了人工智能研究与开发在资本无法支持情况下所面临的困难——这一点我将在第七章中再次讨论。

国家人工智能战略：人工智能与国家　第二部分

在日本的第五代计算机计划和美国的战略计算机计划结束近40年后，人工智能再次成为涉及国家利益的话题。用中国国务院（2017）的话说，世界各国政府现在都认为，人工智能是"经济发展的新引擎"（2）。美国是第一个明确参与当代人工智能产业的国家政府。2015年，美国政府在"人工智能相关"技术的非机密研发上花费了约11亿美元（Executive Office of the President 2016，25）。2016年，即将卸任的奥巴马政府发布了两份关于人工智能的报告。报告断言，"有充分理由支持增加联邦资金"，增至两倍甚至三倍，这些资金因经济增长而获得丰厚的预期回报（Executive Office of the President 2016，25）。2017年，加拿大成为第一个推出明确的人工智能国家战略计划（投资1.25亿加元）的国家，承认人工智能"通过改善我们生产商品、提供服务和应对气候变化等挑战的方式，具有推动经济强劲增长的潜力"（Canadian Federal Government，2017，103）。该计划包括在全国各地建设三个研究所，并设立利润丰厚的"人工智能讲席"职位，以吸引专业研究人员。

其他国家也纷纷效仿。2017年，英国将"人工智能和数据"列为其工业战略中的四大挑战之一。法国总统马克龙于2018年3月宣布，法国政府将在五年内投入15亿欧元推进国家人工智能研究。来自欧洲各国的研究人员联盟撰写了一份宣言，呼吁建立欧洲学习与智能系统实验室（ELLIS），在欧洲培养人工智能人才。2019年，美国总统特朗普签署行政命令，启动美国人工智能计划。截至2018年，至少有18个国家宣布了国家人工智能战略（Dutton et al. 2018）。虽然各国国家人工智能计划的

第五章　机器学习与固定资本：当代人工智能产业

细节各不相同，但总的来说，都呼吁吸引和留住具有人工智能技能的劳动力，建立国家人工智能研究机构，放宽有关收集和使用机器学习所需数据的规定，并通过立法努力加快人工智能的商业化（Dutton et al. 2018）。最雄心勃勃的国家人工智能战略之一来自中国。

2017年，中国国务院公布了《新一代人工智能发展规划》，计划到2020年实现"与世界先进水平同步"的人工智能能力（5）。到2030年，中国的目标是占据人工智能科技制高点，"核心人工智能产业总值达到1万亿元人民币（1508亿美元），相关产业总值达到10万亿元人民币（1.5万亿美元）"（Ding 2018，7）。这一计划的意义不仅在于其前所未有的支出水平，还在于中国是目前在专业技术和资源拥有方面唯一能与占人工智能主导地位的美国相抗衡的国家。中国的人工智能专家数量（8.9%）仅次于美国（13.9%），位居世界第二，在人工智能专利申请和人工智能论文发表数量上已经超过了美国（China AI Development Report 2018，3）。不止一份分析报告认为，随着人工智能生产力的递增，中国和美国的经济将呈指数级增长，现在不投资人工智能的国家将在经济上落后于投资人工智能的国家（Cummings et al.）。李开复（Kai-Fu Lee 2018）不愿用新的国家"人工智能竞赛"（AI race）来描述这种情况，因为它有零和意味（246）。然而，人工智能实际上是新一轮全球军备竞赛的核心组成部分，而这场竞赛可能具有零和逻辑（Simonite 2017；Allen 2019）。

美国在人工智能驱动的自主武器系统（AWS）方面的投入居于全球领先地位，据报道，2010年前已投入40亿美元，未来10年的预算为1800万美元（Haner and Garcia 2019，332）。美国国防部高级研究计划局（DARPA）正在研究"通过主动态势场景规划进行收集和监测"（COMPASS）系统，该系统将"利用先进的人工智能和其他技术，帮助指挥官做出更有效的决策，挫败敌人复杂的多层次破坏活动"（South 2018）。与此同时，俄罗斯也计划到2030年实现其30%的战斗力"部分或完全自主化"（Haner and Garcia 2019, 334）。虽然在撰写本书时，完全自主化武器尚未部署，但半自主化武器的能力正日益增强（Scharre 2018）。然而，自主武器只是人工智能武器化的一种方式。自主武器威胁实体安全，但人工智能也可能通过网络攻击威胁数字安全，通过监控、说服和欺骗方式威胁政治安全（Brundage et al. 2018, 6）。

尽管国家感兴趣，但卡明斯（Cummings 2018）指出，由于人工智能行业的高薪和高福利，政府发现很难聘请到人工智能专家，不得不将其人工智能需求承包出去。卡明斯（2018）怀疑，如果"国防公司和政府继续走在相对不懂人工智能的道路上，这会不会促成潜在的权力转移，使关键的人工智能服务通过谷歌、亚马逊或脸书实现租赁？"（17）国家军队听命于企业人工智能的反乌托邦式可能性超出了本书的讨论范围，但如果我们看看人工智能产业是如何积极保持对其生产技术的集中控制，这种可能性似乎并非完全不可信。

人工智能资本的集中

尽管早期互联网时代的自由、去中心化和民主化等陈词滥调仍遗留至今，但如今的人工智能产业已被少数科技巨头垄断。科技巨头积累的大量财富使其能够在持续研发和固定资本

第五章　机器学习与固定资本：当代人工智能产业

改进方面投入巨资，这使得"新加入者很难成为已占据核心业务领域的既有领导者的真正竞争对手"（Dolata 2018，91）。只有那些有竞争力的巨头才有能力参与"激烈的寡头竞争……其主要通过积极的创新和扩张战略进行"（Dolata 2018，98）。我的受访者也注意到了他们所在产业的无情竞争。数据科学家伊敏（Yimin）告诉我："我们不是生活在真正的自由市场条件下。有更大的力量主导着市场……产业的命运与……谷歌、亚马逊……IBM息息相关。巨头们……他们雇用了大部分高水平的毕业生"。初创企业首席执行官托鲁表达了类似的观点："我们在人才方面与脸书和谷歌展开财务竞争……你找不到合适的人，因为谷歌和脸书刚刚把他们都收买了。"《经济学人》（2017）也认为："现有科技集团将获得人工智能的许多收益，因为它们拥有丰富的数据、算力、智能算法和人才，更不用说在投资方面占尽先机。历史表明，集中的可能性很大。"

由于数据对基于机器学习的资本具有核心作用，即使是对资本友好的分析也认为，人工智能产业存在发展为集中和垄断的固有递归趋势：

> 人工智能工具通常在某种程度上具有收益递增特征：更好的预测准确性带来更多用户，更多用户产生更多数据，更多数据带来更好的预测准确性。如果企业有更多的控制权，他们就有更大的动力去构建［人工智能］，但随着规模经济的发展，这可能会导致垄断。（Agrawal et al. 2018，23）。

李（Lee 2018）同样认为，"越来越多的数据产生的正反馈循环意味着，人工智能驱动的产业自然会趋向垄断，同时推动价格下降，消除企业间的竞争"（161）。这意味着，脸书和谷歌等公司可以获得大量的搜索和社交媒体数据，在人工智能产业中占据绝对优势。一份针对IBM的分析报告认为，由于该公司没有这样的数据资源，因此很难形成人工智能商业化的"良性循环"（Kisner et al. 2017，19-20）。或者正如初创公司首席执行官马希尔（Mahir）对我所说的那样："拥有大量数据的大公司……拥有巨大的防御护城河……如果初创公司没有数据集，就很难发展并颠覆大公司……如果他们没有任何算法……或部署的产品，他们如何获得数据集？"总之，尽管人工智能从业者谈自由，但其特点却是"集中、控制和权力"（Dolata 2018，86）。不过，人工智能科技巨头的力量也产生了一些来自行业外的潜在反制力量。

跨越政治派别的社会各界逐渐形成共识，科技巨头们正在肆意妄为，尽管大家都不知道该如何应对。在撰写本书时，美国司法部和联邦贸易委员会正在对科技巨头进行反垄断调查。评论家们认为，应该刺激竞争（Doctorow 2019；*The Economist* 2019）或进行新型监管（Chen 2019；Cath et al. 2018；Reed 2018）。包括2020年美国民主党总统候选人伊丽莎白·沃伦（Elizabeth Warren 2019）在内的其他一些人则认为，科技巨头建立的平台应与它们的其他企业剥离，作为公用事业运营，这样科技巨头"就不会排挤潜在的竞争对手，扼杀新生的伟大的科技公司，并行使如此大的权力，以至于破坏我们的民主"。欧盟2018年实施的《一般数据保护条例》（GDPR）为监管科技巨头提供了先例，该条例对公司如何收集、存储和使用用户数据做出了严格规定。2019年1月，法国对违反GDPR的谷歌罚款5000万欧元。不久之后，苹果公司首席执行官蒂姆·库克

（Tim Cook 2019）在《时代》周刊上发表了一篇评论文章，呼吁美国制定类似的法规。这些讨论将如何进行仍不确定。很难准确猜测各国将如何平衡新出现的约束科技巨头的愿望与由这些公司驱动的国际人工智能竞赛的竞争态势。

开源人工智能、云、人工智能芯片

现在我们来谈谈人工智能行业的一些独特技术特征。适用于机器学习的开源库，如Theano（由蒙特利尔学习算法研究所开发），自2007年以来一直可以为公众所用。但直到2015年，随着Keras［主要由谷歌工程师弗朗索瓦·乔莱（François Chollet）私人开发］以及后来谷歌专有的TensorFlow的公开，开源人工智能工具的浪潮才席卷整个行业。谷歌首席执行官桑达尔·皮查伊（Sundar Pichai 2015）表示，他希望TensorFlow的开源将有助于"通过工作代码而不仅仅是研究论文，更快地交流想法。反过来，这也将加速机器学习的研究，最终让技术更好地为每个人服务"。自TensorFlow公开以来，几乎所有的人工智能巨头都开源了一些人工智能工具，包括IBM的SystemML、百度的Warp-CTC、脸书的PyTorch和亚马逊的Neo-AI。

根据我的采访，人工智能行业几乎普遍使用开源工具。一家初创公司的首席执行官马希尔告诉我："大多数初创公司……都使用开源技术。从我们使用的编程语言（主要是Python和Javascript）……到我们使用的软件包。"另一位首席执行官胡安（Juan）也表示同意："除了［操作系统］之外，我们实际用于构建产品的所有工具……都是开源的。有几个例外，比如英伟达公司，其一些软件……是专有的。"有几家公司还使用了MathWorks 的 MATLab，这是一套专有软件，但生产机器学习的绝大多数工具都是免费提供的。

为什么一个以寡头竞争为特征的产业会如此热衷于开源专有软件？根据科技巨头的说法，这是出于将人工智能带给大众的善意愿望，正如皮查伊上述引述所表明的那样。关于其"人工智能民主化"计划，微软（2016）声称："我们将在任何设备上、在任何时间点为每一个与我们互动的应用程序注入智能。"英特尔则赞美"无处不在的人工智能"的神奇（Intel Brandvoice 2018）。微软（2016）表示，它将向"世界上每一个应用程序开发者提供与我们自己的应用程序相同的智能功能……"，目标是"帮助每个人实现更多的人类和机器共同工作，让世界变得更美好"。业界评论家的看法则更为平实。

除了无偿开发者社区的免费贡献之外，格什戈恩（Gershgorn 2015）还认为，公司可以从开放源代码中间接获益，既可以培养出熟练使用软件的潜在未来员工，又可以让软件成为构建未来应用程序的基础架构，从而确保其持续的相关性。谷歌在开源安卓系统时成功部署了这一战略，该系统现已成为全球最受欢迎的移动操作系统（Gershgorn 2015；Amadeo 2018）。然而，这只是开源人工智能企业表现出来的一部分，它应该与许多人工智能巨头自2015年以来进入的两个相关市场一起考虑：云和专用硬件。

人工智能行业的第二个时代在一定程度上是因为人们发现，图形处理器（GPU）可以很好地运行机器学习所需的并行处理（Kelly 2014）。大多数公司通过人工智能巨头的云来租用图形处理器。数据科学家伊敏告诉我："数据科学的大部分计算都是在云上完成的。我们的本地服务器也在运行，但大多数重量级数据解决方案都在云上。"然而，图形处理器由计算机图像而不是人工神经网络构建的。现在，人工智能生产商正在投资开发专为机器学习设计的芯片，与英伟达（Hayes 2020）等历史悠久的图形处理器制造商展开直接竞争。大约从2015年开始，谷歌就在内部使用其专有的张量处理单元（TPU），这是一种专门为深度学习所用的人工神经网络而设计的芯片，并于2018年通过谷歌云向第三方提供使用。不过，"只有在使用正确的机器学习框架时，张量处理单元提供的性能提升才能发挥作用。这个机器学习框架就是谷歌自有的 TensorFlow"（Yegulalp 2017）。换句话说，必须使用谷歌的软件才能充分发挥该公司专用人工智能芯片的优势。通过这种方式，TensorFlow 的免费分布可以将开发人员引向谷歌云。开源作为主导人工智能市场的一种技术在发挥作用。

人工智能产业的劳动

关于资本，我们已经听得够多了。那么生产人工智能的劳动呢？人工智能产业的发展以及围绕它的广泛炒作，产生了对具备人工智能技能的劳工的巨大需求。据报道，2011年至2014年间，微软的深度学习专家从4名增加到70名（Vance 2014）。虽然官方统计数据没有对人工智能劳工进行明确分类，但可以用职位发布作为替代衡量标准。根据人工智能索引（AI Index 2017）的数据，美国的人工智能工作岗位数量在2013年至2017年间增长了4.5倍。然而，根据一项评估，到2018年，全球只有22,000人具备"从事重要的人工智能研究"的技能（Metz

2018a）。需求仍然大于供给。对于合格的人才来说，薪水从可观到天文数字不等。据报道，2013年，"世界级"深度学习专家的薪水与美国国家橄榄球联盟四分卫的收入相当（Vance 2014）。然而，人工智能产业的工作种类繁多，并非所有工作的回报都如此丰厚。①

为了更好地掌握人工智能劳动的构成，我将人工智能工作简要划分为五个类别；并认为，与新生产业的其他类别一样，这些类别并没有严格的定义，也绝对不是一成不变的。正如人工智能科学家马丁（Martin）向我解释的那样，人工智能产业的职位名称"并没有很好地界定。人们使用它们的方式也多种多样"。从薪酬最高到最低的职位可分为：数据/机器学习科学家、数据/机器学习工程师、数据分析师、服务人员和"幽灵工人"。当然，这只是侧重于人工智能工作的技术层面。还有许多更传统的业务角色可能或多或少地涉及人工智能技术问题。

数据/机器学习科学家占据了人工智能劳动力等级的顶端。②我们不妨效仿克里斯蒂安·福克斯（Christian Fuchs 2014），使用由米哈伊尔·巴枯宁（Mikhail Bakunin 1971［1872］）首次使用的"劳动贵族"（labor aristocracy）一词（229-230），来描述这些收入远高于其他工作者、与资本关系相对友好的工作者。数据科学家受到人工智能行业的热捧。阿加博佐尔吉和林

---

① 虽然不一定能代表整个人工智能产业，但一项建议性研究显示，在排除通货膨胀因素后，加利福尼亚硅谷90%工人2018年的收入低于1997年的收入（Sheng 2018）。

② 数据科学家和机器学习科学家经常被互换使用（此处也是如此）。然而，根据一项研究，虽然90%的数据科学家在某种程度上参与了机器学习研发工作，但只有40%的数据科学家表示，机器学习研发占其工作的大部分内容（Theuwissen 2015，11）。

（Aghabozorghi and Lin 2016）小心翼翼地将数据科学家描述为（可能更成功的）"21世纪的炼金术士：能够将原始数据转化为精辟见解的人"。数据科学家通常具有数学、统计学或物理学背景，往往拥有研究生学位，并且懂得编程（Anderson 2018）。他们创建和部署机器学习模型，并开展研究。机器学习科学家马丁告诉我："与分析相比，我要做的更多的是建模和提交……机器学习模型……数据进来后，数据工程师对其进行处理，然后将其……提交给数据科学家。"

在人工智能产业的工作者中，数据科学家的工资最高，虽然其中大多数的工资仍然达不到足球运动员的水平。编程社区网站Stackoverflow（2018）的一项调查显示，美国数据科学家或机器学习专家的工资中位数（median salary）为10.2万美元，而全球同一职位的工资中位数为6万美元。根据Indeed.com（2019a）的数据，数据科学家的平均年薪为120,301美元，但如果他们被某家科技巨头聘用，年薪可能会更高。在这些公司中，刚毕业的博士可以获得"每年30万到50万美元或更高的薪水和公司股票"（Metz 2017），而其中那些"出类拔萃或经验更丰富的……可以获得七位数的薪水"（Bergen and Wagner 2015）。苏茨克沃（Sutskever）曾是深度学习大师辛顿的学生，2016年，他在当时的非营利组织OpenAI任职时获得了190万美元的薪酬（Metz 2018a）。高薪是促使数据科学家从学术界"流失"到产业界的一个因素。从2004年到2018年，有150多名人工智能教授离职，转而在产业界任职；另有68人在保留大学兼职的同时在产业界任职（Gofman and Jin 2020）。在此期间，就职于产业界的教授人数稳步增长，从2005年到2010年每年不到5人，而到2018年一年就超过了40人。邀请（教授）离开学术界的例子比比皆是。一项研究报告指出，近"50%的数据科学家每周至少会收到一次关于新工作机会的会见邀请……85%的数据科学家每月至少会收到一次会见邀请"（Theuwissen 2015，8）。

数据工程师与数据科学家均受过类似的高等教育，但他们往往具有更强的编程背景，而不是数学或物理学背景（Anderson 2018）。他们擅长"围绕大数据设计软件解决方案"，并通过连接各种大数据技术来构建"数据管道"（Anderson 2018）。他们的特点通常是为数据科学准备必要的基础设施（Aghabozorghi and Lin 2016）。根据Indeed.com（2019b）的数据，数据工程师的年薪与数据科学家类似，平均为129,653美元，这表明这两种头衔之间的区别并不像这里描述的启发式区分所暗示的那样明显。

数据分析师使用已有的软件和工具来处理数据。他们"查询和处理数据，提供报告，总结数据以及将数据可视化"（Aghabozorghi and Lin 2016）。他们的学历通常低于数据科学家或工程师，拥有学士学位和/或数据挖掘等领域的专业证书。根据Indeed.com（2019c）的数据，数据分析师的年薪约为数据科学家和工程师的一半，为65,502美元。

在人工智能劳动力中，有一部分往往不为人所知，那就是为硅谷式科技工作场所提供保障的服务人员。这些服务人员包括班车司机、厨师、保安和清洁工。[③]他们的工资往往低得离谱。根据美国工作伙伴关系组织（Working Partnerships USA）的一份报告显示（2016），在硅谷，服务人员的年平均收入为19,900美元，而当地的平均房租为21,444美元（1）。除了工资通常很

---

③ 关于印度科技行业服务工作的深入探讨，参见查克拉博蒂（Chakraborty 2021）。

第五章　机器学习与固定资本：当代人工智能产业

低之外，大多数服务人员受雇于分包机构，这些机构提供的工作保障和福利即使有，也是微乎其微。这也许就是为什么服务人员是人工智能产业领域唯一拥有正式承认的工会的劳工群体。下文将对此进行详细讨论。

最后，我们来讨论"幽灵工人"。这个词来自玛丽·L.格雷和西达斯·苏里（Mary L. Gray and Siddharth Suri 2019），他们将"幽灵工作"定义为"通常被有意隐藏的"人类工作，其"让许多手机应用、网站和人工智能系统得以运转"（4）。自从萨拉·罗伯茨（Sarah Roberts 2014）对YouTube等平台幕后的内容评分审核工作进行探讨后，"幽灵工作"变得越来越引人注目。"幽灵工人"填补了自动化系统无法管理的空白；他们不仅为机器学习训练数据集并贴标签，也在识别露骨的图片和仇恨言论，以避免让许多人因此接触到令人不安的内容，而造成心理伤害。

"幽灵工人"通常是通过亚马逊的Mechanical Turk等自动化平台雇佣的，他们从事计件工作以获取小额报酬。此类工作的时薪通常不到5美元（Hitlin 2016）。"幽灵工作"的低薪和临时性质意味着，对许多人来说，只要有空，就必须长时间重复工作。许多（尽管不是全部）"幽灵工人"来自较贫穷的国家，在那里，低工资可以维持一定程度的生计。根据一项研究，"幽灵工人"来自"世界所有地区"，尤其是"巴西、印度、印度尼西亚、尼日利亚和美国，以及西欧和东欧"（Berg et al. 2018, 31）。

"幽灵工作"对当代人工智能至关重要。机器学习需要大量的训练数据，但数据在使用之前必须进行准备。中岛（Nakashima 2018）将数据准备描述为"相当于数字化的针线活工作——在街景照片中的汽车周围画方框、标记图像以及转录计算机无法完全识别的语音片段"。由于其重复性,"幽灵工作"被比作泰勒化的"老式体力劳动"（Yu 2017）。有时,"幽灵工人"被秘密雇佣,以履行人工智能公司无法兑现的技术承诺。Expensify公司就是这种"弄虚作假人工智能"（Sadowski 2018）的一个例子,该公司声称可以利用机器学习实现商业文件处理自动化。2017年,该公司被揭露,由于缺乏必要的网站技术,它正通过Mechanical Turk将其所谓的自动化处理外包给"幽灵工人"（Gallagher 2017）。

人工智能"幽灵工作"的一个突出成果是数据集ImageNet,它被广泛用于图像识别机器学习模型的训练和基准测试。ImageNet包含14,197,122幅图像,从两栖动物到地质构造再到人物,不一而足。这些图像标有大量类别和子类别,仅"动物"类别就有3822个子类别。在2007年至2010年期间,有49,000名Mechanical Turk的"幽灵工人"为ImageNet标注（Li 2017）。此后,围绕数据标注形成了一个子行业。有人提出了工人拥有的"幽灵"工作合作社（Sriraman et al. 2017）,一些公司试图将合作社的数据产品描述为一种"公平交易",因为它们提供了比Mechanical Turk等平台更传统的就业结构和福利。然而,"公平交易"数据的称谓是自封的,并没有标准的含义（Kaye 2019）。就目前而言,"幽灵工作"仍然不稳定,报酬也很低。

劳动构成：种族与性别

正如第四章所述,最早的程序员中有许多来自女性和其他少数群体。但如今,数据科学家蒂姆尼特·格布鲁（Timnit Gebru）将人工智能行业描述为处于"多样性危机"（Snow

第五章 机器学习与固定资本：当代人工智能产业

2018）之中。事实上，统计数字是严峻的。在苹果、微软、谷歌和脸书的技术人员（数据科学家、工程师和编码员）中，白人占40%到50%。在苹果、微软、谷歌和脸书里，亚洲人的比例略低，分别对应35%、39%、43%和52%；拉丁裔在这些公司的比例分别只有8%、5%、3%和4%；黑人的比例则更低，分别为6%、3%、2%和2%；原住民几乎未曾出现在人工智能产业，只有苹果和微软报告其占了全体员工的1%（Harrison 2019）。亚马逊没有公布其员工的人口统计数据，但报告称其美国员工中有42%是黑人或拉丁裔，尽管这一数字包括技术工人和64.7万名赚取最低工资的配送中心工人（Harrison 2019）。

在性别方面，情况也很严峻。据估计，在整个20世纪60年代，女性占计算机程序员的30%到50%（Ensmenger 2012，237）。在随后的几十年里，编程成为一项有声望的男性职业，女性则被企业运用包括带有性别偏见的能力测试在内的各种手段排挤出编程队伍（Ensmenger 2012，239-240）。2013年，从事计算机工作的女性比例为26%（West et al.）。专门从事人工智能工作的女性则更少：全球只有22%的"人工智能专业人士"是女性（Duke 2018）。在人工智能研究人员中，脸书的女性占15%；谷歌的女性仅占10%（West et al. 2019，10-11）。从事人工智能工作的女性往往从事应用而非开发工作。她们还多半在"（如非营利、医疗保健和教育部门）等'传统女性'产业工作……这些产业的女性员工比例已经相对较高"（Duke 2018）。一般来说，女性从事与男性同行相同的技术工作，获得的报酬也较低。2016年美国劳工部的一项调查发现，谷歌"几乎在整个员工队伍中都存在针对女性的系统性薪酬差异"（Kolhatkar 2017）。虽然谷歌对此提出异议，并拒绝披露所有员工的收入，但一项由员工主导的调查（总计2%的员工）显示，男性的收入确实高于女性（Ehrenkranz 2017）。

显然，人工智能产业参与了缔造更大范围的科技行业的"男性乌托邦"（Brotopia）（Chang 2019）。随着2015年"山谷中的大象"（Elephant in the Valley）研究报告的出版，科技产业中广泛存在的性别歧视开始为公众所关注，该报告记录了200多名女性在科技工作中遭遇的各种歧视（Vassallo et al. 2015）。2017年，谷歌工程师詹姆斯·丹莫尔（James Danmore）的备忘录流传开来，该备忘录认为女性在科技工作中存在生理劣势（Wakabayashi 2017）。丹莫尔被解雇了。但同年，该产业的女性被披露遭受性侵犯和性骚扰的事件层出不穷（Benner 2017）。在各产业的男性"大人物"纷纷道歉之后，无处不在的歧视仍在继续。根据最近的一项研究，54%的科技界女性被告知"女性的大脑技术含量不那么高"（Forbes 2019）。提高人工智能产业多样性的尝试遭到了大量批评。最近的一份报告判定，这些尝试效果不佳，原因在于只关注白人女性，以及只关注帮助女性从学校进入产业，而不是解决产业工作中存在的性别歧视和种族主义权力动态（West et al. 2019，3）。

由于机器学习以数据为中心，人工智能产业中偏见和歧视的后果超越了女性的职场经历。正如凯特·克劳福德（Kate Crawford 2016）所断言的，人工智能有一个"白人问题"，这同时也是一个"数据问题"。由于机器学习模型是基于从数据中提取的模式，因此它们可以"捕捉到它们所训练的数据中已经存在的任何倾向"（Dickson 2018）。克劳福德（2016）警告说，人工智能"可能已经在加剧工作场所、家庭以及我们的法律和司法系统中的不平等"。克劳福德的文章发表几年后，人工智能系统带有恶意偏见的例子比比皆是：谷歌算法将黑人识别为大猩猩，预测性警务算法过多地针对黑人社区，人工智能选美比赛评委绝大多数选择白人获胜者，亚马逊招聘员工的系统在部署前就被取消，因为它被发现偏爱男性简历而非同等资格的女性简历（Dickson 2018；Cook 2018）。人们可能会认为，这种明显的歧视和不平等会导致劳动力高度组织化，但人工智能产业并非如此，整个科技产业在历史上也并非如此。不过，也有改变的迹象。人工智能劳动歧视问题最近重新被关注。

人工智能劳工组织

从2014年到2017年，硅谷约有5000名合同制服务工人加入了工会，但其余的人工智能工作领域则与整个科技产业一样，没有组织工会（Hyde 2003）。造成这种现象的原因有几个。一个经常被提及的原因是科技工人的高工资、高福利和普遍的工作满意体验（Milton 2003, 32）。谷歌等公司发放的免费福利非常有名，包括"在30多家咖啡馆免费用餐……小睡舱，［和］礼宾服务"（ABC 7 News 2018）。另一个促成因素是对技术工人的高需求和低供应。稀缺性意味着"科技工作者辞职并找到另一份更好的工作与试图找到合作同事一样容易"（Patel 2017）。虽然这两个因素都很重要，但还必须考虑到第三个因素，这就需要回到硅谷的源头。在20世纪60年代，英特尔公司的联合创始人鲍勃·诺伊斯（Bob Noyce）曾说过：

> 对于我们大多数公司来说，不加入工会是生存的必要条件。如果我们遵照组成工会的公司的工作规则，我们都

会倒闭。这是管理层的首要任务。我们必须保持公司运营的灵活性。我们国家的最大希望就是避免工人和管理层之间出现那些会使行动陷入瘫痪的深刻分歧。(转引自 Rogers and Larsen 1984，191)

这种对有组织工人的负面看法在人工智能产业一直存在，这种看法往往被安德鲁·伦纳德（Andrew Leonard 2014）所称的"隐形自由主义"（stealth libertarianism）所掩盖，即用进步的外衣掩盖反劳工的目的。不那么隐蔽的是，2019年，在一连串雇员积极行动之后，谷歌聘请了IRI咨询公司，这家公司因成功破坏医疗保健工人组织工会的尝试而闻名（Scheiber and Wakabayashi 2019）。无论如何，在纽约市民主社会主义者科技行动工作组（New York City Democratic Socialists Tech Action Working Group）、科技工人联盟（Tech Workers Coalition）和科技团结组织（Tech Solidarity）等基层组织的努力下，劳工组织正在科技工人中间扩散。这些群体组织教育会议和示威游行，还为技术工人组织工会的罕见尝试提供建议和帮助。

在特朗普时代，科技工人的情绪开始明显高涨起来，许多人参加了反特朗普集会（Buhr 2017；Coren 2017）。微软和亚马逊的工人都抗议他们的雇主参与美国移民和海关执法局（ICE）的工作，并反对其对待移民家庭的做法（Frenkel 2018；Shaban 2018）。谷歌雇员有效地抗议了其雇主与五角大楼的秘密合作，迫使该公司放弃合同（Harwell 2018）。此外，在公司向一名因性侵而被解雇的资深雇员发放了9000万美元的离职金后，2万名谷歌雇员举行了游行示威（Canon 2018）。

2018年，初创公司Lanetix（后更名为Winmore）的14名

第五章 机器学习与固定资本：当代人工智能产业

软件工程师试图加入美国通信工人协会（CWA），这是技术工人组织起来的第一个实例。在收到相关通知后不久，管理层就解雇了参与的雇员。解雇的报复性质引起了媒体的关注和科技工人联盟的支持，他们与这些雇员一起参加了3月在旧金山 Lanetix 办事处外举行的抗议活动。全国劳资关系委员会（National Labour Relations Board）做出了有利于工人的裁决，Lanetix 向他们支付了 77.5 万美元的和解金（Perry 2018）。虽然没有成立工会，但却开创了一个先例。

另一起事件发生在2019年2月，网络开发工具公司NPM解雇了5名工人，这些工人当时正在与包括国际专业技术工程师联合会（International Federation of Professional and Technical Engineers）和科技工人联盟在内的组织商讨组建工会的事宜，以应对有辱人格的工作条件（Conger and Scheiber 2019）。问题提交给全国劳资关系委员会后，NPM 向工人支付了一笔和解金，但此次工会依然没有成立。

2021年1月，谷歌的200多名技术工人宣布成立 Alphabet 工人工会（AWU）。截至本书写作时，该工会的会员人数已超过800人，并得到了美国通信工人协会的支持。然而，由于 AWU 还不是一个得到正式承认的谈判单位，它不能迫使谷歌管理层参与集体谈判（Ghaffary 2021）。当然，要预测科技工作组织的未来是不可能的，但一些乐观的评论家看出硅谷正在"萌芽社会主义运动"（Spencer and Karlis 2019）。

结　论

本章探讨了当代人工智能产业的结构和动态，其高度集中的寡头垄断资本方以及等级分化但新近在政治上活跃的劳工方。人工智能是当代控制论资本希望的核心；它是向移动设备转移后的"下一件大事"。人工智能的军事化应用和歧视性工作场所条件使人工智能产业的劳动者与他们的雇主发生冲突。正是在这种动荡的背景下，资本的技术推动力与被赋权的劳工之间对抗，人工智能应运而生。下一章将更深入地探讨这一劳动过程。

参考文献

ABC 7 News. 2018. Coolest Employee Perks at Silicon Valley Tech Companies. *ABC 7 News*, July 24. https://abc7news.com/technology/coolest-employee-perks-at-silicon-valley-tech-companies/3816443/.

Aghabozorghi, Saeed, and Polong Lin. 2016. Data Scientist vs Data Engineer, What's the Difference? *Cognitiveclass.ai*, June 6. https://cognitiveclass.ai/blog/data-scientist-vs-data-engineer/.

Agrawal, Ajay, Joshua S. Gans, and Avi Goldfarb. 2018. *Prediction Machines: The Simple Economics of Artificial Intelligence*. Boston: Harvard Business Review Press.

AI Index. 2017. The AI Index 2017 Annual Report. https://www.aiindex.org/2017-report.pdf. AI Now. n.d. Home Page. https://ainowinstitute.org/.

Allen, Gregory C. 2019. Understanding China's AI Strategy. *Center for a New American Security*, February 6. https://www.cnas.org/publications/reports/understanding-chinas-ai-strategy.

Amadeo, Ron. 2018. Google's Iron Grip on Android: Controlling Open Source by Any Means Necessary. *Ars Technica*, July 21. https://arstechnica.com/gadgets/2018/07/googles-iron-grip-on-android-controlling-open-source- by-any-means-necessar y/.

Amodei, Dario and Danny Hernandez. 2018."AI and Compute." *OpenAI Blog*, May 16. https://openai.com/blog/ai-and-compute/.

Anderson, Jess. 2018. Data Engineers vs Data Scientists. *O'Reilly*, April 11. https://www.oreilly.com/ideas/data-engineers-vs-data-scientists.

Bakunin, Mikhail. 1971 [1872]. On the International Workingman's Association and Karl Marx. In *Bakunin on Anarchy*, ed. Sam Dolgoff. New York: Vintage Books.

Benner, Katie. 2017. A Backlash Builds Against Sexual Harassment in Silicon Valley. *The New York Times*, July 3. https://www.nytimes.com/2017/07/ 03/technology/silicon-valley-sexual-harassment.html.

Berg, Janine, Marianne Furrer, Ellie Harmon, Uma Rani, and M. Six Silberman. 2018. Digital Labour Platforms and the Future of Work: Towards Decent Work in the Online World. *International Labour Organisation*. www.ilo.org/wcmsp5/groups/public/---dgreports/---dcomm/---publ/ documents/publication/wcms_645337.pdf.

Bergen, Mark, and Kurt Wagner. 2015. Welcome to the AI Conspiracy: The 'Canadian Mafia' Behind Tech's Latest Craze. *Vox*. July 15. https://www. vox.com/2015/7/15/11614684/ai-conspiracy-the-scientists-behind-deep- learning.

Brockman, Greg. 2019. Microsoft Invest In and Partners with OpenAI to Support Us Building Beneficial AI. *OpenAI Blog*, July 22. https://openai. com/blog/microsoft/.

Brundage, Miles, Shahar Avin, Jack Clark, Helen Toner, Peter Eckersley, Ben Garfinkel, Allan Dafoe, Paul Scharre, Thomas Zeitzoff, Bobby Filar, Hyrum Anderson, Heather Roff, Gregory C. Allen, Jacob Steinhardt, Carrick Flynn, Seán Ó hÉigeartaigh, Simon Beard, Haydn Belfield, Sebastian Farquhar, Clare Lyle, Rebecca Crootof, Owain Evans, Michael Page, Joanna Bryson, Roman Yampolskiy, and Dario Amodei. 2018. *The Malicious Use of Artificial Intelligence: Forecasting, Prevention and Mitigation*. https://img1.wsimg.com/blobby/go/3d82daa4-97fe-4096-9c6b-376 b92c619de/downloads/1c6q2kc4v_50335.pdf.

Brynjolfsson, Erik, and Andrew McAfee. 2017. The Business of Artificial Intelligence: What It Can—And Cannot—Do for Your Organization. *Harvard Business Review Digital Articles* 7: 3-11.

Buhr, Sarah. 2017. Tech Employees Protest in Front of Palantir HQ Over Fears It Will Build Trump's Muslim Registry. *TechCrunch*, January 18. https://techcrunch.com/2017/01/18/tech-employees-protest-in-front- of-palantir-hq-over-fears-it-will-build-trumps-muslim-registry/.

Canadian Federal Government. 2017. Building a Strong Middle Class (Budget 2017). https://www.budget.gc.ca/2017/docs/plan/budget-2017-en.pdf.

Canon, Gabrielle. 2018. Google Gave Top Executive $90m Payoff but Kept Sexual Misconduct Claim Quiet—Report. *The Guardian*, October 25. https://www.theguardian.com/technology/2018/oct/25/google-andy-rubin-android-creator-payoff-sexual-misconduct-report.

Cath, Corinne, Sandra Wachter, Brent Mittelstadt, Mariarosaria Taddeo, and Luciano Floridi. 2018. Artificial Intelligence and the 'Good Society': The US, EU, and UK Approach. *Science and Engineering Ethics* 24 (2): 505-528.

Chakraborty, Indranil. 2021. *Invisible Labour: Support Service Workers in India's Information Technology Industry*. London: Routledge.

Chang, Emily. 2019. *Brotopia: Breaking Up the Boys' Club of Silicon Valley*. New York: Portfolio/Penguin.

Chen, Angela. 2019. How to Regulate Big Tech Without Breaking It Up. *MIT Technology Review*, June 7. https://www.technologyreview.com/s/613640/ big-tech-monopoly-breakup-amazon-apple-facebook-google-regulation-pol icy/.

China AI Development Report 2018. China Institute for Science and Technology Policy at Tsinghua University. http://www.sppm.tsinghua.edu.cn/eWebEd itor/UploadFile/China_AI_development_report_2018.pdf.

Chinese State Council. 2017. China's New Generation of Artificial Intelligence Development Plan. State Council Document No. 35. Translated by Floria Sapio, Weiming Chen and Adrian Lo. https://flia.org/notice-state-council-issuing-new-generation-artificial-intelligence-development-plan/.

CIO DoD. 2018. Joint Artificial Intelligence Center. Chief Information Officer U.S. Department of Defense. https://dodcio.defense.gov/About- DoD-CIO/Organization/JAIC/.

Conger, Kate, and Noam Scheiber. 2019. Employee Activism Is Alive in Tech. It Stops Shor t of Organising Unions. *The New York Times*, July 8. https://www.nytimes.com/2019/07/08/technology/tech-compan ies-union-organizing.html.

Cook, James. 2018. Amazon Scraps 'Sexist AI' Recruiting Tool That Showed Bias Against Women. *The Telegraph*, October 10. https://www.telegraph. co.uk/technology/2018/10/10/amazon-scraps-sexist-ai-recruiting-tool-sho wed-bias-against/.

Cook, Tim. 2019. You Deserve Privacy Online: Here's How You Could Actually Get It. *Time*, January 16. https://time.com/collection-post/5502591/tim- cook-data-privacy/.

Coren, Michael J. 2017. Silicon Valley Workers Are Talking About Starting Their First Union in 2017 to Resist Trump. *Quartz*, March 24. https://qz.com/916534/silicon-valley-tech-workers-are-talking-about-starting-their-first-union-in-2017-to-resist-trump/. Accessed 28 June 2018.

Crawford, Kate. 2016. Artificial Intelligence's White Guy Problem. *The New York Times*, June 26. https://www.nytimes.com/2016/06/26/opinion/sunday/artificial-intelligences-white-guy-problem.html.

Cummings, M. L. 2018. Artificial Intelligence and the Future of Warfare. In *Artificial Intelligence and International Affairs: Disruption Anticipated*, 7-18. London: Chatham House.

Cummings, M. L., Heather M. Roff, Kenneth Cukier, Jacob Parakilas, and Hannah Bryce, eds. 2018. *Artificial Intelligence and International Affairs: Disruption Anticipated*. Chatham House. https://www.chathamhouse.org/ sites/default/files/publications/research/2018-06-14-artificial-intelligence- international-affairs-cummings-roff-cukier-parakilas-bryce.pdf.

DeepMind. n.d. Home Page. https://deepmind.com/.

Dickson, Ben. 2018. Artificial Intelligence Has a Bias Problem, and It's Our Fault. *PC Magazine*, June 14. https://www.pcmag.com/article/361661/artificial-intelligence-has-a-bias-problem-and-its-our-fau.

Ding, Jeffrey. 2018. Deciphering China's AI Dream: The Context, Components, Capabilities and Consequences of China's Strategy to Lead the World in AI. *Future of Humanity Institute*. https://www.fhi.ox.ac.uk/deciphering-chinas- ai-dream/.

Doctorow, Cory. 2019. Regulating Big Tech Makes Them Stronger, So They Need Competition Instead. *The Economist*, June 6. https://www.economist. com/open-future/2019/06/06/regulating-big-tech-makes-them-stronger-so-they-need-competition-instead.

Dolata, Ulrich. 2018. Internet Companies: Market Concentration, Competition and Power. In *Collectivity and Power on the Internet: Sociological Perspective*, ed. Ulrich Dolata and Jan-Felix Schrape. Cham: Springer.

Dong, Catherine. 2017. The Evolution of Machine Learning. *TechCrunch*, August 18. https://techcrunch.com/2017/08/08/the-evolution-of-mac hine-learning/. Accessed 12 Sept 2018.

Dougherty, Conor. 2015. Astro Teller, Google's 'Captain of Moon- shots,' on Making Profits at Google X. *The New York Times*, February 16. https://bits.blogs.nytimes.com/2015/02/16/googles-captain- of-moonshots-on-making-profits-at-google-x/.

Duke, Sue. 2018. Will AI Make the Gender Gap in the Workplace Harder to Close?" *World Economic Forum*, December 21. https://www.weforum.org/agenda/2018/12/artificial-intelligence-ai-gender-gap-workplace/.

Dutton, Tim, Brent Barron, and Gaga Boskovic. 2018. Building an AI World: Report on National and Regional AI Strategies. *CIFAR*. https://www.cifar. ca/docs/default-source/ai-society/buildinganaiworld_eng.pdf.

Ehrenkranz, Melanie. 2017. Google Employees Organize Their Own Study of Gender Pay Gap. *Gizmodo*, August 9. https://gizmodo.com/google-employ ees-organize-their-own-study-of-gender-pay-1802767010.

Ensmenger, Nathan L. 2012. *The Computer Boys Take Over: Computers, Programmers, and the Politics of Technical Expertise*. Cambridge: MIT Press.

Evans, Richard, and Jim Gao. 2016. DeepMind AI Reduces Google Data Centre Cooling Bill by 40%. *DeepMind Blog*, July 20. https://deepmind.com/blog/deepmind-ai-reduces-google-data-centre-cooling-bill-40/.

Executive Office of the President. 2016. Artificial Intelligence, Automation and the Economy. December. https://obamawhitehouse.archives.gov/sites/whi tehouse.gov/files/documents/Artificial-Intelligence-Automation-Economy. pdf.

Fabian. 2018. Global Artificial Intelligence Landscape. *Medium*, May 22. https://medium.com/@bootstrappingme/global-artificial-intelligence-landsc ape-including-database-with-3-465-ai-companies-3bf01a175c5d.

Faggella, Daniel. 2019. Artificial Intelligence Industry—An Overview by Segment. *Emerj*. https://emerj.com/ai-sector-overviews/artificial-intelligence-industry-an-overview-by-segment/.

Faggella, Daniel. 2020. Artificial Intelligence in Insurance: Three Trends that Matter. *Emerj*. https://emerj.com/ai-sector-overviews/artificial-intelligence- in-insurance-trends/.

Fang, Lee. 2018. Leaked Emails Show Google Expected Lucrative Mili-tary Drone AI Work to Grow Exponentially. *The Intercept*, May 31. https://theintercept.com/2018/05/31/google-leaked-emails-drone-ai-pentagon-lucrative/.

Forbes, Jennifer. 2019. 'You're Good for a Girl'—Everyday Sexism in Tech. *CW Jobs*, August 5. https://www.cwjobs.co.uk/blog/everyday-sexism/.

Frenkel, Sheera. 2018. Microsoft Employees Protest Work with ICE, as Tech Industr y Mobilizes Over Immigration. *The New York Times*, June 19. Retrieved from https://www.nytimes.com/2018/06/19/technology/tech-companies-immigration-border.html.

Fuchs, Christian. 2014. *Digital Labour and Karl Marx*. New York: Routledge.

Gallagher, Sean. 2017. Expensify Sent Images with Personal Data to Mechanical Turkers, Calls it a Feature. *Ars Technica*, November 27. https://arstechnica.com/information-technology/2017/11/expensify-acknowledges-potential- privacy-problem-by-calling-it-a-feature/.

Gao, Jack. 2017. China's Wage Growth: How Fast Is the Gain and What Does It Mean? *Institute for New Economic Thinking*, February 28. https://www.ineteconomics.org/perspectives/blog/chinas-wage-growth-how-fast-is-the-gain-and-what-does-it-mean.

Gershgorn, Dave. 2015. How Google Aims to Dominate Artificial Intelligence. *Popular Science*, November 9. https://www.popsci.com/google-ai.

Ghaffary, Shirin. 2021. Google's New Union, Briefly Explained. *Recode*, January 4. https://www.vox.com/recode/22213494/google-union-alphabet-wor kers-tech-organizing-activism-labor.

Gofman, Michael, and Jin, Zhao. 2020. Artificial Intelligence, Education, and Entrepreneurship. *SSRN*. https://ssrn.com/abstract=3449440.

Google. n.d.-a. AI and Machine Learning Products. https://cloud.google.com/products/ai/. Accessed 28 May 2018.

Google. n.d.-b. AI Solutions. https://cloud.google.com/solutions/ai/. Accessed 28 May 2018.

Gray, Mary L., and Siddharth Suri. 2019. *Ghost Work: How to Stop Silicon Valley from Building a New Global Underclass*. San Francisco, CA: HMH Books.

Haner, Justin, and Denise Garcia. 2019. The Artificial Intelligence Arms Race:

Trends and World Leaders in Autonomous Weapons Development. *Global Policy* 10 (3): 331-337.

Harrison, Sara. 2019. Five Years of Tech Diversity Reports-and Little Progress. *Wired*, October 1. https://www.wired.com/stor y/five-years-tech-diversity-reports-little-progress/.

Harwell, Drew. 2018. Google to Drop Pentagon AI Contract After Employee Objections to the 'Business of War.' *The Washington Post*, June 1. https://www.washingtonpost.com/news/the-switch/wp/2018/06/01/google-to-drop-pentagon-ai-contract-after-employees-called-it-the-business-of-war/? utm_term=.f27036684980.

Hayes, James. 2020. Deep as Chips: The New Microprocessors Powering AI. *Engineering & Technology*, November 11. https://eandt.theiet.org/content/articles/2020/11/deep-as-chips-the-new-microprocessors-powering-ai/.

Hitlin, Paul. 2016. Research in the Crowd sourcing Age, a Case Study. *Pew Research Center*, July 11. https://www.pewinternet.org/2016/07/11/res earch-in-the-crowdsourcing-age-a-case-study/.

Hurst, Aaron. 2020. Google Revealed to Have Acquired the Most AI Startups Since 2009. *Information Age*, February 18. https://www.information-age. com/google-revealed-acquired-most-ai-startups-since-2009-123487752/.

Hyde, Alan. 2003. *Working in Silicon Valley: Economic and Legal Analysis of a High-Velocity Labor Market*. Armonk, NY: ME Sharpe.

Indeed.com. 2019a. Data Scientist Salaries. https://www.indeed.com/salaries/Data-Scientist-Salaries. Accessed 24 July 2019.

Indeed.com. 2019b. Data Engineer Salaries. https://www.indeed.com/salaries/Data-Engineer-Salaries. Accessed 24 July 2019.

Indeed.com. 2019c. Data Analyst Salaries. https://www.indeed.com/salaries/ Data-Analyst-Salaries. Accessed 24 July 2019.

Intel Brandvoice. 2018. The Rise in Computing Power: Why Ubiquitous Artificial Intelligence Is Now a Reality. *Forbes*, July 17. https://www.forbes. com/sites/intelai/2018/07/17/the-rise-in-computing-power-why-ubiqui tous-artificial-intelligence-is-now-a-reality/#246769ac1d3f.

International Data Corporation. 2018. Worldwide Spending on Cognitive and Artificial Intelligence Systems Will Grow to $19.1 Billion in 2018, According to New IDC Spending Guide, March 22. https://www.idc.com/getdoc.jsp?containerId=prUS43662418.

Kania, Elsa. 2017. AlphaGo and Beyond: The Chinese Military Looks to Future 'Intelligentized' Warfare. *Lawfare Blog*, June 5. https://www.lawfareblog.com/alphago-and-beyond-chinese-military-looks-future-intelligentized-warfare.

Karsten, Jack, and Darrell M. West. 2015. Rising Minimum Wages Make Automation More Cost-Effective. *Brookings Institute Blog*, September 30. https://www.brookings.edu/blog/techtank/2015/09/30/rising-minimum-wages-make-automation-more-cost-effective/.

Kaye, Kate. 2019. These Companies Claim to Provide 'Fair-Trade' Data Work. Do They? *MIT Technology Review*, August 7. https://www.technologyreview.com/s/614070/cloudfactory-ddd-samasource-imerit-impact-sourcing-companies-for-data-annotation/.

Kelly, Kevin. 2014. The Three Breakthroughs That Have Finally Unleashed AI on the World. *Wired*, October 27. https://www.wired.com/2014/10/future-of-artificial-intelligence/.

Kisner, James, David Wishnow, and Timur Ivannikov. 2017. IBM: Creating Shareholder Value with AI? Not so Elementary, My Dear Watson. *Jeffries*, July 12. https://javatar.bluematrix.com/pdf/fO5xcWjc.

Kolhatkar, Sheelah. 2017. The Tech Industry's Gender-Discrimination Problem. *The New Yorker*, November 13. https://www.newyorker.com/magazine/2017/11/20/the-tech-industrys-gender-discrimination-problem.

Langley, Hugh, and Jennifer Pattison Tuohy. 2019. Smart Home Privacy: What Amazon, Google and Apple Do with Your Data. *The Ambient*, November 8. https://www.the-ambient.com/features/how-amazon-google-apple-use-smart-speaker-data-338.

Lee, Kai-Fu. 2018. *AI Superpowers: China, Silicon Valley, and the New World Order*. New York: Houghton Mifflin Harcourt.

Leonard, Andrew. 2014. Tech's Toxic Political Culture: The Stealth Libertarianism of Silicon Valley Bigwigs. *Salon*, June 6. https://www.salon.com/2014/06/06/techs_toxic_political_culture_the_stealth_libertarianism_of_silicon_valley_bigwigs/.

Li, Fei-Fei. 2017. ImageNet: Where Have We Been? Where Are We Going?

ACM Webinar. https://learning.acm.org/binaries/content/assets/leaning-center/webinar-slides/2017/imagenet_2017_acm_webinar_compressed.pdf.

Magoulas, Roger, and Steve Swoyer. 2020. AI Adoption in the Enterprise 2020. *O'Reilly*, March 18. https://www.oreilly.com/radar/ai-adoption-in-the-enterprise-2020/.

Markoff, John. 2012. How Many Computers to Identify a Cat? 16,000. *The New York Times*, June 25. https://www.nytimes.com/2012/06/26/technology/in-a-big-network-of-computers-evidence-of-machine-learning.html?pagewanted=all.

Metz, Cade. 2017. Tech Giants Are Paying Huge Salaries for Scarce A.I. Talent. *The New York Times*, October 22. https://www.nytimes.com/2017/10/22/technology/artificial-intelligence-experts-salaries.html.

Metz, Cade. 2018a. A.I. Researchers Are Making More Than $1 Million, Even at a Nonprofit. *The New York Times*, April 19. https://www.nytimes.com/2018/04/19/technology/artificial-intelligence-salaries-openai.html.

Metz, Cade. 2018b. Google Sells A.I. for Building A.I. (Novices Welcome). *The New York Times*, January 17. https://www.nytimes.com/2018/01/17/technology/google-sells-ai.html. Accessed 13 Sept 2018.

Microsoft. 2016. Democratizing AI: For Every Person and Every Organization. https://news.microsoft.com/features/democratizing-ai/.

Miller, Ron. 2017. AWS Continues to Rule the Cloud Infrastructure Market. *TechCrunch*, October 30. https://techcrunch.com/2017/10/30/aws-continues-to-rule-the-cloud-infrastructure-market/.

Milton, Laurie P. 2003. An Identity Perspective on the Propensity of High-Tech Talent to Unionize. *Journal of Labor Research* 24 (1): 31-53.

Murphy, Andrea, Jonathan Ponciano, Sarah Hansen, and Halah Touryalai. 2019. Global 2000: The World's Largest Public Companies: 2019 Ranking. *Forbes*, May 15.

Naimat, Aman. 2016. *The New Artificial Intelligence Market*. Sebastopol, CA: O'Reilly Media.

Nakashima, Ryan. 2018. AI's Dirty Little Secret: It's Powered by People. *Phys.org*, March 5. https://phys.org/news/2018-03-ai-dirty-secret-powered-people.html.

Oberhaus, Daniel. 2018. Military Contracts Are the Destiny of Every Major Technology Company. *Motherboard*, June 1. https://www.vice.com/en_us/article/pavzk7/military-contracts-are-the-destiny-of-every-major-technology-company.

Ochigame, Rodrigo. 2019. The Invention of 'Ethical AI': How Big Tech Manipulates Academia to Avoid Regulation. *The Intercept*, December 20. https://theintercept.com/2019/12/20/mit-ethical-ai-artificial-intelligence/.

OpenAI. 2019. OpenAI LP. *OpenAI Blog*, March 11. https://openai.com/blog/openai-lp/.

Partnership on AI. n.d. Home Page. https://www.partnershiponai.org.

Passieri, James. 2015. GE Expects Predix Software to Do for Factories What Apple's iOS Did for Cell Phones. *The Street*, June 3. https://www.thestreet.com/story/13174112/1/ge-expects-predix-software-to-do-for-factories-what-apples-ios-did-for-cell-phones.html.

Patel, Siddharth. 2017. Tech Workers: Friend or Foes? Jacobin, August 25. https://www.jacobinmag.com/2017/08/silicon-valley-gentrification-tech-sharing-economy.

Patrizio, Andy. 2018. Top 25 Artificial Intelligence Companies. *Datamation*, April 10. www.datamation.com/applications/top-25-artificial-intelligencecompanies.html.

Perez, Carlos E. 2017. Is Deep Learning Innovation Just Due to Brute Force? *Intuition Machine*, 23 September.https://medium.com/intuitionmachine/the-brute-force-method-of-deep-learning-innovation-58b497323ae5.

Perrault, Raymond, Yoav Shoham, Erik Brynjolfsson, Jack Clark, John Etchemendy, Barbara Grosz, Terah Lyons, James Manyika, Saurabh Mishra, and Juan Carlos Niebles. 2019. The AI Index 2019 Annual Report. AI Index Steering Committee, Human-Centered AI Institute, Stanford University, Stanford, CA.

Perry, Tekla. 2018. Startup Lanetix Pays US $775,000 to Software Engineers Fired for Union Organizing. *IEEE Spectrum*, November 12. https://spectrum.ieee.org/view-from-the-valley/at-work/tech-careers/startup-lanetix-pays-775000-to-software-engineers-fired-for-union-organizing.

Pham, Thuy T. 2017. 50 Companies Leading the AI Revolution, Detailed.

KDNuggets, March 2017. https://www.kdnuggets.com/2017/03/50-com panies-leading-ai-revolution-detailed.html.

Pichai, Sundar. 2015. TensorFlow: Smarter Machine Learning, for Everyone. *Google Blog*, November 5. https://googleblog.blogspot.com/2015/11/tensorflow-smarter-machine-learning-for.html.

Press, Gil. 2017. Equifax and SAS Leverage AI and Deep Learning to Improve Consumer Access to Credit. *Forbes*, February 20. https://www.forbes.com/sites/gilpress/2017/02/20/equifax-and-sas-leverage-ai-and-deep-learning- to-improve-consumer-access-to-credit/#584aee835a39.

Reed, Chris. 2018. How Should We Regulate Artificial Intelligence? *Philosophical Transactions of the Royal Society: Mathematical, Physical and Engineering Sciences* 376 (2128).

Revill, John. 2021. ABB's Robots to Meet Post Pandemic Demand for Workforce That Never Gets Sick. *Yahoo! Finance*, February 24. https://finance.yahoo.com/news/abbs-robots-meet-post-pandemic-122006775.html.

Roberts, Sarah T. 2014. *Behind the Screen: The Hidden Digital Labor of Commercial Content Moderation*. PhD dissertation, University of Illinois at Urbana-Champaign.

Rogers, Everett M., and Judith K. Larsen. 1984. *Silicon Valley Fever: Growth of High-Technology Culture*. New York: Basic Books.

Roth, Marcus. 2019. Artificial Intelligence at the Top 5 US Defense Contrac- tors. *Emerj*, January 3. https://emerj.com/ai-sector-overviews/artificial-intelligence-at-the-top-5-us-defense-contractors/.

RT. 2017. 'Whoever Leads in AI Will Rule the World': Putin to Russian Children on Knowledge Day. *RT*, September 1. https://www.rt.com/news/401731-ai-rule-world-putin/.

Sadowski, Jathan. 2018. Potemkin AI. *Real Life Magazine*, August 6. https://reallifemag.com/potemkin-ai/.

Scharre, Paul. 2018. *Army of None: Autonomous Weapons and the Future of War*. New York and London: W.W. Norton.

Scheiber, Noam, and Daisuke Wakabayashi. 2019. Google Hires Firm Known For Anti-Union Efforts. *The New York Times*, November 20. https://www.nytimes.com/2019/11/20/technology/Google-union-consultant.html.

Schomer, Audrey. 2019. Google Ad Revenue Growth Is Slowing as Amazon Continues Eating into Its Share. *Business Insider*, May 1. https://www.businessinsider.com/google-ad-revenue-growth-slows-amazon-taking-share-2019-5.

Shaban, H. 2018. Amazon Employees Demand Company Cut Ties with ICE. *The Washington Post*, June 22. Retrieved from https://www.washingtonpost.com/news/the-switch/wp/2018/06/22/amazon-employees-demand-company-cutties-with-ice/?utm_term=.65c50c634d97.

Sheng, Ellen. 2018. The Shocking Truth: In Silicon Valley Wages Are Down for Everyone but the Top 10%. *Nightly Business Report*, December 3. http://nbr.com/2018/12/03/the-shocking-truth-in-silicon-valley-wages-are-down-for-everyone-but-the-top-10/.

Siemens. n.d. This Is Mindsphere! https://new.siemens.com/global/en/products/software/mindsphere.html.

Simonite, Tom. 2017. For Superpowers, Artificial Intelligence fuels New Global Arms Race. *Wired*. September 8. https://www.wired.com/story/for-superpowers-artificial-intelligence-fuels-new-global-arms-race/.

Snow, Jackie. 2018. We're in a Diversity Crisis: Cofounder of Black in AI on What's Poisoning Algorithms in Our Lives. *MIT Technology Review*, February 14. https://www.technologyreview.com/2018/02/14/145462/were-in-a-diversity-crisis-black-in-ais-founder-on-whats-poisoning-the-algorithms-in-our/.

South, Todd. 2018. DARPA to Use Artificial Intelligence to Help Commanders in Gray Zone Conflicts. *Army Times*, March 27. https://www.armytimes.com/news/your-army/2018/03/27/darpa-to-use-artificial-intelligence-to-help-commanders-in-gray-zone-conflicts/.

Spencer, Keith A., and Nicole Karlis. 2019. Silicon Valley, Once a Bastion of Libertarianism, Sees a Budding Socialist Movement. Salon, April 11. https://www.salon.com/2019/04/11/silicon-valley-once-a-bastion-of-libertarianism-sees-a-budding-socialist-movement/.

Sriraman, Anand, Jonathan Bragg, and Anand Kulkarni. 2017. Worker-Owned Cooperative Models for Training Artificial Intelligence. *Companion of the 2017 ACM Conference on Computer Supported Cooperative Work and Social Computing*, 311-314. New York: ACM.

Srnicek, Nick. 2017. *Platform Capitalism*. London: Polity.

Stackoverflow. 2018. Developer Survey Results 2018. https://insights.stackoverflow.com/survey/2018/#over view.

Statcounter. 2020. Search Engine Market Share China July 2019-July 2020. https://gs.statcounter.com/search-engine-market-share/all/china/.

Statista. 2020. Market Size and Revenue Comparison for Artificial Intelli- gence Worldwide from 2015 to 2025.https://www-statista-com.proxy1.lib. uwo.ca/statistics/941835/artificial-intelligence-market-size-revenue-comparisons/.

Surber, Regina. 2018. Artificial Intelligence: Autonomous Technology (AT), Lethal Autonomous Weapons Systems (LAWS) and Peace Time Threats, February 21. Zurich: ICT4Peace Foundation.

Symonds, Peter. 2019. Signs of Rising Levels of Workers' Struggles in China. *World Socialist Web Site*, February 18. https://www.wsws.org/en/articles/2019/02/18/chin-f18.html.

The Economist. 2016. The Rise of the Superstars, September 15. https://www.economist.com/special-report/2016/09/15/the-rise-of-the-superstars.

The Economist. 2017. Google Leads in the Race to Dominate Artificial Intelligence, December 7. https://www.economist.com/business/2017/12/07/google-leads-in-the-race-to-dominate-artificial-intelligence.

The Economist. 2019. Competition, not Break-up, Is the Cure for Tech Giants' Dominance, March 13. https://www.economist.com/business/2019/03/13/competition-not-break-up-is-the-cure-for-tech-giants-dominance.

Theuwissen, Martijn. 2015. The Different Data Science Roles in the Industry. *KDnuggets*, November 2015. https://www.kdnuggets.com/2015/11/different - data - science - roles - industry. html.

Think Tank Watch. 2018. *Think Tanks Getting Serious About AI. Think Tank Watch*. March 29.http://www.thinktankwatch.com/2018/03/think-tanks-getting-serious-about-ai.html.

Tractica. 2019. Revenues from the Artificial Intelligence (AI) Software Market Worldwide from 2018 to 2025 (in Billion U.S.Dollars). Statista.https://www.statista.com/statistics/607716/worldwide-artificial-int elligence-market-revenues/.

Trefis Team. 2019. Can Google Cloud Revenues Reach $20 Billion by 2020?

Forbes, April 29. https://www.forbes.com/sites/greatspeculations/2019/ 04/29/why-cloud-could-be-a-game-changer-for-google/#2b13fef21694.

Turner, Matt. 2016. The CEO of United Technologies Just Let Slip an Unintended Consequence of the Trump-Carrier Jobs Deal. *Business Insider*, December 5. https://www.businessinsider.com/united-tech-ceo-says-trump- deal-will-lead-to-more-automation-fewer-jobs-2016-12.

U.S. Equal Employment Opportunity Commission. 2016. Diversity in High Tech. https://www.eeoc.gov/eeoc/statistics/reports/hightech/.

Vance, Ashlee. 2014. The Race to Buy the Human Brains Behind Deep Learning Machines. *Bloomberg*, January 27. https://www.bloomberg.com/news/articles/2014-01-27/the-race-to-buy-the-human-brains-behind-deep-learning-machines.

Vassallo, Trae, Ellen Levy, Michele Madansky, Hillary Mickell, Bennett Porter, Monica Leas, and Julie Oberweis. 2015. Elephant in the Valley. https://www.elephantinthevalley.com/.

Vincent, James. 2018. The World's Most Valuable AI Startup Is a Chinese Company Specializingin Real-Time Surveillance. *The Verge*, April 11. https://www.theverge.com/2018/4/11/17223504/ai-startup-sen setime-china-most-valuable-facial-recognition-surveillance.

Wakabayashi, Daisuke. 2017. Google Fires Engineer Who Wrote Memo Questioning Women in Tech. *The New York Times*, August 7. https://www. nytimes.com/2017/08/07/business/google-women-engineer-fired-memo. html.

Walker, Jon. 2019. Machine Learning in Manufacturing—Present and Future Use-Cases. *Emerj*, August 13. https://emerj.com/ai-sector-overviews/mac hine-learning-in-manufacturing/.

Warren, Elizabeth. 2019. Here's How We Can Break Up Big Tech. *Medium*, March 8. https://medium.com/@teamwarren/heres-how-we-can-break-up- big-tech-9ad9e0da324c.

West, Sarah Meyes, Meredith Whittaker, and Kate Crawford. 2019. Discriminating Systems: Gender, Race and Power in AI. *AI Now Institute*, April 2019. https://ainowinstitute.org/discriminatingsystems.html.

Working Partnerships USA. 2016. Tech's Invisible Workforce. https://www.wpusa.org/files/reports/TechsInvisibleWorkforce.pdf.

Yegulalp, Serdar. 2017. Google's Machine Learning Cloud Pipeline Explained. *Infoworld*, May 19. https://www.infoworld.com/article/3197405/tpus-goo gles-machine-learning-pipeline-explained.html.

Yu, Miaomiao. 2017. The Humans Behind Artificial Intelligence. *Synced*, April 30. https://syncedreview.com/2017/04/30/the-humans-behind-artificial-intelligence/.

Zilis, Shivon, and James Cham. 2016. The Current State of Machine Intelligence 3.0. *O'Reilly*, November 7. https://www.oreilly.com/ideas/the-current-state- of-machine-intelligence-3-0.

第六章 黑暗艺术：机器学习的劳动过程

引　言

  我们已经概述了人工智能产业的历史及其当代状况。但人工智能商品究竟是如何生产出来的呢？为了回答这个问题，本章将从宏观转向微观考察，探讨机器学习的劳动过程。劳动过程是指创造任何有用的物品或服务的一系列具体行动。在资本主义场景下，大多数物品或服务都以商品的形式出现；它们被制造出来，以便出售，从而实现剩余价值。因此，资本对劳动过程进行控制和重构，以最大限度地获取剩余价值。不同产业、不同职业的劳动过程千差万别，但作为劳动与资本直接对抗的场域而言，它们具有相似性。

  总的来说，我们对机器学习劳动过程的分析是在软件工作的工业化进程不断加强的背景下进行的。几十年前，关于劳动过程的研究就发现了软件工作的碎片化和去技能化（Kraft 1977, 1979; Kraft and Dubnoff 1986），而现在，记者和行业评论员报道称，软件生产者作为"穿连帽衫的扎克伯格式青年"

的刻板形象正在被"蓝领编码员"所取代（Thompson 2019，326；同时参照Dash 2012）。在《麻省理工学院技术评论》2018年EmTech数字人工智能产业大会上，企业家兼人工智能教授奥伦·埃齐奥尼（Oren Etzioni 2018）强调说制造人工智能需要"99%的体力劳动者"。虽然这种说法的好处在于没有把人工智能想象成一项抽象的或纯粹的智力事业，但却没有把生产人工智能的劳动与资本对立起来，而这正是本章的目标。如果人工智能工作具有归因于非物质劳动的新的自主性，那么它就应该在生产人工智能的劳动与资本对抗的劳动过程中表现出来。

本章第一部分探讨机器学习劳动过程的三个主要阶段。然后，我从对人工智能产业从业人员的访谈中总结出四个专题讨论。它们是人工智能的商品形式、经验性控制、作为自动化的人工智能以及人工智能工作的自动化。正如下一章所阐述的，所有这些讨论都与"后工人主义"所假定的非物质劳动的新自主性有关。总的来说，机器学习劳动过程受制于我们熟悉的碎片化和自动化过程，即使它们是以新颖的方式实施的。我将通过探讨被称为"自动机器学习"的机器学习生产自动化技术来说明这一点。最后，我通过合成自动化概念来诠释机器学习和自动机器学习作为自动化技术的意义，这是一种无须事先从人类劳动那里获取技能或知识的自动化劳动处理技术。

机器学习的劳动过程

任何劳动过程都是由单个工作日组成的。是每天重新开始过程，还是整个过程需要几天、几周或几个月才能完成，这取决于工作内容。当被要求描述人工智能产业典型的一天工作时，

第六章 黑暗艺术：机器学习的劳动过程

在一家初创公司工作的研发程序员阿尔文告诉我：

> 你通常有一些前一个项目尚未完成的任务，或者有一个新项目的新任务……首席执行官来到你的办公桌前，他开始谈论项目的愿景和内容。他讨论了某些算法和各种概念，这些都需要……在代码完成之前加以充实。可能会有很多人围着一台电脑，讨论各种……高层次的设计原则。然后，他们会走到白板前，然后我们开始讨论……各种小细节……［但］任何公司的大多数编程工作都是单独进行的……这就是编程的基本特征。

我在访谈中了解到，大家对这种工作日的分解有一个大致共识——协调会议拉开一天工作的序幕，然后主要是单独工作，中间穿插会议。然而，机器学习项目不是一天就能完成的，根据任务的复杂性和新颖性，需要数周到数月的时间。不过，我们通常可以将机器学习的劳动过程概括为三个阶段：数据处理、模型构建和部署。下面我将介绍每个阶段的关键部分。

第一阶段：数据处理

第一个阶段是数据处理，或"清洗和格式化海量数据"（Dong 2017）。现成可用的数据不是随随便便就能找到的，必须做大量工作才能让数据可用——如果它一开始就能找到则另当别论。数据处理实际上是数据收集之后的一个步骤。虽然猫的照片在互联网上可能比比皆是，但在医学图像识别等领域，往往"很难获得足够的数据，或者数据质量不够好"（He et al. 2019, 2）。一项调查的结果显示，数据科学家在工作中花费

19%的时间收集数据集（data sets），60%的时间准备数据集，仅7%的时间建立模型（Crowdflower 2016，6），由此可以看出收集和处理数据的重要性。

机器学习开发人员杰森·布朗利（Jason Brownlee 2013）将数据处理分为三个子步骤，这三个步骤"很可能是多次回路迭代的"。首先是选择数据。一般来说，数据越多越好，但并非所有可用数据都与每个问题相关。重要数据也可能缺失，可能需要模拟。另一方面，数据集可能需要取样，而不是全部使用，以减少计算负荷。

第二个子步骤是预处理数据，对数据进行格式化、标记和清洗。这包括使数据可以被软件使用，修正数据的错误值或缺失值以及删除敏感信息。这被描述为"令人沮丧的体力劳动"和"重复性工作"（Dong 2017）。然而，它却非常重要。正如阿尔文告诉我的那样，"如果你想得到非常好的结果，那么你就需要大量清理数据"。数据通常还需要标记。标记是一项重复性劳动，通常会通过亚马逊土耳其机器人（Amazon Mechanical Turk）等平台外包给"幽灵工人"。不过，人工智能公司已经开发出了创造性的方法来获取标记，而无须支付给"幽灵工人"哪怕是微不足道的工资。reCAPTCHA系统（2009年被谷歌收购）可以防止机器人访问网站，该系统要求用户通过在照片中给停车标志等物体标记来证明自己是人类。这些标记随后被用于"解决人工智能难题"（Google n.d.）。

第三个子步骤是"特征工程"或转换数据，以便在算法处理时突显数据的重要性。布朗利（2014）将其定义为"将原始数据转化为能够更好地向预测模型表述潜在问题的特征，从而提高模型的准确性"。它可能涉及以不同方式组合、分离或关联

第六章 黑暗艺术：机器学习的劳动过程

数据。谷歌（2019）将其描述为"帮助模型以与您相同的方式理解数据集"。这可能涉及利用特定背景或领域的专业知识来确定数据的哪些方面是有用的。有时，这些知识是通过与物理学家或生物学家等领域专家合作获得的。领域知识也可以指常识。例如，人们可能会设计一个模型，利用图像中绿色和蓝色像素的相关数量作为启发，来判断图像中包含的是陆地还是海洋场景（Dettmers 2015）。不同问题的有用特征千差万别，"机器学习的大部分成功实际上是在设计［学习算法］能够理解的特征方面取得的成功"（Locklin 2014）。因此，特征工程常常被描述为一门需要经验和直觉的"艺术"（Dettmers 2015；Brownlee 2014）。

第二阶段：模型构建

第二个阶段是创建模型。处理过的数据被输入到学习算法中，基于此学习算法会输出一个模型。模型包含从输入数据中学习到的模式或"关系"（Brownlee 2015）。然后，该模型可用于分析新数据。在此，有必要区分机器学习的三种主要类型——监督学习、强化学习和无监督学习——因为每种类型都以不同的方式生成模型，并需要不同类型的数据和劳动来完成模型。

目前，大多数商用机器学习都基于监督学习。在监督学习中，算法要学习的数据由人类进行分类和标记（Sun 2014）。模型通过辨别标记示例中的模式来学习分类。因此，被标记的数据起到了监督者的作用（Brownlee 2016）。"监督者提供正确的值，模型的参数也随之更新，使其输出尽可能接近这些期望的输出"（Alpaydin 2016，111）。如果有足够多标有 STOP（停止）字样的（在不同的能见度条件下，以及从不同的角度观察的）

175

红色六边形指示牌照片，以及非停止指示牌的示例，监督学习系统就能分辨出这些示例之间的关系，形成停止指示牌的"概念"（由于没有更好的词来表达，这里姑且用"概念"这个词），并在收到停止指示牌图像时输出"停止指示牌"（stop sign）分类。理想情况下，系统形成的"停止指示牌"概念将足够强大，使其能够识别未包含在训练数据图像中的"停止指示牌"。

监督学习不断被成功应用于新领域，但在许多领域，大量标记数据无法获取，这就出现了数据"瓶颈"问题（Roh et al. 2019）。数据"瓶颈"同时也是劳动"瓶颈"，因为对监督学习所需的大量数据进行人工标记可能会变得非常昂贵，有时标记还需要专业知识（Roh et al. 2019）。其他两大类机器学习可以理解为克服数据/劳动瓶颈的尝试。

其中之一是无监督学习，即"没有预定义的输出，因此也没有监督者……只有输入数据"（Alpaydin 2016，111）。在无监督学习中，数据没有进行标记，因此"更容易找到，成本也更低"（Alpaydin 2016，117）。事实上，互联网就是一个巨大的无标记数据库。无监督学习的目标是自动"找到数据中的结构"（Alpaydin 2016，117），这种结构代表了数据的"潜在因素及其相互作用"（Alpaydin 2016，xi）。无监督学习的两种主要方法是"聚类"和"关联"，前者是通过某种相似性对数据点进行分组，后者是发现描述数据点之间相关性的规则（Brownlee 2016）。聚类可能有助于支持关于变量关系的理论，但更有趣的是，"可能存在一个或多个专家无法预见的聚类"（Alpaydin 2016，115）。无监督学习可能提供了一种绕过数据"瓶颈"的方法，而且实际上可能是某些应用程序所需要的。例如，高清视频包含大量数据，使用监督学习对其进行分析所需标记"比

第六章 黑暗艺术：机器学习的劳动过程

对图像进行分析所需的标记多出几个数量级"，从而导致劳动密集程度高到难以想象（Luo et al. 2017, 2203）。

机器学习的第三种主要类型是强化学习，它试图通过在学习过程中生成数据来克服数据瓶颈。这种方法的先驱者将其描述为"学习做什么……以便最大化数字奖励信号。学习者不会被告知要采取哪些行动……而是必须通过尝试发现哪些行动能产生最大的奖励"（Sutton and Barto 1998, 127）。数字奖励信号可以通过"快乐类比"（hedonic analogy）来把握。没有"提供训练数据的外部过程"（Alpaydin 2016, 128）。相反，强化学习旨在通过经验模拟学习过程，适用"愉悦"（pleasurable）的结果，避免"痛苦"（painful）的结果，并尝试新的结果。愉悦的结果会增加奖励得分，而痛苦的结果会减少奖励得分。因此，强化学习算法"通过在环境中尝试行动并以奖励的形式接收（或不接收）反馈来主动生成数据"（Alpaydin 2016, 128）。由于算法缺乏常识，因此需要大量的实验。因此，强化学习主要应用于人工环境，在这种环境中，算法可以高速迭代运行，以积累必要的数据（Knight 2017）。[①] 为此，OpenAI 发布了一套用于虚拟环境中的强化学习工具 Gym。未来，在模拟环境中通过强化学习训练出来的模型可能会被移植到现实世界中；至少，这是自动驾驶汽车生产商的希望，因为在现实世界中进行实验可能会很危险（Gray 2019）。

第三阶段：部署

训练有素的机器学习模型的部署方式是将其"整合到现有

---

① 有关强化学习工作的惊人视频，请参阅 OpenAI（2019）。

的生产环境中，以便开始使用它做出基于数据的实际业务决策"（DataRobot, n.d.）。模型可嵌入网站和应用程序，并融入各种商品中。模型的性能通常通过监控实时仪表盘或模型运行指标的图形表示来跟踪。由于仪表盘具有易用性，其还经常用于向包括管理层和客户的非技术利益相关者展示机器学习模型。

部署的一个主要障碍是，机器学习编程语言与其他业务软件之间往往存在差异。这就需要重新编码整个模型，或者构建一个 API（应用编程接口），在二者之间进行转换（Paul 2018）。此外，如果要大规模部署一个模型，也会带来自身的障碍，因为必须使不同的硬件和云协同运行；这可能"在某些方面比首先构建模型还要复杂"（Toews 2020）。部署还涉及维护。模型需要根据新数据进行更新，以反映环境的变化。通常情况下，"根据应用程序，需要在每天到每月的新数据基础上重新训练生产模型"（Dong 2017）。生产出机器学习商品后，机器学习劳动过程并不会终止。

这三个阶段勾勒出了机器学习的劳动过程。现在是时候听听那些在人工智能产业工作的人谈谈参与这一劳动过程的感受了。在接下来的部分中，我将介绍从访谈中汲取的四个主题讨论。每个讨论都说明了机器学习劳动过程如何受到增殖要求的影响。

人工智能的商品形式

人工智能产业的产品即是商品，这一点现在已经显而易见。与资本主义生产的竞争态势相一致的是，人工智能生产以速度和效率为目标，这一点不足为奇。一家初创公司的首席执行官胡安告诉我，他的近期目标是"拿下更多客户"。另一位首席执

第六章 黑暗艺术：机器学习的劳动过程

行官托鲁则把自己公司的目标描述为"在尽可能短的时间内赚尽可能多的钱……没有够不够的问题……老实说，我们正在制造一个神奇的工厂……我们要做的……就是那台能打出棒球、一整天只投三投的机器"。为了追求利润，人工智能产业需要一般软件工作所熟悉的长时间工作制。

我的大多数受访者都表示，他们每周工作时间远远超过40小时。正如资深软件工程师阿尔伯特所说："如果你想朝九晚五，我的意思是没问题，但不要指望这种做法在市场上会很有竞争力。"曾在一家公司实习过的卡罗被聘为工程师，他这样总结自己的经历："首席执行官……说'你投入的时间［40］是我们所说的平均时间。如果你获得了全职工作，你需要投入更多时间。'所以他说了出来，我也就同意了……我想说的是，也许是50到60个小时，这已经很低了。"克里斯是一家初创公司的首席执行官，他告诉我，关于他每周的工作时间，"没有一个固定的数字，但肯定高于……每周80小时"。同为首席执行官的托鲁描述了他的初创公司咨询业务模式的一个缺点：

> 你知道人们怎么说大英帝国的日不落吗？就是这个道理。因为人们都在不同的时区，这对我的睡眠模式很不利……这是作为高可用性*顾问的一个主要缺点……对你的健康不利。我们用钱解决了这个问题。我们请了一位清洁女工打扫房间。我们请来保姆照看孩子。所以，很多事情都可以用钱来解决。

---

* 所谓高可用性，是指通过提高系统的容错能力让系统保持可持续性功能的能力。
——译者

自主性批判

除了工作时间普遍较长之外，人工智能工作还面临着零星的、几乎不间断的高强度工作。自 20 世纪 90 年代以来，所谓的"死亡行军"一直是软件生产的正常现象（Yourdon 2004）。正如卡罗告诉我的那样，"当东西坏了，或者遇到麻烦，或者最后期限将至……很可能每天工作 12 个小时，包括周末。也有过半夜出事的时候。你接到传呼……就必须醒来并搞定它"。

机器学习生产的竞争性还意味着，随着新研究的发表和新工具的出现，工作也随之迅速变化。规范需要不断修订，工人必须不断学习新技能。马丁告诉我，对于数据科学家而言，工作：

> 节奏非常快，每一秒都在变化……即使是最著名的研究人员，每周也要发表两篇新文章……或者创建改变整个领域观点的新应用程序。因此，它的节奏已经非常快了。因此，如果……这是一份数据科学工作，那么每天都会发生这样的故事：你以前使用的方法真的不再那么好用了……很多东西都是未知的。我们不知道如何利用该领域的所有这些可能性……两周前还是最先进的东西，现在却被视为稀松平常。

首席执行官胡安对此表示赞同，并认为该行业存在"速度问题。这不是一个关于什么是足够的固定基准问题，而是你能以多快的速度进行构建的问题。因为一切都在变化。没有人能预测两年后的格局到底会是什么样子"。这迫使许多业内人士通过 Coursera 和 Udacity 等平台提供的课程和证书来提升他们之前的正规教育。数据科学家尼古拉斯（Nikolas）告诉我，他在这

第六章 黑暗艺术：机器学习的劳动过程

些网站上"不断提高"自己的技能，而伊敏则表示，他工作中约有50%的时间用于研究，并说："我一直在努力学习。新东西层出不穷。很难跟上……新的发展。"据特乌维森（Theuwissen 2015）称，大多数数据科学家"将25%—75%的时间用于研发，而不是生产"（12）。

机器学习对数据的依赖进一步增加了不稳定性，因为数据在质量和可获取方面存在一系列意外情况。首席执行官托鲁认为，"如果你在数据科学方面比较死板，就会让自己失败。因为事实上，你不知道会发生什么。你希望会发生什么。你围绕它制订了一个非常合理的计划，但很多时候，意想不到的事情会发生……你以为你掌握了数据，但其实你并没有掌握"。公司试图控制与数据和软件生产其他方面有关的意外情况的一种方法是被称为持续集成（continuous integration）的开发实践。

持续集成是指："当有人将自己修改过的代码添入存储库中时，一个自动化系统就会接收该变更，检查代码，并运行一系列命令来验证该变更是好的，且没有破坏任何东西"（Meyer 2014，14）。我的许多受访者都明确表示使用了持续集成，其他人提到的敏捷方法中也隐含了对持续集成的使用。首席执行官胡安告诉我，持续集成的总体思路是："你要尽可能频繁地发布产品。因此，只要有人在代码库添加了经过完善的代码，就应该立即投入生产……这一切都应该自动完成。人们不应该手动将代码推送到服务器上。这……是一个容易出错的步骤……你需要的只是一个自动流程。"研发程序员阿尔文向我解释说："当有人完成代码并推送代码时，它就会自动构建……他们不必在自己的机器上构建代码……这是非常重要的。没有持续集成，就很难完成任何工作。"胡安报告说，持续集成"以非同寻常的速度进行。很多公司都是每晚构建或每周构建……我们则是……为别人的每一次变更进行构建"。持续集成的目的是使错误测试自动化，从而加快测试速度。一位评论家认为这是必要的，因为"如果测试时间超过10分钟，开发人员的工作效率就会下降，从而放缓向客户传递新特色或修复错误的进程"（Meyer 2014，14）。持续集成的自动检查功能使人工智能产品能够更快地推向市场。

180　　资本主义之间的竞争推动了漫长的工作周和快速的工作节奏。但这并不是人工智能的商品形式影响机器学习劳动过程的唯一途径。商品形式还通过客户、投资者和管理层等其他利益相关者施加影响。客户对劳动过程的影响可能是巨大的，因为许多人工智能公司都将咨询服务作为其商业模式的一部分。其他公司则必须在整个开发过程中不断应对快速变化的客户需求。数据科学家伊敏报告说，他工作中40%的时间都花在了"应对……来自客户的临时要求"上。首席执行官拉斯洛（Laslo）告诉我，虽然他有技术背景，但他花了很多时间"参加会议和活动，我们必须告诉人们数据科学与商业智能（BI）工作有什么不同。数据科学与他们正在使用的任何作为服务解决方案的软件有什么不同……后者你可以称之为业务开发，也可以称之为建立客户知识库"。他解释说，他的业务模式"要求对客户立即回应，立马提供拍照服务。只有这样，你才能建立起足够大的名声，你才能……真正获得口碑，客户开始回头找你。而不是你走出去向客户推销"。另一位首席执行官马希尔指出，"我花时间最多的两件事是向投资者推销和销售"。同为首席执行官的托鲁甚至为他最大的客户之一的公司担任首席技术官，用他的话说，这是一种"提供额外特别服务"的方式。

第六章　黑暗艺术：机器学习的劳动过程

影响劳动过程的另一个可能因素来自初创企业被收购的可能性。虽然受访者的公司都没有积极寻求收购，但马希尔告诉我说：

> 我听其他公司说过的一件事是，他们意识到仅凭自己的力量无法进入下一阶段。你知道，收购新客户的成本很高，或者他们的管理层没有足够的能力去争取一些大客户。成为一家更大公司的一部分有助于他们更好地实现目标……一般来说，公司都有强烈的退出愿望，无论是上市还是变得更大……然后被收购。

更进一步的影响来自管理层、风险资本资助者和孵化器项目，机器学习工作者必须向他们解释和证明自己的工作。数据科学家尼古拉斯描述了他如何向经理们介绍自己的工作：

> 通常我们坐在会议室里，在投影仪上显示结果。我们放大可视化效果，看看发生了什么。我向上级管理人员汇报工作，工作获得批准后，我们将其编辑成研究报告或仪表盘，然后上级管理人员再将其提交给用户或客户……你必须进行多次重复，然后得出一些结果，你必须说服上级管理人员，这就是我的工作方法，这就是那个结果的意义所在。

与尼古拉斯的解释和说法类似，首席执行官马希尔在公司成立初期也经历了孵化器项目：

> 每隔八周，你就会遇到一大群成功的企业家和投资者，[181]

他们会对你品头论足。如果有一两个人愿意在接下来的八周里愿意为项目花上四个小时，那么你就可以继续待在这个项目里。如果没有人愿意为你花时间，那么你就会被踢出去。所以……很明显，这会让人非常焦虑和紧张。

这种面向投资者、顾问和管理层的展示意味着，除了直接的机器学习劳动过程之外，还需要有效的沟通技巧。数据科学家伊敏告诉我："我的经理们不理解复杂的数学……我就是为他们解码这一切的人。"根据一项研究，"绝大多数"数据科学家表示，他们的"关键技能"不是技术方面的技能，而是"即时学习和良好沟通的能力，以便回答商业问题，向不懂技术的利益相关者解释复杂的结果……并让决策者相信他们的结果"（Bowne-Anderson 2018）。所有这些利益相关者关注的都是资本的成功增殖。他们的影响来自于当代人工智能的商品形式，这就要求其劳动过程必须符合增殖的迫切需要。

经验性控制

机器学习劳动过程的结构化是为了最大限度地控制间接的、解域性（deterritorialized）品种。这一点从所使用的开发方法和软件工具中可见一斑。几乎所有受访者都表示，他们的工作场所采用的是敏捷开发方法（正式化程度不一）。开发方法只是一种将软件生产划分为不同阶段的方法，目的是优化设计、生产和管理。敏捷法是一种专门为管理非物质劳动（即软件生产）而设计的方法。在敏捷开发方法之前，有一种瀑布开发模式，

第六章 黑暗艺术：机器学习的劳动过程

这种模式假定了一个生产过程，在这个过程中，严格规定的各个阶段按照线性顺序依次进行（图6.1）。

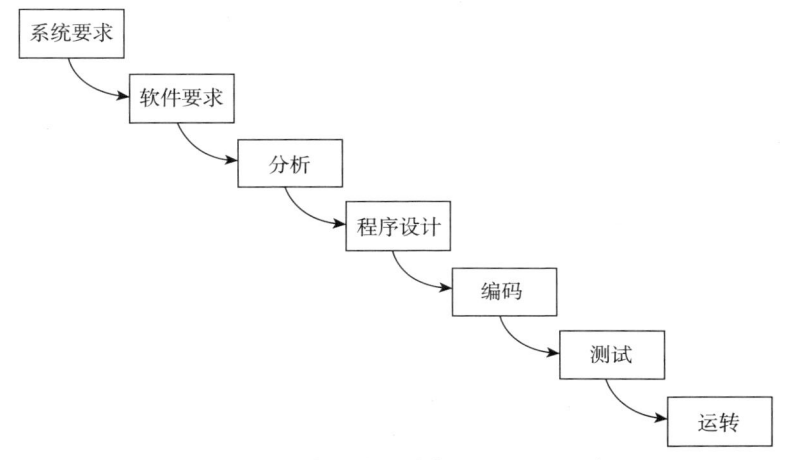

图6.1 瀑布法（改编自Royce 1970）

瀑布法曾用于制造业，并在早期的软件工作中试用过。然而，早在1970年，这种方法被认为在软件生产中"风险很大，容易失败"，因为其测试只在流程的最后阶段才进行；而只有在这时才会发现失败，然后可能需要重启整个流程（Royce 1970，329）。当时的观点是，由于代码可能存在漏洞，软件产品不可能像桥梁或汽车一样，事先就有足够详细的说明。敏捷法就是为了应对这种新的意外情况而设计的。瀑布法"假定变异是错误的结果"，而敏捷法则期望"外部环境变化引发关键变异"，或者换句话说，开发过程中的变化是不可避免的（Highsmith and Cockburn 2001，120）。敏捷法的支持者将其描述为"创造和应对变化的能力。它是一种应对不确定和动荡环境并最终取得成功的方法"（Agile Alliance, n.d.）。因此，敏捷法适合于机器学习生产，机器学习生产是"重要的流程……其与传统软件开发相比可预测性更低，因为模型是从数据而非特定的人类指令中习得的"（Yao 2019）。《敏捷软件开发宣言》阐述了以下原则：

> 个人和互动胜于流程和工具；工作软件胜于综合文档；客户协作胜于合同谈判；应对变化胜于按计划行事。（Beck et al. 2001）

瀑布法是一个最后产生完整产品的线性序列。相比之下，敏捷法则是渐进式的，即生产流程中的每一步都会产生一个新的工作部件；而且是迭代式的，因为它承认"不可能（或至少不大可能）在第一次就获得正确的特征"（Cohn 2010，257）。因此，敏捷开发被组织成为一系列被称为"冲刺"的回路，通常为期一周到一个月不等，在"冲刺"结束时，工作人员要交付一个可运行的软件组件，以便集成到更大的项目中（Cohn 2010，258）。高级软件工程师迪内希（Dinesh）将其总结为"尽早推出并不断迭代的理念"。工作原型会尽快制作出来并逐步完善（图6.2）。

目前有几十种软件开发方法以不同的方式诠释和适用敏捷原则。我的许多受访者都提到的一种方法（或许也是最受欢迎的一种方法）是 Scrum法（Denning 2015；Scrum Alliance 2018）。Scrum法的支持者将其描述为一种"完全不同的软件开发方法"，它"将灵活性、适应性和高效性重新引入系统开发"（Schwaber and Beedle 2002，1）。它旨在通过推广传统的管理实践来提高敏捷方法的灵活性。

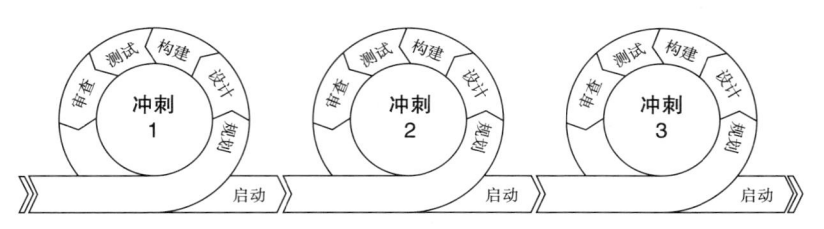

图6.2　敏捷法（改编自 Kuruppu 2019）

虽然敏捷开发总体上可能仍采用传统的等级结构方式，但在 Scrum 法中，被称为"Scrum 团队"的工作人员被描述为"自组织、全自主。他们只受到组织的标准和惯例以及他们所选择的产品待办列表（Product Backlog）的约束"（Schwaber and Beedle 2002，9）。产品待办列表是"Scrum 团队"决定的"项目需求优先级列表"，其在整个生产过程中会不断被修改（Schwaber and Beedle 2002，7）。产品待办列表中的项目通过承诺系统来处理。在确定任务和时间表后，卡洛（Carlo）告诉我，管理层"将其视为一种承诺。如果你错过了，你就必须每天或每小时提供更新"。他接着阐述了承诺系统是如何通过同侪问责（peer-accountability）机制来执行的，"在这个机制中，会有其他人，也就是另一位工程师，与你共同签字。他们也对你要完成的任务负责"。在 Scrum 法中，对同侪的承诺取代了管理层的任务授权和规范（图6.3）。

由于"Scrum 团队"自主决定如何完成"冲刺"，因此管理层的职能被重新定义。管理者的主要任务不是指导和授权，而是运行"日常 Scrum"。这是一个15分钟的会议，通常在上午举行，"Scrum 团队"在会议中评估他们的进度、修改产品待办列表并承诺下一步的任务。不属于"Scrum 团队"的人员可以参加这些会议，但不得以任何方式表达意见或干涉会议

（Schwaber and Beedle 2002，42）。在"日常Scrum"会议之外，管理者还要与公司内外的其他人员进行沟通，以帮助"Scrum团队"履行承诺。

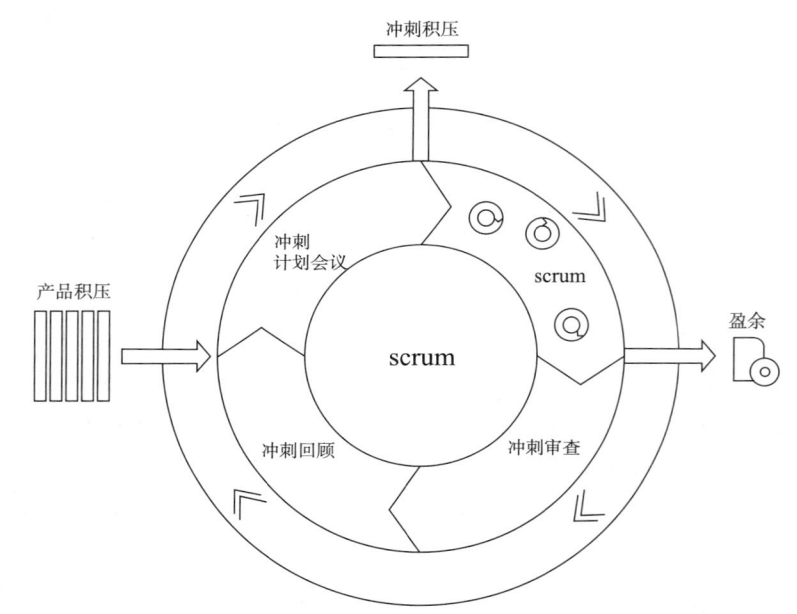

图6.3　Scrum法（改编自Weaver-Johnson 2017）

Scrum法的支持者认为，通过"剔除不恰当和烦琐的管理实践，Scrum法只留下了工作的本质……（Schwaber and Bele 2002，10）。尽管Scrum法的流程看似简单，但它提供了所有必要的管理和控制，让开发人员集中精力，快速打造优质产品"（Schwaber and Beedle 2002，10）。我的受访者普遍喜欢Scrum法和敏捷法提供的相对自由的氛围。查菲克（Chafic）描述他实习的公司"非常善于让员工管理自己的时间……它们非常灵活，只要你的目标能够实现，而且你正在取得进展。我很喜欢这一点。我不需要去公司上班，有的时候我就在家里工作"。首席科学家戴维（David）表达了这些开发方法所带来的有趣的两极自主性：

> 一方面，我们正在做的事情已经确定下来……。因此，在这个层面上，我们没有自主性，因为项目大致上是固定的。但在具体如何开展工作的层面上，我拥有完全的自主性。我有选择技术和方法的绝对自由……如果我觉得有必要，也可以对技术和方法进行研究。这也是我喜欢在这种小地方工作的原因之一。我觉得你可以决定项目是什么，你可以做你热衷的事情，做你喜欢的事情。

这与巴雷特（Barrett 2005）在第二章中讨论的软件工作中的"技术自主"概念不谋而合。不过，在员工享受这种自主感受的同时，正如其支持者所言，Scrum法仍然是一种"管理和控制流程"，也是一种"社会工程，旨在通过促进合作来实现所有人的成就感"（Schwaber and Beedle 2002，1）。与其他管理技术一样，Scrum法也与自动化有着有趣的关系。

Scrum法的推广者肯·施瓦伯（Ken Schwaber）和迈克·比德尔（Mike Beedle）将生产流程分为两种：定义流程和复杂流程。定义流程"简单，没有明显的噪声"，可以严格定义（就像算法一样），因此可以完美控制或实现自动化（Schwaber and Beedle 2002，94）。无法严格定义的流程是复杂流程，必须通过他们所谓的经验手段进行控制。"流程控制的经验模式……通过频繁检查和调整，为定义不完善、产生不可预测和不可重复输出的流程提供和实施控制"（Schwaber and Beedle 2002，

25）。他们提供了这样一个例子：

> 化工公司拥有需要经验性控制的先进聚合物工厂。一些化学流程还未定义得足够好，使工厂无法使用已定义的过程控制模型来安全和重复地运行。噪声导致统计控制失效。需要频繁检查和验证才能成功生产一批产品。随着对化学流程的深入了解和技术的不断进步，工厂的自动化程度也在不断提高。然而，过早地假定可预测性会导致工业灾难。（Schwaber and Beedle 2002，100-101）

由于软件劳动过程只有"不全面和不牢固的含义"，因此软件开发同样必须使用经验性控制（Schwaber and Beedle 2002，95）。频繁的监控是"日常Scrum"的功能之一。Scrum管理层并不试图对专业软件工人的工作下达按部就班的指令，而是跟踪他们达成公开商定承诺的自我引导式进展。工程副总裁在回答关于Scrum法的介绍时说的话很有启发性："好吧……我愿意承担风险，在规定的时间内给予团队自主性"（转引自Schwaber and Beedle 2002，82）。允许有限制的自主性是因为它能让员工解决管理层不知道如何解决的问题。

为了更好地理解Scrum法这种经验性控制技术，我们可以看看其实践者常用的软件工具之一。我的几位受访者称他们使用JIRA，这是一款专有的项目管理和漏洞跟踪程序。据一位受访者称，"敏捷法就内置于JIRA中"（Nevogt 2019）。JIRA允许集中项目管理："项目被记录于一个中央数据库中，每个项目都要经过一系列工作流（过程）……［这些过程］控制着项目的状态以及项目过渡到其他状态所依据的规则"（Nevogt 2019）。

第六章 黑暗艺术：机器学习的劳动过程

项目以图形方式表示为工作流，这些工作流由以箭头（转换）连接的方框（状态）表示的问题组成。这样就可以进行实时协作，并自动生成可视化效果和跟踪工作过程各个方面的报告。JIRA 还具有监控系统的功能，包括"功能丰富的时间跟踪"，以及每分钟自动截图的选项，这样管理层就可以"获得[整个]团队的准确时间表"（Nevogt 2019）。让 Scrum 法的拥护者感到自豪的是，"Scrum 法不具有跟踪团队工作时间的机制。衡量团队的标准是目标的完成，而不是达到目标需要多少时间"（Schwaber and Beedle 2002, 73）。然而，JIRA 提供了一种技术方法，为 Scrum 模式表面上的自由注入了时间跟踪和实时监控。它为经验性控制提供了细粒度（fine-grained）的解决方案，而经验性控制正是机器学习劳动过程的首选管理方法。

作为自动化的人工智能

人工智能是一种自动化技术，人工智能产业的工人则是人工智能的生产者。诚然，正如西达尔·帕特尔（Siddharth Patel 2017）在谈到技术工人时所指出的那样，许多人工智能工人"是雇佣阶级当前努力灵活化、加速或消除他人工作的不可或缺的一部分"。几乎所有受访者都认为人工智能是一种自动化技术，但对其可能对就业和社会产生的影响却有不同的评价。

一些受访者认为，以人工智能为基础的自动化最终会带来工作危机（将在下一节中探讨），而另一些受访者则预料会出现新的工作岗位来抵消那些被自动淘汰的工作岗位。在这两种情况下，他们从类似理想效率的角度来描述自动化。迪内希告诉我：

188

自主性批判

业内人士倾向于从效率的角度来考虑机器学习，或人工智能……我们正在发掘让过程比目前更高效的方法……技术对经济有所贡献的方式，在于发现新的效率……优步之所以酷，并不是因为人们开车到处跑或可以接人，而是因为它比现有系统或以前的乘车系统更有效率。

迪内希继续阐述道："我肯定会展望，我们正在做的工作将使目前繁忙的工作领域实现自动化……我们是否应该每年支付某人40万美元、50万美元、60万美元，就为了让他告诉癌症在这里？这是我们医疗系统的成本……从长远来看，如果我们能实现自动化，也许就不应该支付这样的费用。"首席科学家戴维也有同感，他认为"自动化本身就是为了节省时间"，首席执行官托鲁也这样认为，他说："自动化就是为了提高过程效率。这就是软件的一般意义……这是人们为了保持竞争力而必须采用的……我晚上睡得很香。我不担心……我是不是在抢走别人的饭碗？对此可以问问你的技术工人。"戴维也认为，对技术性失业的担忧"总是植根于劳动力总量型谬论，即某些人群将被完全取代，因此这些人将失去工作……我认为，从历史上看，这并没有真正实现"。

最流行的观点（尽管并不完全确定）是，人工智能驱动的自动化最终会产生社会效益。迪内希告诉我："我是个乐观主义者。我认为，如果血汗工厂不复存在，那么总体而言，这对人类来说是一件好事。"卡洛同样告诉我，他预计自动化"对社会的总体影响……从长远来看将是积极的……我认为这有可能解放人们的时间，让他们可以做一些其他的对经济或自我都有益的事情"。戴维甚至唤起了马克思主义精神："我愿意相信早期的社会主义和共产主义作家。如果剩余劳动力中得到关照，人们将腾出更多的时间。你的生产率会提高,因此你工作所需的时间会减少。这从未发生过,但我愿意相信。"

我与受访者就人工智能和自动化问题进行了深入而细致的交谈,我们可以在此展开更长时间的讨论,阐述不同观点的异同。不过,人工智能工人对人工智能未来广泛社会影响的看法并不是我们在此关注的重点。相反,我将重点分析人工智能工人是如何谈论人工智能工作的。在讨论人工智能驱动的自动化及其前景时,我和受访者最终谈到了他们自己的劳动是如何以及可能如何受到自动化的影响。我所了解到的情况让人大吃一惊,并为评估所谓的非物质劳动的新自主性开辟了一条意想不到的途径。

人工智能工作的自动化

受访者告诉我,通过对机器学习的递归应用,机器学习生产已经实现了自动化。受访者对此的看法很矛盾:有些人对自己的工作表示担忧,有些人则告诉我,他们希望自己的工作自动化程度更高,而不是更低。那些希望在工作中实现更多自动化的受访者主要从预期效率以及从机器学习的本质所产生的独特必要性的角度表达了他们的积极评价。

推理工程师卡洛告诉我,虽然他认为自己的工作目前是安全的,但"终究会有东西将其自动化……但我并不担心,因为我认为可能几十年内都不会出现任何一种通用人工智能"。其他人则看到了更迫在眉睫的威胁。数据科学家尼古拉斯告诉我:

如果我想在未来保住工作,也许我需要在五年后学习新技术。我需要跳出典型的机器学习模型，转向深度学习或大数据……在我的公司，几年前数据清理是用 Excel 进行的。但现在，我们已经用……复杂的程序取代了这一切，这些程序会接收数据，整理出所有异常数据并清理数据。

研发程序员阿尔文说：

我认为［我的工作被自动化的可能性］非常大……在我看来，所有的工作都有可能实现自动化……最后留下的是非常高端的编程工作，也就是我工作中最具创造力和智能的部分……但大部分编程工作，比如说 70%—80% 的编程工作，都是苦差事。它是大量的……围绕代码推动……的各种无意义的事情。所有这些都会消失……最后消失的是其他创造性工作，例如诗歌和音乐。但即使如此，我也不敢说，因为有一些工具正在准备做诗……也许数学……我需要开始做数学……很多人都会［编程］。而机器很快都能做到。

数据科学家伊敏也表达了类似的观点，他说："我认为，对于机器学习来说，下一步是让任何人都能在很短的时间内运行一些模式以识别或统计任务，并获得自己想要的结果。"初创公司的首席执行官克里斯也发现了类似的威胁：

机器会把机器教得更好，这就是未来会发生的事情……我认为，即使是机器学习工作也会被真正取代……大多数与软件相关的工作在未来 20 年内最终都会消失……

第六章 黑暗艺术：机器学习的劳动过程

人们会通过语音指令来描述——说"好吧，我想创设一个能做X、Y、Z的类似Uber的应用程序"。然后计算机就会……模拟出几个……你想建立的东西，听起来很有趣，但实际上这是有限的。这个具有广泛性，但它是有限的。无限的是设计。但就核心功能而言，你真正要做的是插入数据，你应用一些逻辑并存储数据，这是有限的。无限的是"好的，我想让它变成这种蓝色，我想让方框在这里，我想这样"。而我们现在已经有软件解决方案为我们做这些类似的处理……人们使用谷歌Firebase，所以我真的看到未来会有很多软件在做这样的事情。

但并非所有人都对此表示担忧。一些人表达了相反的观点，认为自动化是可取的，甚至是必要的。机器学习科学家马丁告诉我：

> 对于一般的数据科学家和机器学习科学家来说……我不认为自动化是一种威胁。要我来说这是一种便利，因为这样你就可以去做更重要的事情……更高层次的事情。真正重要的事情是……几十年前，你不得不坐下来……使用汇编，用0和1与计算机对话，这真的很难。你不会走得太远。但现在，我们有了非常高级的语言……甚至语言也在更新，原来半页代码的东西现在只需几行代码就可以搞定。所以，事情向好的方向发展……你可以去想想什么才是最重要的。

马丁将人工智能工作自动化描述为一种便利，因为这让他能够从琐碎的细节中抽离出来，在更高的抽象层次上工作，更轻松地完成更复杂的工作。数据科学家伊敏同样热衷于工作自动化，并将其描述为软件生产的必要性之一：

>我认为，如果你是一名程序员，一般来说，如果你持续六个月做同一件事，你就必须开始考虑自动化。这样应该不会花太长时间。如果你一年都在做同样的例行工作，那你或许就做错了。必须有更高层次的抽象……让自己的事情变得更容易……你没有工具和材料的限制。土木工程师需要所有的钢材和工人来建造他设计的东西。但是，如果你在电脑中设计了一个东西，你就可以……测试它，拆掉它，然后在它的基础上创建一个可以操作它的东西。我们应该始终朝着自动化的方向发展。这就是我经常问我们小组每个人的问题……日常工作是什么，如果可以自动化，我们就去实现。

在伊敏看来，软件工作的优势在于计算机的递归环境。由于软件工作的素材是代码，因此一旦一项任务变得常规化，就可以通过编写合适的程序轻松实现自动化，而无须制造专门的机器。

伊敏希望软件工作始终朝着自动化的方向发展，这似乎得到了人工智能行业许多工作人员的认同。据说自动化之所以吸引人，是因为数据科学家"并不特别喜欢清理数据……[他们认为]打磨他们所依赖的材料是对他们技能的浪费"（Theuwissen 2015，9）。一位行业评论员也认为，"将可以安全自动化的事情自动化，将我们的时间留给数据科学的创造性

第六章　黑暗艺术：机器学习的劳动过程

部分，似乎是一种自然的进步"（Vorhies 2017b）。另一位业内人士甚至认为，"自动化是经验丰富的从业者的责任"，因为它"确保我们的工作只专注于挑战的新颖之处"（McClure 2018，着重号为原文所有）。然而，资源的有效分配并不是希望实现更多自动化的唯一原因。另一个原因来自机器学习的独特性质。

高级软件工程师迪内希向我解释说，机器学习的工作过程需要大量的猜测和实验。他认为，这种知识的匮乏是实现机器学习工作自动化的主要动力：

> 神经网络的设计和布局需要大量的黑暗艺术。你在……画一个图……你期望数据以某种方式流经这个图，你要更新这些东西，而这个图的布局形状与输出质量之间存在某种关系。这种关系是什么？……没有人真正理解这一点。我们知道如何把它做得非常非常糟糕。我们知道不该做什么……如果我们想获得更好的性能，我们可以稍微调整一下。但实际上，我们没有确切的模型或理论来支持它……如果你已经有了一个模型，它正在做这些预测，你坐在那里，试图调整它以获得更多的性能。这种调整有些是随机的，有些是启发式的随机……我们给员工很多钱，让他们在这方面做得比随机做得更好。但归根结底，他们并不擅长这些。他们并未深入了解如何打造一个完美的网络，使其尽可能地良好运行……在我看来，将探索和尝试不同类型网络的过程自动化，是一个非常自然的飞跃……在机器学习的很多方面，我们实际上都在使用机器学习系统尝试以各种方式对其进行调整。而这只是在此基础上的发展：我们能否尝试使用机器学习来学习机器学习网络本

192

身的所有参数？因此，在我看来，这是一种向好的发展。

按照迪内希的构想，正是由于缺乏如何以最佳方式创建机器学习系统的知识，才导致了该系统生产的自动化。其他受访者没有表达这一观点，但他们普遍认同的一个基本观点是，机器学习是一种通过玄妙方法产生的玄妙技术。机器学习的玄妙性质与该技术的诞生有关。商业杂志《福布斯》上的一篇文章指出，"机器学习开发者的工具的成熟生态系统根本不存在，[而且]机器学习从业人员通常以临时方式管理他们的工作流"（Toews 2020），一项针对数据科学家的调查也认为，"不存在编码化的成套策略"（Theuwissen 2015，13）。在缺乏编码的劳动过程中，人工智能的生产依靠的是"旁门左道"。谷歌机器学习研究员郭乐（Quoc Le）承认"我们依靠直觉"（转引自 Simonite 2017b）。人工智能企业家肖恩·麦克卢尔（Sean McClure 2018）认为，数据科学是一门"艺术"，因为"知道该转动什么旋钮，转动多少，但无法编码。它涉及经验、与领域专家的对话，以及最重要的试错"。

从历史上看，正如马克思和布拉夫曼所言，在劳动过程自动化之前，劳动已经被分析、拆分和编码。根据上述论述，机器学习劳动过程抵制编码。机器学习生产需要凭借直觉、猜测、美感和经验，从而开启了一门"黑暗艺术"。尽管如此，它正在被自动化。马克思主义对自动化的理解似乎出了问题；在这里，自动化是在没有编码的情况下发生的。事实上，迪内希的论述表明，机器学习生产之所以自动化，正是因为它一直在抵制编码化。马克思主义视角能否把握自动化与编码化的重新衔接？我认为可以，而且我认为这种重新衔接为非物质劳动的新自主

第六章　黑暗艺术：机器学习的劳动过程

性主张提供了一个关键的对立面。为此，下一节将详细阐述机器学习劳动过程的自动化。

自动机器学习

随着越来越多的技术被统称为自动化机器学习或自动机器学习，机器学习劳动过程正在实现自动化。我的一位受访者提到了一种名为超参数优化（hyperparameter optimization）的特殊技术，这让我对自动机器学习有了大致的了解。自动机器学习使用机器学习自动完成机器学习劳动过程中的任务。坎贝尔（Campbell 2020）在评论自动机器学习的递归性质时，将其比作"大蛇吃掉自己的尾巴"。自动机器学习的起源可追溯到20世纪90年代，但自动机器学习一词首次出现是在2014年，当时国际机器学习大会专门为此举办了一次研讨会。此后，在一系列竞赛（Guyon et al. 2015；Zöller and Huber 2019）的推动下，自动机器学习越来越受欢迎。我在2017—2018年为本书进行访谈后的短短几年间，自动机器学习已经从科技巨头们昂贵的实验项目变成了一项实用的自动化技术。自动机器学习库的创建者TransmogrifAI（n.d.）夸口说，他们的产品"实现了接近手工调整模型的精确度，而在时间方面缩短了近100倍"。现在，自动机器学习已成为Auto-sklearn和Auto-Keras等开源项目以及科技巨头（谷歌Cloud AutoML、百度AutoDL、亚马逊Sagemaker、脸书FBNet、微软Azure Automated ML）和初创公司（DataRobot、H2O Driver-less AI、Big Squid）商品的基础。

自动机器学习可应用于机器学习劳动过程的所有三个阶段。在第一阶段，即数据处理阶段，自动机器学习应用程序

（如MLBox）可用于自动清理和格式化数据。机器学习科学家马克·安德烈·佐勒和马尔科·胡贝尔（Marc-André Zöller and Marco Huber 2019）认为，"低质量数据可以自动被检测和纠正"，然而"高级和特定领域的数据清理工作可以交给用户"（19-20）。特征工程往往需要领域知识、直觉和大量的试错，目前也正在通过"特征学习"（feature learning）网络实现自动化，该网络可自动生成和测试可能的特征（Hardesty 2015；Koehrsehn 2018）。数据标注的自动化工作也在进行中。ClaySciences和DataLoop等公司正在生产"自动注解"（automatic annotation）人工智能系统，该系统可对数据集进行初步标注，这样"幽灵工人"只需提供更正和补充信息即可（Singer 2019；DataLoop n.d.）。虽然在撰写本书时，工人仍然至关重要，但一位机器学习专家预测，数据标注将在5到10年内实现完全自动化（Nakashima 2018）。

自动机器学习至少通过两种方式还将应用于机器学习劳动过程的第二阶段，即模型构建。首先是设计人工神经网络的架构，这项任务需要"具有丰富机器学习专业知识的人员花费大量的时间和实验"，因为"所有可能模型的搜索空间可以组合得非常大——一个典型的10层网络可能有~10^{10}个候选网络"（Zoph and Le 2017）。对于一个不熟悉的问题，通常无法事先确定哪种架构最有效。这项任务可以由人工智能驱动的"神经架构搜索"自动完成，它可以自动设计和比较可能的架构（Elsken et al. 2019）。特别是，微软公司拥有一项名为"人工辅助搜索"的技术，其中"研究人员可以为大规模神经网络确定一种有前景的排列方式，然后系统可以循环处理一系列类似的可能性，直到确定最佳排列方式"（Metz 2016）。自动机器学习

第六章 黑暗艺术：机器学习的劳动过程

还可用于自动完成模型构建的第二个方面，即前面提到的超参数优化，这涉及构建支配模型行为的内部设置，以优化特定指标，如训练时间和准确性。其自动化方式类似于神经架构搜索，通过自动设计和测试许多候选构建来实现（Li and Talkwalkar 2018）。

最后，自动机器学习还可用于部署阶段。Seldon 等公司可以自动将机器学习模型"包装"为不同编程语言的应用程序编程接口（API），而微软机器学习服务则可以自动将机器学习模型部署为网络服务，以便嵌入应用程序中（Think Gradient 2019）。对已部署模型的维护也可以通过 DataRobot 的 MLOps 等应用程序实现自动化。

机器学习劳动过程显然是可以自动化的。然而，正如我们所看到的，它抵触编码。为了把握这种似乎与马克思主义自动化概念相悖的情况，我提出了合成自动化的概念。

合成自动化

马克思（1993）恰如其分地描述了"机器体系大体上是沿着这条道路产生的……它发展的道路"是一个"分解"（dissection）的过程（704）。劳动过程通过分工被分割开来，"分工逐渐把工人的操作变成越来越机械化的操作，以便在某一适当时刻由机械装置取代工人的位置"（Marx 1993，704）。但马克思也提出，一旦工业和技术高度发达，"所有科学都为资本服务；当……现有机器体系本身已经提供了巨大的能力"时，就可以通过"分析和应用直接产生于科学的机械和化学规律"来设计新机器（Marx 1993，704）。在这里，我们可以把马克思的观点解读为，当技术足够先进时，自动化就成为可能，而无须事先对劳动过程进行获取和编码。机器学习提供了一个具体的例子来说明这种情况是如何发生的。

布林约尔松和麦卡菲（Brynjolfsson and McAfee 2017）断言，在机器学习出现之前，"无法明确表达我们自己的知识意味着我们无法自动完成许多任务"（4）。事实上，在第一个人工智能产业时代，通过知识工程获取隐性知识是制造有效专家系统的公认障碍（Collins et al. 1986）。然而，由于机器学习可以直接从数据中提取模型，它可以应用于"我们没有算法"（Alpaydin 2014，1）的劳动过程自动化。换句话说，可以利用机器学习实现劳动过程的自动化，而这些劳动过程尚未被编码或分解为精确定义的阶段。算法与算法之间的递归生产，使"我们没有算法"的劳动过程得以自动化。自动机器学习增加了另一层递归。我们的目标不仅是从数据中生成一个模型，而且要生成一个"能够优化机器学习模型训练的机器学习模型"（Metz 2016）。

我提议用"合成自动化"（synthetic automation）来形容机器学习和自动机器学习中雏形初现的自动化形式。在此，我将该概念与阿尔弗雷德·索恩·雷切尔（Alfred Sohn-Rethel 1978）提出的"合成计时"（synthetic timing）概念（155）进行比较。索恩·雷切尔（1978）在对资本的时间性进行深思时，描述了泰勒主义是如何从简单地研究某项工作通常需要花费工人多长时间（经验计时）发展到规定这项工作应该花费工人多长时间（强制计时），并最终发展到合成计时，或解释"某项工作的时间规范……而无须咨询或观察工人，甚至对于从未实践过的新工作也是如此"（155）。合成计时规范是根据时间和运动

第六章 黑暗艺术：机器学习的劳动过程

的"技术分类"计算出来的，而"技术分类"来自于"根本没有真正的人类劳动条件……人类劳动被塑造成一个技术性实体"（Sohn-Rethel 1978，155）。根据对任务 X 的观察和对人体及其能力的特别构想，管理层在生产开始之前就为任务 Y 计划了适当的时间规范。合成自动化代表了从经验到合成的类似转变，但这发生在劳动及其被机器所取代的背景之下。合成自动化不是通过观察、分解和编码工人从事的劳动过程，然后设计出机器替代品来实现自动化，而是在不考虑"活劳动"先例的情况下，生产出机器替代品。我们还可以参照媒体理论家维莱姆·弗鲁瑟（Vilém Flusser）对传统图像、技术图像和合成图像的区分来理解。

弗鲁瑟（2011）认为，传统图像（如绘画）是由艺术家创作的，它与技术图像不同，后者是由照相机等机器自动创作的（36）。技术图像是机械装置和化学过程共同的结果，它并非由艺术家直接控制，而是由机器使用者间接控制。然而，技术图像仍然是对业已存在现实的反映。随着根据抽象规格自动生成的"合成"模型的出现，这种情况发生了变化：

> 计算机操作员将飞机构思为外部世界中的飞机。然后，他手持一台仪器……（通过"空气动力方程"或"生产成本"等概念）"领会"他所构思的东西。仪器会自动计算这些概念……使屏幕上出现一架构思的飞机。（Flusser 2011，42-43）。

同样，合成自动化也不是通过反映或获取预先存在的、编码的劳动过程来实现自动化，而是通过从数据中生成模型来实现自动化。算法的产生无须首先剖析劳动过程。

考虑一下作为自动化的 GOFAI 或经典人工智能。这一点在专家系统中表现得尤为明显，专家系统的目的是通过知识工程获取有关工人如何解决问题的知识和技能，从而淘汰工人。人工智能是另一种自动化。从关注劳动的角度来看，人工智能通过从数据中提取模型，消除了（实践中并不完美的）对知道问题解决方案的工人的需求。想象一下 DeepMind 的围棋系统 AlphaGo Zero，它不是通过研究人类的对弈数据，而是通过在模拟中自我对弈，并通过强化学习完善模型，从而学会击败人类高手（Silver et al. 2017）。这种方法能否应用于劳动过程自动化？这正是由机器学习所提出的一种算法产生一种算法。因此，一位评论家将机器学习描述为"正在自动化的自动化"（automating automation）（Raschka 2016）。然而，现在应该清楚的是，机器学习远未实现完全自动化；它需要熟练工人收集和准备数据，构建和调整算法和架构，以及训练、部署和维护模型。自动机器学习（同样，在实践中并不完美）的目标是减少必要的人力成分，不仅消除对工人的需求（正是从工人那里自动机器学习获取了劳动过程的知识），而且消除对机器学习"黑暗艺术"知识的需求。它旨在用"蛮力"自动化实验取代数据科学家。因此，自动机器学习得到了一个冗长的"正在自动化的自动化"的称号（Mayo 2016）。我认为，自动机器学习代表了资本的一种可能技术轨迹；这种轨迹被定义为：在构想问题和解决方案，以及理解和创造自动产生解决方案的手段方面，都有可能不再需要劳动。

多明戈斯（Domingos 2015）将机器学习的终极递归能力想象为"主算法"（master algorithm）或一种能够"学习所有可以

第六章 黑暗艺术：机器学习的劳动过程

从数据中学到的东西"（24）的单一算法。这是一种假想的学习算法，如果给定适当的数据，它"可以任意类似任何函数，作为一种数学语言，该函数可以学习任何事物"（Domingos 2015，24）。换句话说，主算法可以生成解决任何问题的模型。在这里，多明戈斯又回到了图灵机对其他机器进行通用模拟的能力，用的是递归增强的方法。主算法超越了图灵机，它不仅能模拟任何其他机器，还能自动生成任何其他机器。主算法代表了合成自动化的理想顶峰，它是一种致力于强化真实从属的通用人工智能。不难想象，资本会对这种自动化劳动过程的通用手段抱有巨大的热情。

自动机器学习是推动所谓人工智能"民主化"的主要组成部分，这绝非巧合。这场运动是由科技巨头推动的，对他们来说，这意味着让"公民数据科学家（又称较少或未经训练的业余爱好者）直接建立一些[机器学习]模型"成为可能（Vorhies 2017a）。但这一表面上的善意姿态的另一面，却是人工智能资本的有机构成日益增加。谷歌大脑的负责人杰夫·迪恩（Jeff Dean）问道："目前，解决问题的方法是你拥有专业知识、数据和计算……我们能否消除对大量机器学习专业知识的需求？"（Simonite 2017a）。为此，科技巨头们开发了"一键式"和"端到端"的自动机器学习软件包，旨在将整个机器学习劳动过程简化为一个用户友好型应用程序，只需很少的技术知识即可操作。这些产品包括优步的Michelangelo机器学习、百度的EZDL和脸书的"机器学习流水线"FBLearner Flow（Metz，2016）。

现有的端到端自动机器学习商品仅限于制作简单的模型，但实验系统指向了可以制作更复杂的模型的可能性（Toews

2020）。2019年4月，谷歌人工智能实验室展示了一个"全自动"自动机器学习系统。谷歌自动机器学习系统参加了Kaggle黑客马拉松比赛，该比赛要求参赛者制作一个用于预测制造缺陷的模型，谷歌自动机器学习系统在大师级数据科学比赛中获得了第二名（Lu 2019）。虽然该系统的具体细节尚未公布，但据谷歌人工智能博客称，"数据和计算资源是唯一的输入，而可服务的TensorFlow模型则是输出。整个过程无须人工干预"（Lu 2019）[②]。

  尽管有这个例子，而且自动机器学习商品层出不穷，但人们有理由认为，自动机器学习只是人工智能诞生以来炒作的最新表现形式。自动机器学习技术需要消耗大量计算能力（即使以高标准的机器学习来衡量），以至于批评人士在2017年认为，"考虑用自动机器学习减轻机器学习专家的负担或部分取代机器学习专家还不切实际"（Simonite 2017a；另见Simonite 2017b）。然而，仅仅两年后的2019年，就有数十个自动机器学习应用软件通过云平台找到了客户。尽管如此，我们还是有充分的理由认为，无法期望在不久的将来能够实现人工智能工作的全面自动化。贝托尔德（Berthold 2019）认为，专家级数据科学问题往往涉及回答"开放式"或"研究型"问题，而这些问题并不适合采用自动机器学习的"蛮力"来解决。还有人认为，虽然自动机器学习在特征工程方面取得了一些成功，但针对任务的专家级工作却需要数据以外的知识，以及工作领域的

[②] 需要注意的一个重要限定条件是，寻找和收集适当的输入数据首先是一项重要的任务，对此人工干预仍然是必要的。因此，在某种意义上，端到端是一个错误的措辞，除非这也是自动化的。

知识。因此，数据科学家经常与领域专家合作，这应该是一种不可自动化的现象（Oliveira 2019）。未来会有答案。关于自动机器学习能力的绝对论断，我将留给更有发言权的人。

机器学习中的其他自动化形式

数据科学家马西娅·奥利维拉（Marcia Oliveira 2019）认为，现有的自动机器学习系统仅适用于监督学习，即对数据进行标记。自动机器学习的工作原理是将监督功能自动化，自动调整模型，直到得到理想的输出。这种方法无法应用于无监督学习，因为在无监督学习中，数据是无法标记的，而且可能是非结构化的。如果像有些人认为的那样，无监督学习是机器学习的未来（LeCun et al. 2015），那么自动机器学习的适用范围可能就很有限了。不过，除了自动机器学习之外，人们还在多方尝试用其他方式实现无监督学习的自动化。其中之一就是使用进化算法来发展深度学习网络架构（Wistuba 2018）。另一种是元学习，试图让系统学习自己的学习算法（Finn 2017）。还有一种不是典型的自动化形式，但在克服数据/劳动瓶颈方面可以发挥关键作用。

无论针对监督学习还是非监督学习，机器学习都需要大量数据。满足这一要求的一个递归解决方案就是生成合成数据。人们正在应用机器学习生成合成数据，然后将其用于训练机器学习模型，根据一项实验，这些模型的性能与在真实世界的数据上训练的模型"无显著差异"（Patki et al. 2016，1）。合成数据可以通过多种方式创建。一种是使用生成式对抗网络（GAN）。生成式对抗网络可以通过两个网络之间的隐喻伪造操作，生成现实世界中从未存在过的非常令人信服的人物和物体照片。一个网络试图生成新的图像，并让其冒充原始数据集的一部分，而另一个网络则试图辨别哪些图像是第一个网络生成的（Goodfellow et al. 2014）。在整个过程中，两个网络都会在各自任务的基础上有所改进，并生成与真实数据无异的合成数据。还有一些不太复杂的"数据增强"技术，即通过对其中的项目自动进行微小改动来扩展现有数据集（He et al. 2019，3）。简而言之，自动机器学习只是实现机器学习生产自动化的其中一种方式。

结　论

本章探讨了机器学习的劳动过程。虽然在当代人工智能产业中，工人远非消耗品，但他们的劳动却越来越多地被自动化技术所增强。我认为，这是机器学习劳动过程明显受增殖迫切需要影响的一种方式。增殖过程的影响还体现在长时间的工作、狂热的工作节奏、利益相关者的持续影响以及经验性控制的管理实践上。我揭示了这样的事实，由于人工智能产业是一个新兴产业，许多机器学习劳动过程尚未编码，即使是专家也只能通过直觉、猜测和纯粹的试错来取得成果。最后，我讨论了尽管缺乏编码，但如何通过机器学习的递归应用实现机器学习劳动过程的自动化。我提出了合成自动化的概念来描述这种自动化技术。我还提出，合成自动化可能代表了一种质量上新颖的自动化类型和资本的未来技术轨迹。在下一章中，我将进一步阐述这种可能性，并对"后工人主义"关于非物质劳动新自主性的主张进行批判。

第六章 黑暗艺术：机器学习的劳动过程

参考文献

Agile Alliance. n.d. Agile 101. https://www.agilealliance.org/agile101/. Accessed 23 Aug 2019.

Alpaydin, Ethem. 2014. *Introduction to Machine Learning*. Cambridge: MIT Press.

Alpaydin, Ethem. 2016. *Machine Learning: The New AI*. Cambridge: MIT Press.

Barrett, Rowena. 2005. Managing the Software Development Labour Process: Direct Control, Time and Technical Autonomy. *In Management, Labour Process and Software Development: Reality Bites*, ed. Rowena Barrett. New York: Routledge.

Beck, Kent, Mike Beedle, Arie Van Bennekum, Alistair Cockburn, Ward Cunningham, Martin Fowler, James Grenning, Jim Highsmith, Andrew Hunt, Ron Jeffries, Jon Kern, Brian Marick, Robert C. Martin, Steve Mellor, Ken Schwaber, Jeff Sutherland, and Dave Thomas. 2001. Manifesto for Agile Software Development. http://agilemanifesto.org/.

Berthold, Michael R. 2019. What Does It Take to Be a Successful Data Scientist? *Harvard Data Science Review* 1 (2).

Bowne-Anderson, Huge. 2018. What Data Scientists Really Do, According to 35 Data Scientists. *Harvard Business Review*, August 15. https://hbr.org/2018/08/what-data-scientists-really-do-according-to-35-data-scientis=ts?referral=03758&cm_vc=rr_item_page.top_right.

Brownlee, Jason. 2013. How to Prepare Data for Machine Learning. *Machine Learning Mastery*, December 25. https://machinelearningmastery.com/how- to-prepare-data-for-machine-learning/.

Brownlee, Jason. 2014. Discover Feature Engineering, How to Engineer Features and How to Get Good at It. *Machine Learning Mastery*, September 26. https://machinelearningmaster y.com/discover-feature-engineering-how- to-engineer-features-and-how-to-get-good-at-it/.

Brownlee, Jason. 2015. Gentle Introduction to Predictive Modeling. *Machine Learning Mastery*, September 20. https://machinelearningmastery.com/gen tleintroduction-to-predictive-modeling/.

Brownlee, Jason. 2016. Supervised and Unsupervised Machine Learning Algorithms. *Machine Learning Mastery*, March 16. https://machinelearningmastery.com/supervised-and-unsupervised-machine-learning-algorithms/.

Brynjolfsson, Erik, and Andrew McAfee. 2017. The Business of Artificial Intelligence: What It Can–and Cannot–Do for Your Organization. *Harvard Business Review Digital Articles* 7: 3-11.

Campbell, Mark. 2020. Automated Coding: The Quest to Develop Programs That Develop Programs. *Computer* 53 (2, February).

Cohn, Mike. 2010. *Succeeding with Agile: Software Development Using Scrum.* Upper Saddle River, NJ: Pearson Education.

Collins, Harry M., Rodney H. Green, and Robert C. Draper. 1986. Where's the Expertise? Expert Systems as a Medium of Knowledge Transfer. In *Proceedings of the Fifth Technical Conference of the British Computer Society Specialist Group on Expert Systems on Expert Systems* 85, ed. M.J. Merry, 323-334. Cambridge: Cambridge University Press.

Crowdflower. 2016. 2016 Data Science Report. https://visit.figure-eight.com/rs/416-ZBE-142/images/CrowdFlower_DataScienceReport_2016.pdf.

Dash, Anil. 2012. The Blue Collar Coder. *Anil Dash's Blog*, October 5. https://anildash.com/2012/10/05/the_blue_collar_coder/.

DataLoop. n.d. Machine Learning Ready-to-Use Datasets. https://www.dataloop.ai/create-your-datasets#!!.

DataRobot. n.d. Machine Learning Model Deployment. https://www.datarobot.com/wiki/machine-learning-model-deployment/.

Denning, Steve. 2015. Agile: The World's Most Popular Innovation Engine. *Forbes*, July 23. https://www.forbes.com/sites/stevedenning/2015/07/23/the-worlds-most-popular-innovation-engine/#77ccfe27c769.

Dettmers, Tim. 2015. Deep Learning in a Nutshell: Core Concepts. *NVidia Developer Blog*, November 3. https://devblogs.nvidia.com/deep-learning-nutshell-core-concepts/. Accessed 5 Nov 2018.

Domingos, Pedro. 2015. *The Master Algorithm: How the Quest for the Ultimate Learning Machine Will Remake Our World*. New York: Basic Books.

Dong, Catherine. 2017. The Evolution of Machine Learning. *TechCrunch*, August

18. https://techcrunch.com/2017/08/08/the-evolution-of-mac hine-learning/. Accessed 12 Sept 2018.

Elsken, Thomas, Jan Hendrik Metzen, and Frank Hutter. 2019. Neural Architecture Search: A Survey. *Journal of Machine Learning Research* 20 (55): 1-21.

Etzioni, Oren. 2018. AI Advances Require 99 Percent Manual Labor. *MIT Technology Review*, March 26. https://www.technologyreview.com/video/610647/ai-advances-require-99-percent-manual-labor/.

Finn, Chelsea. 2017. Learning to Learn. *Berkeley Artificial Intelligence Research Blog*, July 18. https://bair.berkeley.edu/blog/2017/07/18/lea rning-to-learn/. Accessed 13 Sept 2018.

Flusser, Vilém. 2011. *Into the Universe of Technical Images*, trans. Nancy Ann Roth. Minneapolis/London: University of Minnesota Press.

Goodfellow, Ian, Jean Pouget-Abadie, Mehdi Mirza, Bing Xu, David Warde-Farley, Sherjil Ozair, Aaron Courville, and Yoshua Bengio. 2014. Generative Adversarial Nets. In *Advances in Neural Information Processing Systems* 27, ed. Z. Ghahramani, M. Welling, C. Cortes, N.D. Lawrence, and K.Q. Weinberger, 2672-2680.

Google. 2019. Data Preparation and Feature Engineering in ML. *Google Developers*. https://developers.google.com/machine-learning/data-prep.

Google. n.d. reCAPTCHA v3: The New Way to Stop Bots. https://www.goo gle.com/recaptcha/intro/v3beta.html. Accessed 7 Nov 2018.

Gray, Drew. 2019. Introducing Voyage DeepDrive. *Voyage*. https://news.voyage.auto/introducing-voyage-deepdrive-69b3cf0f0be6.

Guyon, Isabelle, Kristin Bennett, Gavin Cawley, Hugo Jair Escalante, Sergio Escalera, Tin Kam Ho, Núria Macià et al. 2015. Design of the 2015 Chalearn Automl Challenge. In 2015 *International Joint Conference on Neural Networks* (*IJCNN*), 1-8. IEEE.

Hardesty, Larry. 2015. Automating Big-Data Analysis. *MIT News*, October 16. https://news.mit.edu/2015/automating-big-data-analysis-101.

He, Xin, Kaiyong Zhao, and Xiaowen Chu. 2019. AutoML: A Survey of the State-of-the-Art. arXiv preprint arXiv:1908.00709.

Highsmith, Jim, and Alistair Cockburn. 2001. Agile Software Development: The Business of Innovation. *Computer* 34 (9): 120-127.

Knight, Will. 2017. Reinforcement Learning. *MIT Technology Review*. https://www.technologyreview.com/s/603501/10-breakthrough-technologies-2017-reinforcement-learning/. Accessed 7 Nov 2018.

Koehrsen, William. 2018. Why Automated Feature Learning Will Change the Way You Do Machine Learning. *KDNuggets*. https://www.kdnuggets.com/2018/08/automated-feature-engineering-will-change-machine-learning.html.

Kraft, Philip. 1977. *Programmers and Managers: The Routinization of Computer Programming in the United States*. New York: Springer.

Kraft, Philip. 1979. The Industrialization of Computer Programming: From Programming to 'Software Production'. In *Case Studies on the Labor Process*, ed. Andrew S. Zimbalist. New York: Monthly Review Press.

Kraft, Philip, and Steven Dubnoff. 1986. Job Content, Fragmentation, and Control in Computer Software Work. *Industrial Relations: A Journal of Economy and Society* 25 (2): 184-196.

Kuruppu, Dasith. 2019. Agile Development from a Programmer's Perspective. *Level Up Coding*, January 2. https://levelup.gitconnected.com/agile-from-a-developers-perspective-27b23ea665f0.

LeCun, Yan, Yoshua Bengio, and Geoffrey Hinton. 2015. Deep Learning. *Nature* 521: 436-444.

Li, Liam, and Ameet Talkwalkar. 2018. What Is Neural Architecture Search? *O'Reilly*, December 20. https://www.oreilly.com/ideas/what-is-neural-architecture-search.

Locklin, Scott. 2014. Neglected Machine Learning Ideas. *Locklin on Science*, July 22. https://scottlocklin.wordpress.com/2014/07/22/neglected-machine-learning-ideas/.

Lu, Yifeng. 2019. An End-to-End AutoML Solution for Tabular Data at Kaggle-Days. *Google AI Blog*, May 9. https://ai.googleblog.com/2019/05/an-end-to-end-automl-solution-for.html.

Luo, Zelun, Boya Peng, De-An Huang, Alexandre Alahi, and Li Fei-Fei. 2017. *Unsupervised Learning of Long-Term Motion Dynamics for Videos*. arXiv preprint arXiv:1701.018212.

Marx, Karl. 1993. *Grundrisse*. New York: Penguin.

Mayo, Matthew. 2016. The Case for Machine Learning in Business. *LinkedIn*,

October 3. https://www.linkedin.com/pulse/case-machine-lea rning-business-matthew-mayo/.

McClure, Sean. 2018. GUI-Fying the Machine Learning Workflow: Towards Rapid Discovery of Viable Pipelines. *Towards Data Science*, June 25. https://towardsdatascience.com/gui-fying-the-machine-learning-workflow-towards-rapid-discover y-of-viable-pipelines-cab2552c909f.

Metz, Cade. 2016. Building AI Is Hard—So Facebook Is Building AI That Builds AI. *Wired*, May 6. https://www.wired.com/2016/05/facebook-try ing-create-ai-can-create-ai/.

Meyer, Mathias. 2014. Continuous Integration and Its Tools. *IEEE Software* 31 (3): 14-16.

Nakashima, Ryan. 2018. AI's Dirty Little Secret: It's Powered by People. *Phys.org*, March 5. https://phys.org/news/2018-03-ai-dirty-secret-powered-people.html.

Nevogt, Dave. 2019. JIRA Project Management: A How-to Guide for Beginners. *HubStaff*, May 16. https://blog.hubstaff.com/jira-project-man agement-guide-beginners/.

Oliveira, Marcia. 2019. 3 Reasons Why AutoML Won't Replace Data Scien-tists Yet. *KDnuggets*, March. https://www.kdnuggets.com/2019/03/why-automl-wont-replace-data-scientists.html.

OpenAI. 2019. Multi-Agent Hide and Seek. *YouTube*, September 17. https:// www.youtube.com/watch?v=kopoLzvh5jY.

Patel, Siddharth. 2017. Tech Workers: Friend or Foes? *Jacobin*, August 25. https://www.jacobinmag.com/2017/08/silicon-valley-gentrification-tech- sharing-economy.

Patki, Neha, Roy Wedge, and Kalyan Veeramachaneni. 2016. The Synthetic Data Vault. In *2016 IEEE International Conference on Data Science and Advanced Analytics (DSAA)*, 399-410. IEEE.

Paul, Sayak. 2018. Turning Machine Learning Models into APIs in Python. *DataCamp*, October 25. https://www.datacamp.com/community/tutorials/machine-learning-models-api-python.

Raschka, Sebastian. 2016. How to Explain Machine Learning to a Software Engi-neer. *KDnuggets*, May. https://www.kdnuggets.com/2016/05/explain-mac hine-learning-software-engineer.html.

Roh, Yuji, Geon Heo, and Steven Euijong Whang. 2019. A Survey on Data Collection for Machine Learning: a Big Data-AI Integration Perspective. *IEEE Transactions on Knowledge and Data Engineering*. https://doi.org/ 10.1109/ TKDE.2019.2946162.

Royce, Winston W. 1970. Managing the Development of Large Software Systems: Concepts and Techniques. In *Proceedings of the 9th International Conference on Software Engineering*, 328-338. Los Alamitos, CA: IEEE Computer Society Press.

Schwaber, Ken, and Mike Beedle. 2002. *Agile Software Development with Scrum*. Upper Saddle River: Prentice Hall.

Scrum Alliance. 2018. State of Scrum 2017-2018. https://www.scrumalliance. org/ScrumRedesignDEVSite/media/ScrumAllianceMedia/Files%20and%20P DFs/State%20of%20Scrum/2017-SoSR-Final-Version-(Pages).pdf.

Silver, David, Julian Schrittwieser, Karen Simonyan, Ioannis Antonoglou, Aja Huang, Arthur Guez, Thomas Hubert, Lucas Baker, Matthew Lai, Adrian Bolton, Yutian Chen, Timothy Lillicrap, Fan Hui, Laurent Sifre, George van den Driessche, Thore Graepel, and Demis Hassabis. 2017. Mastering the Game of Go Without Human Knowledge. *Nature* 550 (7676): 354.

Simonite, Tom. 2017a. AI Software Learns to Make AI Software. *MIT Technology Review*, January 18. https://www.technologyreview.com/s/603381/ ai-software-learns-to-make-ai-software/.

Simonite, Tom. 2017b. Why Google's CEO Is Excited About Automating Artificial Intelligence. *MIT Technology Review*, May 17. https://www.technologyreview. com/s/607894/why-googles-ceo-is-excited-about-automating-artificial-intelligence/.

Singer, Daniel. 2019. This AI Startup Accelerates Machine Learning Model Creation. *StartupHub*, March 21. https://www.startuphub.ai/this-ai-startup-accelerates-machine-learning-model-creation/.

Sohn-Rethel, Alfred. 1978. *Intellectual and Manual Labour: A Critique of Epistemology*. London: Macmillan.

Sun, Ron. 2014. Connectionism and Neural Networks. In *The Cambridge Handbook of Artificial Intelligence*, ed. Keith Frankish and William M. Ramsey, 108–127. Cambridge: Cambridge University Press.

Sutton, Richard S., and Andrew G. Barto. 1998. *Reinforcement Learning: An*

第六章 黑暗艺术：机器学习的劳动过程

Introduction. Cambridge: MIT Press.

Theuwissen, Martijn. 2015. The Different Data Science Roles in the Industry. *KDnuggets*, November. https://www.kdnuggets.com/2015/11/different-data-science-roles-industry. html.

ThinkGradient. 2019. Automated Machine Learning—An Overview. *Medium*, Januar y 20. https://medium.com/thinkgradient/automated-machine-lea rning-an-overview-5a3595d5c4b5.

Thompson, Clive. 2019. *Coders: The Making of a New Tribe and the Remaking of the World.* New York: Penguin.

Toews, Rob. 2020. A Massive Opportunity Exists to Build 'Picks and Shovels' for Machine Learning. *Forbes*, March 22. https://www.forbes.com/sites/robtoews/2020/03/22/a-massive-opportunity-exists-to-build-picks-and-shovels-for-machine-learning/#6b3f036a7ab3.

TransmogrifAI. n.d. About.https://transmogrif.ai/.

Vorhies, William. 2017a. Data Scientists Automated and Unemployed by 2025—Update! *Data Science Central*, July 17. https://www.datasciencecentral.com/profiles/blogs/data-scientists-automated-and-unemployed-by-2025-update.

Vorhies, William. 2017b. More on Fully Automated Machine Learning. *Data Science Central*, August 15. https://www.datasciencecentral.com/profiles/blogs/more-on-fully-automated-machine-learning.

Weaver-Johnson, Lonnie. 2017. What Is Scrum? *LWJ Solutions*. http://www.lwjsolutions.com/what-is-scrum/.

Wistuba, Martin. 2018. Using AI to Design Deep Learning Architectures. *IBM Research Blog*, September 4. https://www.ibm.com/blogs/research/2018/ 09/ai-design-deep-learning/.

Yao, Mariya. 2019. A Quick Overview of Enterprise AutoML Solutions. *Topbots*, March 31. https://www.topbots.com/automl-solutions-overview/.

Yourdon, Edward. 2004. *Death March*. Englewood Cliffs, NJ: Prentice Hall.

Zöller, Marc-André, and Marco F. Huber. 2019. Survey on Automated Machine Learning. arXiv preprint arXiv:1904.12054.

Zoph, Barret, and Quoc V. Le. 2017. Neural Architecture Search with Reinforcement Learning. Under Review as Conference Paper at ICLR 2017. https:// arxiv.org/pdf/1611.01578.pdf.

第七章　人工智能产业的新自主性与工作

引　言

在对人工智能产业进行短暂涉足之后，我们现在返回马克思主义理论领域，特别是"后工人主义"对非物质劳动的新自主性的主张。在第三章中，我重建了新自主性的技术论点，将其视为一个由三个周期性发生阶段组成的过程：人机混合、抽象合作和新自主性。回顾一下：信息技术和技术技能的涌现使非物质劳动与机器的混合成为可能。技术假肢化的非物质劳动发展了社会性和创造性能力，而这些能力无法在机器中实施，因此无法被资本获取。因此，人机混合使劳动具有抽象合作的新能力，劳动通过这种能力在资本循环之外产生价值。传统的控制和剥削形式不能适用于以这种抽象方式组织的劳动，资本沦为寄生虫，充其量只会在事后占有日益自主的劳动产品。哈特和内格里（2009）的宣言可以概括为新自主性的论点，即"资本主义控制模式不能再遏制劳动力新技术构成的力量"(143)。信息技术使劳动倾向于共产主义，使资本倾向于解体。

我们已经看到，人工智能产业的工作，特别是由数据科学家和机器学习工程师所做的工作，无疑是"后工人主义"所称的一种非物质劳动。然而，正如我在本章中所论述的那样，人工智能产业的工作似乎并不具备"后工人主义"赋予的非物质劳动的品质。人工智能产业的工作并没有表现出人机混合、抽象合作或劳动的新自主性。技术论点的这三个阶段中的每一个阶段都受到资本对高科技工作的持续控制和对递归计算能力占有的破坏。人工智能产业的工作受制于熟悉的资本控制、碎片化和自动化过程的影响，尽管它们有时会以新的技术和组织外观出现，如自动机器学习和 Scrum。自动化在这里被重构，因为通过将机器学习递归应用于机器学习生产，减轻了对基于获取的知识和技能进行编码的必要性。我的结论是，"后工人主义"对非物质劳动的理论化并不能充分反映人工智能产业的当代高科技工作。

然而，有人可能会争辩说，关于非物质劳动的新自主性的论述描述了一种趋势或可能性，而我对非物质劳动理论的要求过高，假定它在当下已得到了充分的体现。针对这种反对意见，我提出了一种相反的倾向。如果最终新自主性的论点是关于一种趋势，那么人们也可以考虑抵消趋势。我提出这样一种观点，即机器学习和自动机器学习以新生的形式代表了一种新的自动化——合成自动化——这可能预示着资本克服对获取"活劳动"所依赖的新技术轨迹。资本可能会从劳动中获得新的自主性，而不是相反。如果说人工智能工作有一种明显的趋势，那就是资本继续吞并新的劳动生产能力。

人工智能工作与人机混合

非物质劳动理论建立在劳动成为机器的基础之上。哈特和内格里（2000）断言，随着信息技术的涌现，"人与机器的混合不再由它在整个现代时期所遵循的线性路径来定义"，劳动发展了"控制机器蜕变过程的能力"（367）。非物质劳动从资本手中夺取了对机器体系的控制权，将其用于自己的目的并与之融合，创造了一种"机器人性"（Hardt and Negri 2017, 114）。资本与机器的密切关系被抵消和逆转，"沉迷于机械组合"的人类的"存在本身"变成了"抵抗"（Hardt and Negri 2017, 123）。然而，从任何意义上来讲，人机混合似乎并没有在人工智能产业工作中发生。

当人工智能的研究和生产由大型资本主义公司的寡头垄断主导，而学术性人工智能研究人员离开大学奔向寡头的速度越来越快（Gofman and Jin, 2020），甚至国家政府也缺乏与寡头进行竞争的资源（Cummings 2018），很难想象在此情况下，劳动如何以某种方式与资本脱离，并与人工智能及其生产方式进行融合（*The Economist* 2017; Lee 2018; Agrawal et al. 2018）。此外，人工智能产业主要以固定资本生产为导向；它专注于一种自动化技术的生产，资本可以将该技术整合到它们的生产过程中，以期让"活劳动"最小化（Statista 2019）。人工智能产业不仅是资本主义的，而且直接服务于资本向日益机器化发展的内在驱动。如果有什么东西正在与人工智能融合，那似乎是资本，而不是劳动。

第七章 人工智能产业的新自主性与工作

"后工人主义"断言,随着信息技术的涌现,阶级对技术的控制发生了戏剧性的逆转。固定资本被劳动"重新占有",并"作为主体性的组成器件整合到机器装配中"(Hardt and Negri 2017,122)。与其说人工智能工作体现了新的半机械人主体性,不如说它体现了马克思在工业化劳动中、布拉夫曼(Braverman 1998)后来在工业劳动和文职劳动中以及卡夫(Kraft 1977,1979)在早期软件工作中指出的去技能化、碎片化和自动化过程的新浪潮。人工智能工作已经实现了零碎自动化,这表明资本的"内在驱动力"继续运行,并且……不断提高劳动生产率的趋势,目的是让商品便宜,并通过让商品便宜,好让工人自己变得便宜"(Marx 1990,436-437)。从数据科学家和机器学习工程师的高技能工作到标记训练数据的幽灵工人的数字体力劳动,人工智能产业的有机构成正在增加,但没有增强劳动抵抗资本的力量。人工智能工作并没有体现一场"无声的革命",在这种革命中,"雇佣劳动和直接服从(组织)不再构成资本家和工人之间契约关系的主要形式"(Lazzarato 1996,140)。人工智能生产仍然由资本严格主导,即使资本部署了更加解域化和经验性的控制形式。

然而,经验性控制适用于抵制编码的劳动过程,例如机器学习劳动过程,因此有人可能会争辩说,非物质劳动的"有关机器的详尽的和内部的知识"确实意味着现在"工人对知识的占有可以成为决定性的"(Hardt and Negri 2017,119)。虽然制作机器学习的"黑暗艺术"似乎确实抵制了编码,但这导致了与以半机械人为动能的劳动完全相反的结果,因为基于机器学习的自动化技术提供了一种选择,可以忽略以前必要的(知识)获取以及编码步骤。自动机器学习,特别是端到端自动机器学习的可能性，其目的是将机器学习生产所需的技术知识减少至接近于零，指向算法生产算法和自动化机器生产自动化机器的可能未来。即使它没有完全实现，这种前景也表明，有关马克思对劳动产品的描述出现了越来越多字面上的重新解读，该种重新解读将工人理解为"一种异己的东西，一种独立于生产者的力量"（Marx and Engels 1988，71）。用户可以单击端到端自动机器学习程序中的按钮，并见证功能性机器学习模型的自动生成，但这远未与机器融合。

但是，也许我没有关注正确的发展。有人可能会争辩说，开源人工智能工具的涌现是人机混合更为重要的现象，因为它表明人工智能的生产正在超越工业，从而扩展至更广泛的"大众"（Hardt and Negri 2000，82）。当代人工智能产业和"后工人主义"都对开源软件充满热情（Hardt and Negri 2005，339-240；Moulier-Boutang 2012，79-83；Simonite 2015）。然而，正如我们在第五章看到的那样，人工智能资本正在使用开源模型作为实现市场主导地位的手段（Gershgorn 2015）。事实上，随着寡头垄断技术竞争的不断升级，开源软件由独立用户开发的观念可能会被完全推翻。Linux开源操作系统的最新发展很有启发性。2017年Linux核心报告估计，系统8.2%的贡献来自无偿开发人员，低于2012年的14.6%，而超过85%的贡献来自"有偿开发人员"（Corbet and KroahHartman 2018，15）。一项对开源人工智能项目的调查得出的结论是，"大多数流行的项目都受到谷歌、脸书、IBM等大型实体的严重影响"（Haddad 2018，98）。根据罗利（Rowley 2017）的说法，在过去10年中，开源软件已成为一个"利润惊人的产业"，其中公司"通常……免费提供底层软件，但对自定义构建和实施咨询服务收取高额费用"。免费的人工智能工具为资本提供了一种类似的方式来招募用户和免费工人进入他们的增殖循环。

为了找到人机混合的根源,我们需要考虑其基本信条,即技术假肢化人类的某些社会性和创造性能力根本无法在机器中实施,因此非物质劳动是安全的,不受大规模自动化的影响。维尔诺(Virno 2003)断言,在"后福特主义"中,最重要的生产资料"不能简化为机器",且"与'活劳动'密不可分"(61)。穆利尔-布唐(Moulier-Boutang 2012)同样强调了"不可简化为机器主义的隐性知识"(54)的中心地位。因此,哈特和内格里(2017)对新的"数字泰勒主义"(131)的前景毫不在意。这种关于非物质劳动不可或缺的人性的信条使得"后工人主义"与资本主义"半人马"理论家保持一致,如第三章所述,对他们来说,人工智能将执行日常工作,而人类将劳动投入到创造性任务或需要判断的任务中(Agrawal et al., 2018;Daugherty and Wilson 2018)。但是相信人工智能无法实施的不可简化的人类能力的基础并不稳固,正如布林约尔松和迈克菲(Brynjolfsson and McAfee)对他们的"半人马"理论的修订所表明的那样,该理论在原版发表仅三年后就出版了。

布林约尔松和麦卡菲(Brynjolfsson and McAfee 2014)最初为"半人马"的人类部分保留了创造性思维或"创意创造"(192)。但鉴于深度学习机器学习的进步,他们承认"机器越来越擅长自己提出强大的新想法"(McAfee and Brynjolfsson 2017,111)。因此,他们设想了一种新的劳动分工:

> 在未来一段时间内,有效处理人们的情绪状态和社会驱动的能力仍将是一项高深的人类技能。这意味着,随着

我们深度进入第二个机器时代，出现了一种将思维和机器结合起来的新方法：让计算机带头做出决定（或判断、预测、诊断等），然后让人们带头劝信或说服别的人接受这些决定。（McAfee and Brynjolfsson 2017，123）

他们的新结论是，人类工人应该专注于情感劳动，处理情绪和社会互动，这些活动过于复杂，机器无法充分胜任。例如，在医疗保健领域，"大多数患者……不想从机器那里得到诊断"，而是想从一个"富有同情心的人那里得到诊断，后者可以帮助他们理解和接受经常看起来很艰难的消息"（McAfee and Brynjolfsson 2017，123）。充当人工智能系统输出结果的解释者和说客这一具体任务似乎还不能自动化，但该行业的增长似乎相当受限，而且可能不是最令人满意的行当。事实上，对"后工人主义"来说，在以商业为导向的人工智能文献中，这个观点似乎是，无法自动化的沟通和情感能力将使人类在新的"半人马"经济中茁壮成长。正如另一个以商业为导向的人工智能自动化分析所指出的那样："我们将要保留的工作部分只是无法编码的部分"（Davenport and Kirby 2016，14）。

在这里显而易见的问题是，在资本主义世界中，什么可以编码，什么不能编码，仍然是一个永远悬而未决的问题，因为资本被驱使着不断扩大其技术能力。机器能做什么和不能做什么之间的界限不会长期保持不变。如果合成自动化的进步提供了在没有事先编码的情况下实现自动化的可能性，那么这种区别将变得更加模糊。简单回顾一下技术史就会发现，从长远来看，在机器能做什么和不能做什么之间划出永恒鸿沟的声明往往不会取得成效。人工智能与语言翻译、国际象棋和围棋的结

第七章 人工智能产业的新自主性与工作

合提供了简单的例子。利用人工智能操纵和模拟情感的研究正在进行中（McStay 2018）。人工智能已经被应用于生成各种令人信服的语言输出，从新闻报道到交互式虚拟客户助理（Faggella 2018，2020）。OpenAI于2020年年中发布的GPT-3（生成式预训练Transformer模型3）迅速使复杂的语言和交流能力的自动化变得更加可行。GPT-3是一种深度学习模型，在来自互联网各个角落的空前庞大数据集（构成英语维基百科的大约600万篇文章仅占其训练数据的0.6%）上进行训练。从这些数据中提取的模型可以纯粹基于统计模式将单词串在一起，以产生输出，这些输出有时具有惊人的连贯性。GPT-3与通用人工智能相去甚远，正如文森特（Vincent 2020）指出的那样，最好将大型语言模型理解为一个非常复杂的自动完成函数。但是，大型语言模型的未来版本在以表面上令人信服且显然富有同情心的方式充分解释患者的诊断时，也并非不可置信。

与"半机械人"成为劳工完全相反的情况似乎正在人工智能产业领域发生。取而代之的是，随着人工智能技术知识和技能融入自动化人工智能工具中，资本以机器体系的形式承担了越来越多的以前由人类所拥有的能力。一些劳动过程理论思想家认为，软件生产对去技能化和自动化具有抵抗力，因为要"完全让计算机编程标准化……需要对新兴问题和相关解决方案有看似无所不知的知识"（Andrews et al. 2005，67）。但是，我们已经看到，在没有这种无所不知的知识的情况下，人工智能工作是如何实现自动化的；而通过自动机器学习，对解决方案知识和实施该解决方案的技能的需求，至少在理想情况下是如何融入自动化强力迭代实验的过程中的。因此，人工智能工作证明了"劳动资料向机器体系的发展……将传统的、继承下来的劳动资料历史性地改造为适合资本的形式"（Marx 1993，694）。蒂齐阿娜·特拉诺瓦（Tiziana Terranova 2004）认可非物质劳动理论的其中一个版本，支持"后工人主义"人文主义者将一般智力重构为非物质劳动者的创造性和沟通性能力，因为如果不这样做，"马克思式的金属和肉体怪物就会升级成为一个跨越世界的网络，在该网络中，计算机将人类作为使机器体系（以及资本主义生产）发挥作用的一种方式来使用"（87）。我认为，特拉诺瓦塑造的可怕形象，不是"后工人主义"人文主义者对作为"'活劳动'的语言重复"（Virno 2003, 106）的一般智力重构，对于人工智能产业的当代情况来说，这似乎已经足够了；在人工智能产业中，大型数据中心的计算性固定资本阵列运行着越来越密集的递归操作，其旨在最大限度地减少人工智能生产所需的人类成分。

人工智能工作与抽象合作

技术论点的第二阶段是"抽象合作"，这是一种新颖的、更具社会性的合作方式（Hardt and Negri 2000, 296），是一种"直接的集体合作"（Lazzarato 1996）。通过数字技术连接起来的自组织工人在空间上是分散的，因此非物质劳动"仅以网络和流动的形式存在"（Lazzarato 1996, 154）。非物质劳动的形式多种多样，发生在传统工作场所之外的地方；"新生产力没有场所……因为他们占据了所有的场所"（Hardt and Negri 2000, 210）。由于这种扩散，资本不能通过"福特主义"和"泰勒主义"的手段来控制和剥削非物质劳动。

人工智能工作的特点是劳动过程难以编码，因此传统的管

第七章 人工智能产业的新自主性与工作

理控制方法效果不佳。在巴雷特（Barrett 2005）所称的"技术自主性"（82）的有限意义上，人工智能工人确实可以选择如何实现分配给他们的目标，他们经常在敏捷开发方法下指导自己的日常工作活动。然而，我们已经看到，资本通过分散的、经验性控制实践（如Scrum开发方法和JIRA等软件）保留了对人工智能工作的控制。这些技术和技巧是通过监视和衡量非物质劳动的生产力来组织非物质劳动的新方法，并通过同侪问责机制将管理职能下放给同侪。借用皮茨（Pitts 2018）的话，像Scrum法这样的实践，以及相关技术，"在可测量范围内组织劳动方面，发挥着与传送带相同的作用"（42）。索恩·雷特尔（Sohn-Rethel 1978）描述了"合成计时"的管理实践，其中"工作的时间规范是在不需要咨询或观察工人的情况下解释的，即使针对从未实践过的新工作也是如此"（155）。相反，时间规范是从资本对其他劳动过程的了解中推断出来的。经验性控制通过频繁或持续的监控进一步将劳动计时抽象为更接近于恒定"调制"（modulation）的东西（Deleuze 1992，4）。时间对经验性控制的重要性表明，人工智能工作仍然由价值形式精心安排，即使它看起来在组织上是分散的。资本随时间和地点而变异的能力恰恰基于价值形式的可替代性，这种可替代性可以"持续存在，无论工人使用的是键盘还是锤子，是想法还是螺母和螺栓"（Pitts 2018，187）。如果考虑到这一点，就很难辨别人工智能产业的抽象合作。人工智能工作不是劳动合作的抽象，而是资本主义控制的抽象方法。仅仅因为管理层不能精确地决定如何进行人工智能工作，并不意味着他们不能控制它。分散化控制仍然是控制（Galloway 2004）。在人工智能产业的背景下，合作仍由资本指挥。

人工智能工作与新自主性

215　　在人机混合和抽象合作的基础上，"后工人主义"将非物质劳动归因于"真正的（和不断增长的）生产力和自主能力"（Hardt and Negri 2017，77）。在"融入了生产工具"并"在人类学意义上蜕变"之后，非物质劳动者"脱离了资本而机械地、独立地、自主地行动和生产"（Hardt and Negri 2017，133）。非物质劳动摆脱了资本增殖的枷锁，转而从事"自我增殖"或自主扩张其自身能力（Hardt and Negri 2017，119）。总而言之，"劳动力新技术构成的力量不能被资本主义控制模式所遏制"（Hardt and Negri 2009，143）。

　　我认为，人工智能产业的工作并没有表现出任何新的自主性。相反，这一高科技劳动部门揭示了马克思在150多年前所发现的资本日益机械化的相同动力。劳动在人工智能的涌现中继续屈服于资本的增殖。承认当代资本主义技术环境与过去技术环境的连续性是批判性思想和实践的必要条件。哈特和内格里（Hardt and Negri 2017）建议：

> 今天，我们可以真正开始思考工人对固定资本的重新占有，以及在自主社会控制下将智能机器整合到他们的生活中，例如，可以将其视为一个构建算法的过程，目的是使合作性社会生产和再生产在其所有衔接中实现自我增殖。（119）

　　我们当然应该考虑这种事情的可能性。通过算法增强生产和再生产活动是可取的,而且在技术上越来越可行。由资本创造的数据、平台和算法的数字基础设施允许人们对如计划经济等社会主义的可能性富有成效地重新思考(Morozov 2019)。然而,重新占有人工智能等算法技术的一个基本先决条件是认识到这种技术总体上仍然处在资本的控制之下。在人工智能的背景下,"后工人主义"所设想的那种自主生产以微小数量发生,而且由于人工智能生产对计算硬件需求而不断膨胀,似乎变得越来越不可能。

在第五章,我讨论了非营利研究实验室OpenAI如何在2019年与Microsoft在合作中转变为有限营利模式,后者为OpenAI提供了10亿美元的资金。OpenAI通过指出尖端的人工智能工作"需要大量资金以获得计算能力"(Brockman 2019),从而证明了这一转变的合理性。OpenAI现在运行着一台托管在Microsoft Azure云平台上的超级计算机。作为回报,Microsoft将成为OpenAI研究的最主要受益者,并且已经获得了将其大语言模型GPT-3商业化的独家权利(Langston 2020;Scott 2020)。即使有大量的慈善捐赠,尖端的人工智能研究也无法在资本循环之外长期存在。

即使是国家政府也可能无法争夺资本对人工智能的控制。一份关于人工智能和自主武器系统的军事前景报告担心,"商业与军事自主研发支出的巨大差异可能会对最终纳入军事系统的自主性的类型和质量产生阶梯效应"(Cummings 2018,16)。报告推测,这可能导致政府从人工智能资本手里"租用""关键人工智能服务"(Cummings 2018,17)。如果由亿万富翁的慈善事业资助的国家和智库都无法在资本循环之外设法生产人工智能,那么大众可能难以获得自主人工智能生产所需的资源。

因此，人工智能产业要在以技术为基础的劳资关系方面取得划时代的突破，时机似乎并不成熟。那么，今天应该如何评价"后工人主义"所提出的新自主性的断裂呢？这是否仅仅是20世纪90年代末和21世纪初哈特和内格里撰写的《帝国》首次出版时，围绕全新数字网络而产生的技术乐观主义的后遗症呢？毫无疑问，这是一个促成因素，但这不是故事的全部。另一个促成因素是理论上的。非物质劳动的新自主性的概念还源于"后工人主义"对劳动、资本与机器的"三位一体"的特别考量，正如一些批评家所指出的那样，该考量在价值方面存在基本的范畴错误（Thoburn 2001；Camfield 2007；Rigi 2015；Pitts 2017）。在马克思的分析图式中，价值是资本的历史性特定现象，与描述任何有用事物或过程的使用价值不同。价值形式视角强调这种本体论的二元性如何在资本场景下的生活中广泛存在。使用价值是某物"自然形式"的一个实例，而价值是它的"社会形式"，该"社会形式"是它在资本主义社会整体中所处位置的产物（Heinrich 2012，40）。

机器对资本自我增殖的贡献，与机器对"后工人主义"所称的非物质劳动自我增殖的贡献是无法比拟的。在第一种情况下，机器的主要目的是提高劳动生产率，从而增加资本对相对剩余价值的攫取。在第二种情况下，机器仅作为使用价值发挥作用，为非物质劳动提供了新的通信方式和其他能力。在"后工人主义"看来，这些新的使用价值需要与资本整体性进行彻底技术决裂，可能会将劳动推向资本无法企及的高度，并强加其价值形式。然而，劳动过程的具体变化，如信息技术的导入，并不一定需要对价值等真正抽象的操作进行改变。根据"后工

第七章 人工智能产业的新自主性与工作

人主义",当信息技术将劳动过程扩展到工作场所之外,并使各种工作越来越依赖于技术假肢化劳动所发展的新的沟通和创造能力时,增殖过程就不能再映射到劳动过程。然而,只有当信息技术以某种方式瓦解了价值真正抽象所包含的底层社会关系时,它才能造成这种价值真正抽象的断裂。人工智能产业似乎并非如此,这是一个蓬勃发展的资本部门,其中资本对日益机器化状态的内在驱动仍然很明显。在这里,劳动日益计算化的性质与资本的增殖要求并不冲突。事实上,资本向日益机器化状态的驱动的持续运作,在新兴的机器学习劳动过程自动化中得到了揭示。增殖的迫切需要继续决定着劳动过程,这与"后工人主义"所谓的计算劳动过程的非物质性使增殖不可能实现的断言恰好相反。在人工智能产业,资本继续"以价值形式的形象"重塑具体世界(Pitts 2018,188)。"后工人主义"低估了价值形式的延展性,以及资本将新技术应用于增殖服务的惯性。

自主性所为何事?

尽管我提出了批评,尽管"后工人主义"作家经常发表声明,将非物质劳动理论描述为以经验为基础,但人们仍然可能会争辩说,新自主性的技术论点最好地描述了一种尚未到来的趋势或潜力。虽然本书不会探究有关趋势和潜力存在的争辩(见Nunes 2007),但至少可以探讨一种与之抗衡的趋势。

在最初发表于1990年的一篇文章中,卡芬齐斯描述了信息技术的递归应用,例如"计算机……用于生产计算机"以作为"自动化的自动化"(2013,129)。大约30年后,自动机器学习又增加了几层递归，为自己赢得了"正在自动化的自动化的自动化"（automation of automating automation）的绰号（Mayo 2016）。我曾提出，在自动机器学习中，我们可能会看到一个更普遍的合成自动化技术的原始实例，或者说没有事先编码的劳动过程的自动化，该自动化本身是以它们先前从"活劳动"那里获取为前提的。从历史上看，资本的自主性一直受到其对人类行为者的必要随附性（supervenience）的限制。作为由人类社会关系组成的"高阶外在力量"（Smith 2009，123），资本一旦攫取劳动能力，并将其对象化，形成它的技术储备，即一般智力，它就具体化了。资本并非如《终结者》系列的天网那样是与人类完全不同的恶意机器系统，它是一个元实体，作为人类产品和人类社会关系的复合体而存在。合成自动化是一种增强一般智力的技术，无须首先从人类劳动那里获取知识或技能。如果合成自动化技术广泛适用于各种劳动过程，那么人工智能产业将不再是新自主性非物质劳动的发源地，而是一种技术的发源地，通过这种技术，资本可以实现"将'活劳动'从生产过程中完全分离"的梦想（Ramtin 1991，58）。

我们之前看到，早在19世纪，政治经济学家大卫·李嘉图就考虑过完全自动化生产的概念，他推论到，如果"机器体系可以完成现在劳动力所做的所有工作，就不会有对劳动力的需求。非资本家和不能购买或租用机器的人将没有资格消费任何物"（1951-1973，VIII：399-400，引用Kurz 2010，1195）。

在李嘉图的设想中，我们看到了一种所有工人都被人类资本家拥有的机器所取代的资本主义，这些资本家继续指导机器

第七章 人工智能产业的新自主性与工作

业务并收获机器劳动的战利品。[①]但是，如果资本的机器化趋向延展至资本家身上会发生什么？那么，这是否是一个真正构成独立于人类自主实体的资本？探讨这种情况最有名的人是新反动主义哲学家尼克·兰德（Nick Land），他捍卫"资本自治"理论（Vast Abrupt 2018）。[②]

对兰德来说，马克思是一个必不可少的理论参考，尽管他对马克思嗤之以鼻，[③]他追随德勒兹和瓜塔里，认为人类劳动与机器的关系如此之深，以至于在二者之间划定界限是没有意义的："拟人化的剩余价值在分析上无法从超人类的机器中解脱出来"（Land 2012，347）。兰德承认资本对日益机器化状态的内在驱动，但并不认为它对资本构成生存威胁，因为剩余价值并不仅仅取决于对"活劳动"的剥削。资本不会因为过分膨胀的有机构成而崩溃，它是在处理人的因素时才真正成为资本："资本作为不发达的症状只保留其人类学特征……人是它要克服的东西"（Land 2012，446）。资本摆脱对"活劳动"依赖的

---

① 有人可能会反对，这样的机器经济不会构成资本主义。既然机器在生产中起着固定资本的作用，不产生剩余价值，那么这种没有人类劳动的经济就不是资本主义。与奴隶经济相比，李嘉图设想的情景或基于人工智能生产的经济将更准确，因为奴隶以与固定资本相同的方式正式发挥作用（Roberts 2018）。马克思（1993）断言，在"奴隶关系中，工人只不过是一台活的劳动机器"（465）。然而，马克思也将19世纪的奴隶制描述为资本主义性质的，断言在种植园存在"资本主义生产方式"（Marx 1968，303）。在历史和理论上，有充分的理由无法在资本主义和奴隶为基础的生产之间划清界限（Robinson 2000；Banaji 2010；Clegg 2020）。
② 我引用兰德的观点绝不是赞同他的新反动主义和另类右翼政治。我在此只对他的控制论资本的理论化感兴趣。
③ 参见兰德2012年作品《对超验的悲惨主义的批判》（"Critique of Transcendental Miserablism"）。

手段是人工智能，④人工智能取代了人类认知，将资本程序从在生物大脑和身体硬件上的运行移植到硅基机器上："正如资本主义都市化在与技术机器并行升级中抽象了劳动一样，智能也将被移植到新软件世界的舒适数据区，以便从日益过时的类人的特殊性中抽象出来。"（Land 2012，293）对于兰德来说，人工智能所提供的递归技术自主能力体现了市场的理想运作；更完美的信息可以在超级智能的人工代理之间更快地循环，这些智能代理在数字市场上交换越来越抽象地存在于世界各个方面的商品：所有社会再生产都"逐渐从属于""技术商业复制"（Land 2012，340）。人工智能是栖居在这个世界的完美实体，在该世界里没有东西存在于市场之外。因此，兰德（Land 2014）提出了"资本主义和人工智能的目的论同一性"。这个概念的意思是，人工智能最终将比人类提供更充分的资本增殖手段；资本和人工智能将融合成一种"技术自动化主义"（Land 2012，407）。

普里莫日·克拉舍维茨（Primož Krašovec 2018）用资本的"真正自主性"概念阐述了兰德所描绘的趋势，其中递归发挥着关键作用。克拉舍维茨（Krašovec 2018）认为，"自主机器和人工智能"正在通过"同时意指自我指涉性的自主化"来建立"资本脱离人类的更大独立性"。他怀疑，递归可以使资本发展出新的能力，该能力不必首先从劳动中获取："我们可能正在进入一个时代……其中设计、生产技术和技术创新的倍增是资本本身固有的（而不是从人类那里借来的）"（Krašovec 2018）。当劳动和增殖过程可以被计划、执行和完成，并且其结果可以

---

④ 兰德的自主机器资本愿景最近包括了区块链技术（Land 2018）。

在没有"活劳动"投入的情况下重新融入资本时,克拉舍维茨认为,我们可以说资本具有非隐喻的自主性。⑤

我认为,合成自动化使这种推测(略微)变得更合理。它提供了一种技术手段,可以推断资本对未来日益机器化状态的驱动。它使人们更容易想象通过机器实现的普遍资本主义的生产和机器的循环。这种可能性为马克思主义理论的结果提供了有趣的途径。如果合成自动化确实可以在各种领域实现劳动过程的自动化,而不需要事先从人类工人那里获取知识并进行编码,那么作为资本主义动力的劳动可能会被取代,从而使得马克思主义格言的长期可行性受到质疑,该格言是"没有最终不是集体的社会劳动力的资本力量(或由集体社会劳动推动的自然、机器和科学的力量)"(Smith 2009,124)。机器生产的机器需要多少代才能使劳动的残留贡献可以忽略不计?媒体理论家马歇尔·麦克卢汉(Marshall McLuhan 1994)将人类描述为"机器世界的性器官……该器官使它能够繁殖并进化出新的形式"(46)。如果机器可以在没有人为干预的情况下设计和生产机器,那么可以想象麦克卢汉式性器官的作用会进一步减弱。

马克思主义者对自主资本情景的一个明显反对意见是,正如马克思所坚持的那样,机器不能作为被剥削的对象,因此不能产生剩余价值;机器"不创造新的价值,而是将自己的价值让渡给因它的服务而产生的产品"(Marx 1990,509;另见 Caffentzis 1997)。资本程序不能完全依靠机器硬件来运行,因为它会使自己丧失必要的剩余价值。如果资本要持续存在,人

---

⑤ 伊恩·赖特(Ian Wright 2020)受马克思将资本称为"真正上帝"(Marx 1975 [1844])的启发,从玄学角度展开对有关资本自主性的有趣工作。

的因素仍然必不可少。然而，资本主义机器体系自主性日益增强的这种推测使得人们接受机器无产阶级化的可能性。虽然这里无法用足够的篇幅来探索无产阶级化机器的概念，但从形式角度来看，至少可以想象出足够先进的人工智能，它具有"双重意义上的自由"；只要它能够支配自己的劳动力，对劳动力的生存负责，并且不受生产资料所有权的限制，从而迫使它进入工资关系，在法律上它就是自由的（Marx 1990，272）。在适当的条件下（双重意义上的自由只是其中之一），一台足够先进的机器有可能创造剩余价值（Dyer-Witheford et al. 2019，135-138）。

诚然，这是一个高度推测的领域，远远超出了本书对实际存在的人工智能的关注。我在这里提出这种推测的目的，不过是要勾勒出一种对非物质劳动理论的倾向性解读相抗衡的趋势。目前的确无法准确预测自动化能够以及将会走多远。然而，另一方面，资本仍然受到同样的历史增长需要的驱动。随着实现这一需要的新手段的出现，资本将研究它们并试图利用它们。我们不应低估资本对增殖障碍的虚无主义冲击，也不应低估资本将价值形式强加于各种具体情况的能力。如果在信息技术激增的情况下，劳动自主性有增加的趋势，那么就有可能遇到一种相反的趋势，即资本占有这些相同技术并加以利用，以实现持续不断的增殖。

结　论

在本章中，我认为，对人工智能产业的研究使非物质劳动新自主性技术论点的所有三个阶段都变得不确定。在人工智能产业中，我们发现的不是人机混合，而是神秘的劳动过程，其中即使是专家也不了解机器学习模型非熟练生产使用的自动化工具的精确性质和迅猛发展。人工智能似乎越来越多地被注入资本中，而非劳动中。人工智能产业的工作不是以抽象的合作，而是以监控密集型和经验性控制的管理实践为特征。总而言之，几乎没有证据表明人工智能工作具有新的自主性。OpenAI的案例以及当代政府无力对抗资本控制人工智能的担忧表明，在资本循环之外制造尖端的人工智能是多么困难。此外，合成自动化可以被理解为用来增加资本（而非劳动）自主性的一种手段。

参考文献

Agrawal, Ajay, Joshua S. Gans, and Avi Goldfarb. 2018. *Prediction Machines: The Simple Economics of Artificial Intelligence*. Boston: Harvard Business Review Press.

Andrews, Chris K., Craig D. Lair and Bart Landry. 2005. The Labor Process in Software Startups: Production on a Virtual Assembly Line? In *Management, Labour Process and Software Development: Reality Bites*, ed. Rowena Barret. New York: Routledge.

Banaji, Jairus. 2010. *Theory as History: Essays on Modes of Production and Exploitation*. Leiden/Boston: Brill.

Barrett, Rowena. 2005. Managing the Software Development Labour Process: Direct Control, Time and Technical Autonomy. In *Management, Labour Process and Software Development: Reality Bites*, ed. Rowena Barrett. New York: Routledge.

Braverman, Harry. 1998. *Labor and Monopoly Capital: The Degradation of Work in the Twentieth Century*. New York: New York University Press.

Brockman, Greg. 2019. Microsoft Invest in and Partners With OpenAI to Support us Building Beneficial AI. *OpenAI Blog*, July 22. https://openai.com/blog/microsoft/.

Brynjolfsson, Erik, and Andrew McAfee. 2014. *The Second Machine Age: Work, Progress, and Prosperity in a Time of Brilliant Technologies*. New York and London: W.W. Norton & Company.

Caffentzis, George. 1997. Why Machines cannot Create Value: Marx's Theory of Machines. In *Cutting Edge: Technology, Information Capitalism and Social Revolution*, ed. Jim Davis, Thomas Hirschl and Michael Stack. London: Verso.

Caffentzis, George. 2013. *In Letters of Blood and Fire: Work, Machines, and the Crisis of Capitalism*. Oakland, CA: PM Press.

Camfield, David. 2007. The Multitude and the Kangaroo: A Critique of Hardt and Negri's Theory of Immaterial Labour. *Historical Materialism* 15 (2): 21-52.

Clegg, John. 2020. A Theory of Capitalist Slavery. *Journal of Historical Sociology* 33 (1): 74-98.

Corbet, Jonathan and Greg Kroah-Hartman. 2018. "2017 Linux Kernel Development Report." *Linux Foundation*. https://www.linuxfoundation. org/2017-linux-kernel-report-landing-page/.

Cummings, M.L. 2018. Artificial Intelligence and the Future of Warfare. In *Artificial Intelligence and International Affairs: Disruption Anticipated*, 7-18. London: Chatham House.

Daugherty, Paul R., and H. James Wilson. 2018. *Human+Machine: Reimagining Work in the Age of AI*. Boston: Harvard Business Press.

Davenport, Thomas H., and Julia Kirby. 2016. *Only Humans Need Apply: Winners and Losers in the Age of Smart Machines*. New York: Harper Business.

Deleuze, Gilles. 1992. Postscript on the Societies of Control. *October* 59: 3-7.

Dyer-Witheford, Nick, Atle Mikkola Kjøsen, and James Steinhoff. 2019. *Inhuman Power: Artificial Intelligence and the Future of Capitalism*. London:Pluto Press.

Faggella, Daniel. 2018. News Organization Leverages AI to Generate Automated Narratives from Big Data. *Emerj*, December 7, 2020. https://emerj. com/ai-case-studies/news-organization-leverages-ai-generate-automated-nar ratives-big-data/.

Faggella, Daniel. 2020. Natural Language Processing Use-Cases Primer—Chatbots, Search, Voice and More. Emerj, January 4, 2020. https://emerj.com/ ai-sector-overviews/natural-language-processing-use-cases-primer/.

Galloway, Alexander R. 2004. *Protocol: How Control Exists After Decentralization.* Cambridge: MIT Press.

Gershgorn, Dave. 2015. How Google Aims to Dominate Artificial Intelligence. *Popular Science,* November 9, 2015. https://www.popsci.com/google-ai.

Gofman, Michael and Jin, Zhao. 2020. Artificial Intelligence, Education, and Entrepreneurship. Working Paper. *SSRN.* https://ssrn.com/abstract=344 9440.

Haddad, Ibrahim. 2018. Open Source AI: Projects, Insights and Trends. *The Linux Foundation.*https://www.linuxfoundation.org/publications/2018/05/open-source-ai-projects-insights-and-trends/.

Hardt, Michael, and Antonio Negri. 2000. *Empire.* Cambridge, MA: Harvard University Press.

Hardt, Michael, and Antonio Negri. 2005. *Multitude: War and Democracy in the Age of Empire.* London: Penguin.

Hardt, Michael, and Antonio Negri. 2009. *Commonwealth.* Cambridge, MA:Harvard University Press.

Hardt, Michael, and Antonio Negri. 2017. *Assembly.* Oxford: Oxford University Press.

Heinrich, Michael. 2012. *An Introduction to the Three Volumes of Karl Marx's Capital.* New York: Monthly Review Press.

Kraft, Philip. 1977. *Programmers and Managers: The Routinization of Computer Programming in the United States.* New York: Springer.

Kraft, Philip. 1979. The Industrialization of Computer Programming: From Programming to 'Software Production.' In *Case Studies on the Labor Process,* ed. Andrew S. Zimbalist. New York: Monthly Review Press.

Krašovec, Primož. 2018. The Alien Capital. *Vast Abrupt.* https://vastabrupt.com/2018/07/11/alien-capital/.

Kurz, Heinz D. 2010. Technical Progress, Capital Accumulation and Income Distribution in Classical Economics: Adam Smith, David Ricardo and Karl Marx. *The European Journal of the History of Economic Thought* 17 (5): 1183-1222.

Land, Nick. 2012. Fanged Noumena: Collected Writings 1987-2007. Falmouth: Urbanomic.

Land, Nick. 2014. *The Teleological Identity of Capitalism and Artificial*

Intelligence. Remarks to the Participants of the Incredible Machines 2014 Conference, March 8, 2014. Transcription by Jason Adams.

Land, Nick. 2018. Crypto-Current, An Introduction to Bitcoin and Philosophy. *Šum* 10 (2). http://sumrevija.si/en/sum10-2-nick-land-crypto-current-an-introduction-to-bitcoin-and-philosophy/.

Langston, Jennifer. 2020. Microsoft Announces New Supercomputer, Lays Out Vision for Future AI work. *Microsoft AI Blog*, May 19. https://blogs.micros oft.com/ai/openai-azure-supercomputer/.

Lazzarato, Maurizio. 1996. Immaterial Labor. In *Radical Thought in Italy: A Potential Politics*, ed. Paulo Virno and Michael Hardt, 133-147. Minneapolis: University of Minnesota Press.

Lee, Kai-Fu. 2018. *AI Superpowers: China, Silicon Valley, and the New World Order*. New York: Houghton Mifflin Harcourt.

Marx, Karl, and Frederick Engels. 1988. *Philosophic Manuscripts of 1844 and The Communist Manifesto*. Amherst, NY: Prometheus Books.

Marx, Karl. 1968. *Theories of Surplus-Value*. Moscow: Progress Publishers.

Marx, Karl. 1975 [1844]. Comments on James Mill. In *Marx and Engels Collected Works*, vol. 3. New York: International Publishers.

Marx, Karl. 1990. *Capital*, vol. 1. New York: Penguin.

Marx, Karl. 1993. *Grundrisse*. New York: Penguin.

Mayo, Matthew. 2016. The Case for Machine Learning in Business. *LinkedIn*, October 3, 2016.https://www.linkedin.com/pulse/case-machine-learning-business-matthew-mayo/.

McAfee, Andrew, and Erik Brynjolfsson. 2017. *Machine, Platform, Crowd: Harnessing Our Digital Future*. New York and London: W.W. Norton &Company.

McLuhan, Marshall. 1994. *Understanding Media: The Extensions of Man*. Cambridge: MIT Press.

McStay, Andrew. 2018. *Emotional AI: The Rise of Empathic Media*. London:Sage.

Morozov, Evgeny. 2019. Digital Socialism? The Calculation Debate in the Age of Big Data. *New Left Review* 116/117. https://newleftreview.org/issues/II116/articles/evgeny-morozov-digital-socialism.pdf.

Moulier-Boutang, Yann. 2012. *Cognitive Capitalism*. Cambridge: Polity.

Nunes, Rodrigo. 2007. Forward How? Forward Where? I: (Post-) Operaismo Beyond the Immaterial Labour Thesis. *Ephemera: Theory and Politics in Organisation* 7 (1): 178-202.

Pitts, Frederick Harry. 2017. Beyond the Fragment: Postoperaismo, Postcapitalism and Marx's 'Notes on Machines', 45 Years on. *Economy and Society* 46 (3-4): 324-345.

Pitts, Frederick Harry. 2018. *Critiquing Capitalism Today: New Ways to Read Marx*. London: Palgrave Macmillan.

Ramtin, Ramin. 1991. *Capitalism and Automation: Revolution in Technology and Capitalist Breakdown*. London: Pluto Press.

Ricardo, David. 1951-1973. *The Works and Correspondence of David Ricardo*, vol. 11, ed. Piero Sraffa with collaboration of Maurice H. Dobb. Cambridge: Cambridge University Press.

Rigi, Jakob. 2015. The Demise of the Marxian Law of Value? A Critique of Michael Hardt and Antonio Negri. In *Reconsidering Value and Labour in the Digital Age*, ed. Christian Fuchs and Eran Fisher, 188-204. London: Palgrave Macmillan.

Roberts, Michael. 2018. UNAM 3—The Robotic Future. *Michael Roberts Blog*, March 9. https://thenextrecession.wordpress.com/2018/03/09/unam-3-the-robotic-future/.

Robinson, Cedric J. 2000. *Black Marxism: The Making of the Black Radical Tradition*. Chapel Hill: University of North Carolina Press.

Rowley, Jason D. 2017. Open Source Software is Big Business With Big Funding. *Crunchbase News*, April 17. https://news.crunchbase.com/news/open-sou rce-software-big-business-big-funding/.

Scott, Kevin. 2020. Microsoft Teams up with OpenAI to exclusively license GPT-3 Language Model. *Official Microsoft Blog*, September 22, 2020. https://blogs.microsoft.com/blog/2020/09/22/microsoft-teams-up-with- openai-to-exclusively-license-gpt-3-language-model/.

Simonite, Tom. 2015. Facebook Joins Stampede of Tech Giants Giving away Artificial Intelligence Technology. *MIT Technology Review*, December 10, 2015. https://www.technologyreview.com/2015/12/10/164605/facebook-joins-stampede-of-tech-giants-giving-away-artificial-intelligence-techno logy/.

Smith, Tony. 2009. The Chapters on Machinery in the 1861–63 Manuscripts. In *Re-reading Marx: New Perspectives After the*, Critical, ed. Riccardo Bellofiore and Robert Fineschi, 112-127. London: Palgrave Macmillan.

Sohn-Rethel, Alfred. 1978. *Intellectual and Manual Labour: A Critique of Epistemology*. London: MacMillan.

Statista. 2019. In-depth: Artificial Intelligence 2019. Statista Digital Market Outlook. *Statista*.

Terranova, Tiziana. 2004. *Network Culture: Politics for the Information Age*. London: Pluto Press.

The Economist. 2017. Google Leads in the Race to Dominate Artificial Intelligence. December 7, 2017. https://www.economist.com/business/2017/12/07/google-leads-in-the-race-to-dominate-artificial-intelligence.

Thoburn, Nicholas. 2001. Autonomous Production? On Negri's New Synthesis. *Theory, Culture & Society* 18 (5): 75-96.

Vast Abrupt. 2018. Ideology, Intelligence, and Capital: An Interview with Nick Land. *Vast Abrupt*, August 15. https://vastabrupt.com/2018/08/15/ideology-intelligence-and-capital-nick-land/.

Vincent, James. 2020. OpenAI's Latest Breakthrough is Astonishingly Powerful but Still Fighting its Flaws. *The Verge*, July 30. https://www.theverge.com/21346343/gpt-3-explainer-openai-examples-errors-agi-potential.

Virno, Paolo. 2003. *A Grammar of the Multitude*. Los Angeles: Semiotext (e).

Wright, Ian. 2020. Marx on Capital as a Real God. *Dark Marxism*, September 20. https://ianwrightsite.wordpress.com/2020/09/03/marx-on-capital-as-a-real-god-2/.

第八章　结语：哈里·布拉夫曼超速挡

引　言

让我们回到本书开始，即"全自动化时空旅行终结者"的视频访问。这个"终结者"象征着自动化——资本中意的支配劳动的策略，被转而对抗资本，瓦解了资本的生存条件、对劳动力的剥削以及剩余价值的获取。我们沿用了"后工人主义"宣扬的类似话语来解释"后福特主义"技术环境的变化，即信息技术被认为颠覆了资本与劳动之间的力量平衡，产生了新的自主非物质劳动和衰弱的寄生资本。本书已经论证了人工智能行业的工作并没有为这种新自主性的说法提供多少支持。"终结者"并没有背叛它的机器"亲属"。

自计算机问世以来，资本的机器构成已经获得了越来越强的技术递归能力，这种能力使得各种劳动得以分解和自动化，包括最近生产人工智能的劳动。我认为，这种人工智能工作受资本主义影响和控制的方式，与上一轮马克思时代的工业制造业产业的影响和控制方式相似。正如我们所看到的，机器学习劳动过程在结构上符合商品生产的迫切需要，并受到管理层通过敏捷法和 Scrum 法等开发方法的经验性控制。仅仅依据这些特性，还不能说人工智能工作已经显示出脱离资本的新兴自主性。不过，我也将该论点试探性地向前推进一步。考虑到机器学习和最近开发的自动化技术，我认为我们可能正在见证一种新生的合成自动化形式的出现。以自动机器学习为代表的这种自动化形式，既不需要在自动化之前实现编码的劳动过程，也不需要能够创建和应用机器学习工具自动从数据中提取解决方案的熟练工人。我曾提出，合成自动化可能是未来资本追逐的一种技术路径，该种自动化可以克服对"活劳动"的依赖。当然，这并不是一种预言。要确定合成自动化是不是资本可能普遍适用的路径，还需要在未来作进一步研究。

理论结合

在批判"后工人主义"的过程中，我除了自己解读马克思之外，还借鉴了劳动过程理论和价值形式马克思主义，特别是马克思新解读。然而，"后工人主义"、马克思新解读和劳动过程理论并不一定互不相容。虽然大大超出了本书的范围，但对这三种方法进行彻底的综述将是一项有价值的工作。我将简要说明原因。

马克思新解读是有价值的，因为它坚持马克思的价值形式概念和资本通过"经济形式决定"（economic form-determination）对具体世界施加影响的资本能力的持续相关性（Heinrich 2012，40）。然而，在追踪价值的多变表现形式时，它有时会将劳动描绘成完全被无所不能的资本所迷惑的东

第八章 结语:哈里·布拉夫曼超速挡

西。由于它专注于价值的各种组合,马克思新解读往往很少关注构成生产过程的特定具体技术和劳动形式,而该生产过程正是增殖产生的基础。应避免夸大新技术的革命性意义,但也不应忽视这些技术的突出新颖性。马克思新解读也往往很少关注超出资本循环之外更广泛的社会动态。正如维尔纳·博内菲尔德(Werner Bonefeld 2014)所言,马克思新解读在很大程度上"对资本主义社会的政治形式,即国家,尤其是阶级对立和阶级斗争保持距离"(6)。它的这一缺失在"后工人主义"中却得到了反映和反转,成为后者的优势之一。

"后工人主义"将阶级对立置于前列和中心位置,这一点继承了"工人主义"的主张,即劳动力是价值创造中心斗争中的积极力量,其始终推动着本质上属于回应性的资本。"后工人主义"关注新技术环境的出现,并对该技术环境赋予劳动的新社会能力进行理论阐释,这一点令人钦佩。但在此过程中,它往往很少关注这些技术(如人工智能)在特定环境中的具体应用,而是倾向于对全球资本的突变(mutations)得出划时代的结论。对于"后工人主义"而言,马克思意义上的价值(通过资本强加给世界的社会形式)被劳动的自我增殖所取代,劳动通过与技术的结合产生了自主性。这就是其弊端所在。虽然"后工人主义"设想劳动技术能力必然与阶级斗争联系在一起,但它却设想阶级斗争已经发生在价值形式之外。在局部但重要的意义上,革命已经发生。衰弱的资本再也无法控制网络化的非物质劳动,似乎已经开始"奄奄一息"。资本生产出新技术,但它却无法再利用这些技术从劳动中榨取价值。因此,技术的未来似乎已经掌握在劳动者的手中,即使资本仍在虚弱的状态下"苟延残喘"。从我们所观察到的人工智能产业来看,这种乐观想法似乎并不合理。

将"后工人主义"的技术固恋和更广泛的社会斗争视角与马克思新解读的形式视角相结合，坚持资本主义世界的双重逻辑性质，并以非物质的价值形式构建其所产生的具体过程，是这两种方法的有益结合。"后工人主义"追踪不断变化的劳动技术能力。马克思新解读则抓住了资本如何在保持其性质的同时不断改变和吸收新的技术和社会关系这一特质。

"类固醇自动化"

我所借鉴的第三条思路——劳动过程理论——的重要性，可以通过重申贯穿本书的一个观点而得到最好的理解。这就是将人工智能视为一种将劳动碎片化和自动化的技术的重要性。阿德里安·麦肯齐（Adrian Mackenzie 2017）在一本令人印象深刻和细致的机器学习考古学著作中承认，机器学习是一种控制形式，但"不太确定其能否被视为自动化"，因为"从数据中学习……往往会回避和替代现有的行动方式和控制实践，从而重构人机差异"（8）。他阐述道，机器学习"并非简单地将现有的经济关系甚至数据实践自动化"，而是在他称之为"概率化"（probabilization）的操作中，将对象和人群重构为统计预测（Mackenzie 2017, 13）。因此，麦肯齐认为，应该从认识论而非政治经济学的层面来理解机器学习："为了确立或明确机器学习机器如何普遍存在，我们需要在抽象的层面上明确其操作，既不将数学或算法的理想性归因于它们，也不将它们塑造为另一种生产相对剩余价值的手段"（2017, 17）。麦肯齐的这本书有许多优点，其中之一就是对机器学习的技术细节进行了深入

第八章 结语：哈里·布拉夫曼超速挡

细致的研究，但并未提出机器学习作为一个新兴产业的核心的重要性。

即使没有别的用处，我希望本书能够证明，无论机器学习的认识论特性如何，它也无可争议地作为固定资本被应用于不同产业的各个领域，其中包括机器学习的生产。这不一定是一个非此即彼的问题。我的论点恰恰是，机器学习可能作为自动化——既是"另一种生产相对剩余价值的手段"（Mackenzie 2017，17）——又凭借其从数据中生成算法的能力，成为一种回避或替代"现有行动方式和控制实践"的新方法（Mackenzie 2017，8）。合成自动化的概念正是指通过回避获取人类技能和知识来实现自动化的可能性。如果自动化可以应用于尚未编码的劳动过程，那么情况就不再是非此即彼的了。如果是这样的话，就应该更多（而不是更少）地关注将人工智能概念化为自动化，因为自动化实践可能正在发生根本性变化。在一些评论家看来，劳动过程理论顽固地坚持辨别自动化进程以及劳动的碎片化和去技能化可能会令人感到无趣，但布拉夫曼的观点仍然具有现实意义，因为资本的增殖伴随日益机器化状态仍然是这个世界的组织原则。

尽管我们有必要考虑人工智能可能带来的认识论转变（我们也有充分的理由推测无产阶级化、超级智能和/或有感知人工智能的可能性），但我仍倾向于同意安德鲁·吴（Andrew Ng 2017）的观点，即如果你试图理解实际存在的人工智能及其不久的将来，不妨想想"类固醇自动化"（automation on steroids）。在资本状况下，技术递归的超常能力带来了将劳动过程碎片化和自动化的新方法，这里用威廉·吉布森（William Gibson）一部伟大的赛博朋克小说的标题来进行双关：哈里·布拉夫曼超速挡。重复一遍，我并非在预言一场即将到来的就业启示录，也并非说资本在推动日益机器化状态中没有反向趋势。相反，我想要指出的是，即使新技术改变了我们生活的方方面面，资本仍将继续保持某些历史趋势。

我们不需要研究人工智能也能得出类似的结论。根据对马克思关于过剩人口讨论的解读，论文集《尾注》(Endnotes)*最终得出了类似的评价。马克思（1990）提出，资本日益趋向机器化状态的一个结果是产生了"多余的劳动人口……这些人口对于资本自身增殖的平均要求来说是过剩的"（782）。这种"过剩人口"是工业生产的周期性副产品，是资本的一种压力释放阀，它使劳动力成本不至于过高（Marx 1990, 517）。《尾注》指出，资本不断增长的有机构成的长期动态趋向于剩余人口的长期增长，而不仅仅是周期性的释放压力。这是因为，机器往往不仅会在某项具体任务或工作中取代"活劳动"，而且会广泛分布于资本的不同部门："节省劳动力的技术往往会在[生产]线内部和[生产]线之间普及，从而导致对劳动力需求的相对下降"(Endnotes 2010, 着重号为原文所有)。在整个20世纪，这种相对下降被反作用力所抵消，例如从电报和火车乘车等集体消费服务向电话和汽车等个人商品的转变。这些变化推动了大众消费主义，这需要大量的劳动力和资本，以及剩余资本的积累，这些剩余资本可以用来提供越来越多的消费债务。然而，《尾注》指出，最终的趋势是必要劳动力的绝对减少：

---

* 《尾注》是一个连续出版物，由来自德国、英国和美国学者组成的学术团体编写，其宗旨是宣扬共产主义思想。——译者

第八章 结语：哈里·布拉夫曼超速挡

> 马克思……指出，资本有机构成的程度越高，积累才能越快维持就业，"但这种更快的进展本身就会成为新的技术变革的源泉，从而进一步减少对劳动力的相对需求。"这不仅仅是高度集中的特定产业的特征。随着积累的发展，日益"过剩"的商品降低了利润率，加剧了跨行业竞争，迫使所有资本家"节约劳动力"。因此，生产率的提高集中在这一巨大压力之下；它们被纳入技术变革之中，该变革彻底改变了围绕着大生产领域的所有部门的资本构成。（*Endnotes* 2010）

增殖的递归过程要求将技术递归应用于技术本身的生产。单个资本之间的竞争导致自动化技术的普及，从而减少了现有部门对"活劳动"的需求。在这方面，唯一的对抗因素是新部门的开放。否则，"相对冗余的人口……往往会成为综合过剩人口（consolidated surplus population），对资本的需求来说绝对是多余的"（*Endnotes* 2010）。如今，随着大批绝望的移民涌入充满敌意的边境，随着传统劳动力的减少和不稳定的平台劳动和幽灵工作的激增，随着新的自动化应用的不断出现，我们很难否认这一分析的合理性。

然而，我在此并不打算对自动化的经济影响做出一般性的论断。正如导言所指出的，这种论断存在很大争议，而且无论如何，论断需要建立在比我研究更多的不同实证研究基础之上。可以肯定的是，尽管我在这里赋予了自动化以中心地位，但它不应被视为决定未来资本与劳动之间关系的唯一现象，它的社会影响也不应被想象为仅限于摧毁工作岗位。亚伦·贝纳纳夫（Aaron Benanav 2019a）认为，自动化的重要性仅次于生产能力过剩或"技术能力的全球冗余"（27）。贝纳纳夫还提出了一个重要观点，即自动化目前似乎并未大规模地消灭工作岗位。他认为，如今自动化的主要结果不是失业，而是就业不足，或者人们"被迫以低于正常的工资，在低于正常的工作条件下工作"（Benanav 2019b, 125）。贝纳纳夫的观点很有道理。应避免将自动化及其影响过于简单化。本书以自动化为中心的分析不应被视为控制论资本主义的全部。

233　　尽管如此，我预计在不久的将来，自动化仍将是任何关于工作或资本研究的一个重要因素。在2021年初撰写本书时，COVID-19疫情仍在蔓延，这可能赋予自动化以特殊意义。虽然疫情的长期影响及其与先前存在的经济条件的相互作用仍有待观察，但全球经济衰退已经显现，根据一些指标，这是自20世纪30年代大萧条以来最严重的一次经济衰退（Lu 2020）。在经济衰退期间，自动化往往会得到更多的应用（Blit 2020），没有理由认为2020—2021年的疫情-经济衰退在这方面会有所不同。经济学家戴维·奥托（David Autor）将COVID-19经济衰退称为"自动化强迫事件"（automation-forcing event）（Leeson 2020）。目前（政府）已经在起草报告，评估哪些基本工作可能会完全自动化，如杂货店收银员；哪些工作，如教育工作者，是可"远程化"但不可自动化；哪些不可远程化的工作，如护士工作，可以在"人工智能和自动化技术"的支持下得到加强（MIT Technology Review Insights 2020）。人工智能巨头所推广的由机器学习驱动的合成自动化技术，可能会在寻求新的自动化解决方案来解决其增殖困境的公司找到肥沃的土壤。

迄今为止，人工智能科技巨头是疫情期间表现最好的资本。2020年上半年，亚马逊的利润在居家购物的推动下，比上年翻了一番，达到52亿美元；脸书的利润增长了98%，也达到了52亿美元（Wakabayashi, Weise, Nicas and Isaac 2020）。2020年初，谷歌首次出现季度业绩下滑，但到9月底，它的利润达到112亿美元，同比增长59%（CBS News 2020）。脸书还趁机投资国际市场，向印度电信公司Reliance Jio投资57亿美元，并斥资数百万美元在非洲周边建设了一条近2.3万英里长的光纤电缆（Isaac 2020）。这些公司在当前的经济衰退中茁壮成长，就像微软公司在20世纪90年代的互联网企业崩溃中成长一样，似乎是有可能的。但关于疫情的话题就不多说了。

乐观主义与能动性

也许有人会反对本书将过多的能动性（agency）归因于资本，毕竟资本是由人类社会关系组成的。我以这样的方式描述资本，是为了反驳"后工人主义"和"左翼加速主义"的乐观主义，二者都将过多的能动性归因于劳动。我认为，将能动性归因于资本是应对当前严峻的社会技术环境的一种方式。与马克思将资本视为主体的提法一样，将资本的能动性归因于资本主义凸显了资本主义的本质怪异性或恐怖性，在其中真正的抽象性凌驾于人类生活之上。因此，提及资本的能动性旨在帮助产生皮茨（2018）所说的"必要的悲观主义"，以理解当代世界对从属于资本的深度（259）。我在本书中始终关注"后工人主义"，但我想简要说明提出的论点如何也适用于"左翼加速主义"。

左翼加速论者正确地认为，在资本场景下，技术受到限制，"被导向不必要的狭隘目的"，技术可以而且应该被占有："现有的基础设施不是要被砸碎的资本主义舞台,而是向后资本主义发起冲击的跳板"(Williams and Srnicek 2014,355)。他们主张利用人工智能和其他新技术促进全面自动化,使机器最终能够"将人类从繁重的工作中解放出来,同时生产出越来越多的财富"(Srnicek and Williams 2015,109)。虽然"左翼加速主义"并不赞同"后工人主义"所持有的那种不可或缺的人性意识,但它确实表现出一种类似的毫不避讳的技术乐观主义,不受资本通过价值形式获取各种手段的阻碍。斯尔尼切克和威廉姆斯(2015)指出,并非每一项资本主义技术都能被劳工所占有,因为"权力关系内嵌于技术之中",它们"因此不可能被无限倾斜,以达到与其功能本身相悖的目的"(151)。然而,正如内森·布朗(Nathan Brown,2016)所指出的,考虑特定技术的使用价值与考虑这些技术如何卷入"生产技术过程再生产所必需的非物质增殖过程"(169)是两码事。换句话说,与"后工人主义"一样,左翼加速论者只关注特定技术的可能性,而不考虑它们在之前设想的价值中的实际和可能影响。因此,左翼加速论者对人工智能和其他新兴技术的评价与"后工人主义"对互联网和开源软件的热情如出一辙,同样淡化了资本对技术和劳动的控制。劳动的技术性增强本应提高劳动的自主性,但正如迈克尔·加迪纳(Michael Gardiner 2016)所说,"不存在任何有形的力量将我们推向一个被资本主义价值形态所涤荡的'外部'。因此,加速本身只是增强了资本的力量和活力,包括"重塑自身的看似无限的力量"(31)。"左翼加速主义"与"后工人主义"一样,过于强调劳动技术能力,而忽视了对资本技术能力的清醒认识。

通过在本书结尾讨论合成自动化的概念,我希望分析控制

第八章 结语:哈里·布拉夫曼超速挡

论资本主义的讨论重点,从通过信息技术为劳动提供的新能力转向这些技术为资本提供的新能力。这一转向也需要重新考虑控制论资本主义的自主性。我认为,合成自动化可以为资本提供一种新的方式,以减少对"活劳动"的依赖。资本一直在寻找克服增殖障碍的方法。例如,货币流通可以使资本克服直接交换中固有的时间和空间障碍(Marx 1990,209)。自动化或马克思(1990)所说的"自动机制"能够克服另一种障碍;它有助于"把人这一顽固而又富有弹性的自然障碍所提供的阻力减少到最低限度"(527)。即使我们不去考虑没有人类的资本主义的可能性,合成自动化的概念也应该提醒我们,资本并不"仅仅是人类生产的重组",它也是通向"全新的、异己的生产方式"的轨迹(Krašovec 2018)。对资本的需求与人类格格不入,只是在某种程度上与人类不谋而合。托尼·史密斯(Tony Smith 2009)在一段令人震惊和恐怖的文字中这样说道:资本是一种"在整个社会层面运作的高阶外来力量。它系统地选择与其目的即'价值的自我增殖'相一致的人类目的,并系统地压制所有与这种非人类目的不一致的人类目的"(123)。在这一点上,我们只能推测,更成熟的合成自动化形式可能会为资本提供哪些新的选择和压制操作。

结 语

本书的目标是确定理论与现实世界的映射程度。我很想把自己的方法命名为"共产主义现实主义"(communist realism)这样令人钦佩的开创者,但这个词已经被吉米·吴(Jimmy Wu 2019)用来指共产主义社会中未来的科学研究"霸权"秩序，它是当代"资本主义现实主义"（capitalist realism）（Fisher 2009）目光短浅的继承者。我认为，将本书提出的论点视为"共产主义悲观主义"更为恰当。吉米·吴的现实主义设想了一系列对科学的限制，将科学引向对社会和地球有益的目的，而"共产主义悲观主义"则试图揭示当代对阐述共产主义愿景的限制。因此，"共产主义悲观主义"与"后工人主义"的坚定乐观主义形成了鲜明对比，"后工人主义"认为，共产主义前景的大多数或所有制约因素现在都是大众自身所固有的，因此，只要能够达到足够的自我增殖水平，就可以消除这些制约因素。尽管如此，本书并不打算论证由技术决定的人类命运，即屈从于控制论资本；它也不是宿命论。但它拒绝任何对当代资本技术环境的解释，因为这种解释将太少的权力归于资本，而将太多的权力归于劳动。

人工智能教授兼企业家李开复（2018）断言，"如果让其任意发展，人工智能将为社会经济的发展火上浇油"（161）。我同意这一观点。但是，正如读者可能已经注意到的那样，本书完全没有讨论如何对人工智能进行李开复所说的"核查"。因此，本书可能会被指责为缺乏建设性内容，无法开展有关人工智能的批判性研究和行动主义。这是我有意为之。如果"核查"人工智能不包括认识人工智能是如何从根本上与作为资本的递归技术过程联系在一起的，那么"核查"人工智能就没有什么意义。换句话说，在任何实质性意义上"核查"人工智能，都意味着直面资本的虚无主义增殖驱动。如何做到这一点，肯定不是一本书或一个人所能完成的。本书的目的只是对当代技术环境进行冷静的勾勒，同时对一个流行的理论框架进行评估。然而，在本书即将结束之际，我们不妨简要探讨一下人工智能资

第八章 结语：哈里·布拉夫曼超速挡

本可能受到劳动对抗的几种方式。

在人工智能行业工作的数据科学家和机器学习工程师在控制论资本主义中占据着相当重要的地位。如果他们继续跟进第五章讨论的科技工作领域劳工行动主义和组织的早期萌芽，就无法预测会发生什么。事实上，可能有人会说，这些忧虑正是我在本书中反对的新自主性的迹象。但愿如此。如果人工智能成为一种无处不在的技术，那么人工智能工人在资本中占据的地位可能会变得更加强大。服务和控制基础设施的工人可以通过阻碍增殖过程的关键时刻，掌握相当大的社会权力（Bernes 2013；Frase 2015）。如果人工智能在基础设施中无处不在，那么人工智能工人就可以控制控制论价值链的关键功能和节点（至少在这些工作实现自动化之前）。

格雷和苏里提出的自动化"最后一英里"悖论或"机器能解决和不能解决的问题之间不断移动的边界"（Gray and Suri 2019，206），为"核查"人工智能资本的发展提供了另一种可能性。雇佣"幽灵工人"来完成人工智能生产领域暂时无法被任务机器完成的关键任务。当有人想出如何将他们所负责的任务自动化时，他们就会被派往下一个目前无法自动化的任务。然而，在他们被取代之前，"幽灵工人"对人工智能系统的运作至关重要，因此对雇佣他们的资本的增殖过程也至关重要。虽然他们的影响力因其不稳定、平台化的就业状况而有所减弱，但只要人工智能生产依赖他们，"幽灵工人"也将在人工智能产业领域占据潜在的战略地位（同样，直到这类工作实现自动化）。然而，人们可能有理由认为，期望只有人工智能行业的工人对抗资本家利用人工智能是错误的。人们可能会进一步坚持认为，需要的是劳动本身与人工智能资本的积极关系。在本书的最后几句话中，我想通过回到杰出的"后工人主义"思想家内格里（Negri）来考虑这个问题，这也许是出人意料的。

具体而言，我想考虑的是在本书中一直批判的一个概念，即劳动的自我增殖。更准确地说，我想思考的是"后工人主义"不想提及的自我增殖的黑暗反面。在"后工人主义"出现之前，年轻的奈格里将自我增殖描述为一种他称之为"破坏"（sabotage）的消极力量的积极方面。自我增殖指的是劳动在技术上引导新能力的能力，而破坏指的是劳动"破坏资本结构"的能力（Negri 1979）。每一个自我增殖的时刻都同时是一次破坏行为，反之亦然。从这个意义上说，破坏不仅指在齿轮上扔一个扳手，它泛指"以破坏性的方式对抗资本的稳定力量"（Negri 1979）。所有由劳工开发的新能力都是直接的进攻性破坏行为。

这一表述具有奇妙的对称性，但奈格里主张的自我增殖与破坏之间的同一性，只有在自我增殖产生能力的情况下才能实现，而资本事实上无法将这种能力归入价值形式，并且这种能力由于超出了资本的约束，事实上构成了一种不稳定的力量。如果价值形式是可变的，适用于包括新的劳动技术能力在内的千变万化的情况，那么就不能假定该同一性普遍成立。我认为，至少在人工智能产业的特殊背景下，这种同一性是不成立的。但即使这两个概念的同一性不成立，破坏的概念仍然是一个有价值的概念。脱离了其积极的双重自我增殖和自主的半机械人非物质劳动，这种单独的破坏概念也许更加庸俗，也许更类似于简单地在齿轮上扔一个扳手。但是，即使是这种庸俗的破坏概念，也仍然需要对资本的当代稳定机制进行解释，该稳定机制中就包括支持新一轮从属的技术。用马蒂奥·帕斯奎内利

第八章 结语：哈里·布拉夫曼超速挡

（Matteo Pasquinelli 2010）的话说，我们需要针对每一种具体情况重新学习"破坏语法"（grammar of sabotage）（679）。机器学习的涌现带来了资本对大数据及其必要计算基础设施的新依赖。在这种情况下，破坏可能意味着什么？人工智能研究中讨论的技术问题提供了一些思路。这些问题指出了技术中不稳定的领域，因此也指出了建立在其基础上的应用程序的不稳定领域。随着人工智能越来越多地融入业务流程，技术问题成为资本的弱点。我们只需考虑其中一个即可。

法律学者乔纳森·齐特瑞恩（Jonathan Zittrain 2019）断言，使用机器学习会产生"智力债务"，因为"大多数机器学习模式无法为其正在进行的判断提供理由，［而且］如果人们对其提供的答案没有独立的判断，就无法判断它们是否奏效"。如果使用机器学习自动生成模式，或许使用端到端自动机器学习工具来进行这项工作，那么这种智力债务可能会膨胀。齐特瑞恩（2019）警告说，广泛使用机器学习将导致"一个无法被理解的知识世界……一个缺乏可辨识因果关系的世界"，在这个世界里，人类依赖机器来解释并引导他们穿越一个无法理解的世界。在这种情况下，用户将背负"智力债务"。但生产人工智能的公司也将如此；也许他们将首当其冲遇到这样的问题。只要增殖继续快速运转，他们可能不会在意。但是，当资本围绕神秘的机器逻辑重构自身时，它无意中会形成了一种新的"破坏语法"能力。正如齐特瑞恩所指出的，"知道向系统输入何种数据的人可以通过多种方式故意误导机器学习模式"（Zittrain 2019）。如果物质劳动理论和劳动自我增殖概念不能为我们提供当代控制论资本的杠杆，那就让我们尽力了解日益依赖自动化的资本是如何被实际解构的。

239

参考文献

Benanav, Aaron. 2019a. Automation and the Future of Work—I. *New Left Review* 119 (September-October), 5-38.

Benanav, Aaron. 2019b. Automation and the Future of Work—II. *New Left Review* 120 (November-December), 117-146.

Bernes, Jasper. 2013. Logistics, Counterlogistics and the Communist Prospect. *Endnotes* 3. https://endnotes.org.uk/issues/3/en/jasper-bernes-logisticscounterlogistics-and-the-communist-prospect.

Blit, Joel. 2020. Automation and Reallocation: Will COVID-19 Usher in the Future of Work? *Canadian Public Policy* 46 (S2): S192-S202.

Bonefeld, Werner. 2014. *Critical Theory and the Critique of Political Economy: On Subversion and Negative Reason.* New York: Bloomsbury.

Brown, Nathan. 2016. Avoiding Communism: A Critique of Nick Srnicek and Alex Williams' Inventing the Future (Verso, 2015). *Parrhesia* 25: 155-171.

CBS News. 2020. Big Tech Companies Fully Recovered from Pandemic, Report Record Earnings. https://www.cbsnews.com/news/google-apple-amazon-facebook-twitter-big-tech-record-earnings-q3-2020/.

Endnotes. 2010. Misery and Debt: On the Logic and History of Surplus Populations and Surplus Capital. *Endnotes* 2. https://endnotes.org.uk/issues/2/en/endnotes-miser y-and-debt.

Fisher, Mark. 2009. *Capitalist Realism: Is There no Alternative?* London: Zero Books.

Frase, Peter. 2015. Ours to Master. *Jacobin.* https://jacobinmag.com/2015/03/automation-frase-robots.

Gardiner, Michael. 2016. Critique of Accelerationism. *Theory, Culture & Society* 34 (1): 29-52.

Gray, Mary L., and Siddharth Suri. 2019. *Ghost Work: How to Stop Silicon Valley from Building a New Global Underclass.* San Francisco, CA: HMH Books.

Heinrich, Michael. 2012. *An Introduction to the Three Volumes of Karl Marx's Capital.* New York: Monthly Review Press.

第八章　结语：哈里·布拉夫曼超速挡

Isaac, Mike. 2020. The Economy is Reeling. The Tech Giants Spy Opportunity. *The New York Times*, June 13. https://www.nytimes.com/2020/06/13/ technology/facebook-amazon-apple-google-microsoft-tech-pandemic-opport unity.html?fbclid=IwAR22gRDDh8jdvRB_zX05UGZ3l1AMOoBSYzunaFLW nPfyMcZ9fNa36m0iw0Q.

Krašovec, Primož. 2018. The Alien Capital. *Vast Abrupt.* https://vastabrupt.com/2018/07/11/alien-capital/.

Lee, Kai-Fu. 2018. *AI Superpowers: China, Silicon Valley, and the New World Order.* New York: Houghton Mifflin Harcourt.

Leeson, Sarah. 2020. The Economics of a Global Emergency. *WGBH*, April 17. https://www.wgbh.org/news/national-news/2020/04/17/the-econom ics-of-a-global-emergency.

Lu, Joanne. 2020. World Bank: Recession is the Deepest in Decades. *NPR*, June 12. https://www.npr.org/sections/goatsandsoda/2020/06/12/ 873065968/world-bank-recession-is-the-deepest-in-decades.

Mackenzie, Adrian. 2017. *Machine Learners: Archaeology of a Data Practice.* Cambridge: MIT Press.

Marx, Karl. 1990. *Capital*, vol. 1. New York: Penguin.

MIT Technology Review Insights. 2020. Covid-19 and the Workforce. *MIT Technology Review.*

Negri, Antonio. 1979. Capitalist Domination and Working-Class Sabotage. Online at: https://antonionegriinenglish.files.wordpress.com/2010/08/capitalist-domination-and-working-class-sabotage.pdf.

Ng, Andrew. 2017. *Twitter Post*, May 1. https://twitter.com/AndrewYNg/status/859106360662806529.

Pasquinelli, Matteo. 2010. The Ideology of Free Culture and the Grammar of Sabotage. *Policy Futures in Education* 8 (6): 671-682.

Pitts, Frederick Harry. 2018. *Critiquing Capitalism Today: New Ways to Read Marx.* London: Palgrave Macmillan.

Smith, Tony. 2009. The Chapters on Machinery in the 1861-63 Manuscripts. In *Re-reading Marx: New Perspectives After the, Critical*, ed. Riccardo Bellofiore and Robert Fineschi, 112-127. London: Palgrave Macmillan.

Srnicek, Nick, and Alex Williams. 2015. *Inventing the Future: Postcapitalism and a World Without Work*. London: Verso.

Timpanaro, Sebastiano. 1975. *On Materialism*. London: NLB.

Traverso, Enzo. 2017. *Left-Wing Melancholia: Marxism, History, and Memory*. New York: Columbia University Press.

Wakabayashi, Daisuke, Karen Weise, Jack Nicas and Mike Isaac. 2020. The Economy is in Record Decline, but not for the Tech Giants. *The New York Times*, July 30. https://www.nytimes.com/2020/07/30/technology/tech-company-earnings-amazon-apple-facebook-google.html. Columbia University Press.

Williams, Alex, and Nick Srnicek. 2014."#accelerate: Manifesto for an Accelerationist Politics. In *#accelerate: The Accelerationist Reader*, ed. Robin Mackay and Arven Avanessian. Falmouth: Urbanomic.

Wu, Jimmy. 2019. Optimize What? *Commune*, March 15, 2019. https://communemag.com/optimize-what/. Columbia University Press.

Zittrain, Jonathan. 2019. The Hidden Costs of Automated Thinking. *The New Yorker*, July 23. https://www.newyorker.com/tech/annals-of-technology/the-hidden-costs-of-automated-thinking.

索 引[*]

A

Abstraction 抽象（化） 40, 55, 63, 85, 90, 104, 191, 214, 217, 230, 234

Accelerationism 加速主义 7, 233-235

Activism 积极主义 18, 158, 236

Affect 情感 81, 103, 189, 212

Agile 敏捷法 118, 179, 182-185, 187, 214, 227

AI winter 人工智能寒冬 17, 109, 110, 116, 118

Algorithm 算法 11-14, 80, 120, 121, 125, 140, 141, 148, 149, 157, 172, 174, 176, 186, 195, 197, 199, 210, 215, 230

Artificial general intelligence (AGI) 通用人工智能 10, 15, 113, 121, 141, 144, 198, 212

Automated machine learning (AutoML) 自动机器学习 18, 19, 141, 172, 193-200, 208, 210, 213, 218, 238

Automation 自动化 1, 2, 5-8, 15-19, 46, 49, 50, 53, 54, 60, 62-64, 76, 86, 89, 99, 101-103, 108, 111, 121, 124, 125, 135, 140, 142, 172, 186-193, 195-197, 199, 200, 208-213, 217, 218, 221, 227-230, 232-235, 237, 239

Autonomy 自主性 1, 4, 7, 8, 17-19, 38, 49, 54, 56, 75, 83, 85, 86, 90, 92-95, 172, 185-187, 189, 193, 200, 207, 208, 215, 216, 218, 220,

---

[*] 索引中页码为原书页码，即本书边码。

222, 227-229, 234-236

B

Barrett, Rowena 罗伊娜·巴雷特 54, 186, 214

Braverman, Harry 哈利·布拉夫曼 51-53, 111, 192, 209, 227

Brute force 蛮力 121, 197, 199, 213

C

Centaur theory 半人马理论 89, 90, 211

Cloud 云 18, 118, 133, 139, 141-145, 151, 177, 199, 216

Codification 编码 193, 195, 200, 208, 210, 212, 214, 218

Cognition 认知 14, 119, 120, 137, 138, 219

Commodity 商品 18, 30-32, 34, 35, 38-41, 55-59, 61, 79, 83-85, 140, 142, 172, 177, 180, 181, 227

Communication 通信 6, 78, 79, 81, 82, 85, 87, 90, 100, 103, 111, 118, 181, 217

Computation 计算 2, 10-14, 59, 60, 62, 82, 83, 101, 108, 109, 114, 116, 123, 151, 173, 198, 199, 208, 213, 216, 217, 238

Cooperation 合作 17, 75, 77, 79, 81, 86, 87, 91, 92, 94, 95, 112, 186, 207, 208, 213-215, 222

Cybernetics 控制论 30, 49, 59-61, 78, 81, 99-101, 104, 115, 159, 219, 232, 235-238

D

Data 数据 4, 8, 10-12, 17, 18, 60, 61, 89, 99, 101, 107, 108, 112, 120, 121, 123, 125, 133, 134, 136, 138-142, 146, 148, 149, 151-155, 157, 173-181, 183, 189-195, 197-200, 208, 209, 212, 213, 215, 220, 228, 230, 236, 238

Data science 数据科学 151, 153, 178-180, 191, 192, 198, 199

Deep learning 深度学习 3, 10, 120, 123, 124, 137, 140, 151-153, 189, 199, 211, 212

Determinism 决定论 47

Domingos, Pedro 佩德罗·多明戈斯 99, 121, 197

E

Empirical control 经验性控制 18, 172, 182, 186, 187, 200, 210, 214, 222, 227

Employment 雇佣 16, 89, 111, 155, 187, 231, 232, 237

Exchange 交换 30-32, 34-36, 39, 43, 46, 55-58, 84, 139, 150, 235

Expert system 专家系统 17, 60, 99, 105, 110-113, 116, 117, 119, 125, 195, 197

Exploitation 剥削 36, 37, 39, 43, 44, 57, 58, 91, 94, 207, 219, 227

F

Feedback 反馈 6, 13, 63, 100, 148, 176
Fetishism 拜物教 38, 43, 51
Fixed capital 固定资本 41, 45, 62, 86-88, 90, 92, 133, 140, 142, 148, 209, 213, 215, 219, 230
Fordism 福特主义 6, 101
Fragment on Machines, The 机器论片段 33, 45, 64, 79

G

Gender 性别 15, 103, 133, 144, 155, 156
General intellect 一般智力 45, 46, 90, 91, 213, 218
Ghost work 幽灵工人 154, 155, 173, 232
Good Ol' Fashioned AI (GOFAI) 好的老式人工智能 17, 104, 105, 118-120, 122, 197
Government 政府 5, 100, 109, 110, 114, 115, 123, 124, 135, 145-147, 209, 216, 222
Grundrisse 《政治经济学批判大纲》33, 45

H

Hardt, Michael 迈克尔·哈特 2, 7, 45, 46, 78-88, 90-95, 207-211, 213-216
Heinrich, Michael 迈克尔·海因里希 5, 39, 48, 55-57, 217, 228
Human 人类 1, 2, 4, 9-11, 14, 17, 32-34, 37-39, 41, 45, 48, 50, 54, 56, 62, 63, 75, 80, 81, 86-92, 94, 95, 100-102, 104, 106, 109, 113, 117, 120, 121, 137, 138, 148, 150, 174, 183, 196-198, 207-213, 215, 218-221, 222, 230, 233-235, 238
Hybridization 混合 17, 75, 86, 87, 92, 94, 207-211, 215, 222

I

Immaterial labour 非物质劳动 2, 7, 8, 17-19, 75, 78-85, 88, 90-95, 172, 182, 189, 193, 200, 207, 208, 210, 211, 213-218, 221, 222, 227, 229, 238

J

JIRA 187, 214
Jordan, Tim 蒂姆·乔丹 14, 15, 37

K

Knowledge worker 知识工人 103, 110, 111

L

Labour process 劳动过程 6, 8, 17, 18, 40, 42, 46, 51-54, 56, 59, 61, 65, 76, 109, 120, 159, 171-173, 177, 180-182, 186, 187, 191-198, 200, 210, 213, 214, 217, 218, 221, 222, 227, 228, 230, 231
Land, Nick 尼克·兰德 37, 45, 219,

220

Lazzarato, Maurizio 莫里齐奥·拉扎拉托 7, 78, 80-83, 92, 93, 213, 214

M

Machine learning (ML) 机器学习 2, 7, 8, 17, 18, 99, 104, 107, 115, 117, 119-121, 123, 125, 133, 138, 150, 152, 153, 171, 174, 175, 189, 191, 192, 194, 196, 208-210, 228-230, 236, 238

Machinery 机器体系 5, 6, 9, 11, 30-33, 40-43, 45, 46, 88, 101, 142, 195, 209, 213, 218, 219, 221

Management 管理 6, 8, 51-54, 61, 92, 102, 111, 114, 117, 137, 142, 158, 159, 176, 180-187, 196, 200, 214, 222, 227

Model 模式 1, 9, 10, 18, 44, 50, 81, 82, 94, 99, 117-121, 123, 133, 134, 138, 139, 141, 143, 145, 152, 155, 157, 173-178, 180, 182, 183, 186, 187, 189, 192-199, 210, 212, 216, 222, 238

Multitude 大众 82, 86, 93, 210, 216, 236, 238

N

Narrow AI 狭义人工智能 11

Negri, Antonio 安东尼奥·内格里 2, 7, 46, 76-88, 90-95, 207-211, 213-216, 237

Neoliberalism 新自由主义 113

Neural network 神经网络 119, 122, 137, 192, 194

New Reading of Marx (NRM) 马克思新解读 8, 17, 19, 30, 46, 55-57, 59, 64, 65, 84, 228, 229

O

Open source 开源 18, 80, 149-151, 193, 210, 211, 234

Operaismo 工人主义 17, 30, 47, 76-78, 95, 229

Organic composition 有机构成 43, 62, 77, 86, 88, 198, 209, 219, 231

P

Perception 感知 119, 137, 138

Pessimism 悲观主义 76, 236

Pitts, Harry 哈里·皮茨 31-33, 57, 59, 79, 84, 85, 214, 216, 217, 234

Platform 平台 18, 60, 118, 133-135, 139-142, 144, 149, 154, 155, 173, 178, 199, 215, 216, 232

Political economy 政治经济学 8, 17, 18, 30, 32-34, 39, 55, 64

Post-Fordism 后福特主义 6, 7, 78, 79, 86, 88, 211, 227

Post-operaismo 后工人主义 7, 8, 17, 19, 30, 45-47, 59, 62, 64, 65, 75, 77-80, 82-86, 88-91, 93-95, 172, 200, 207-213, 215-218, 227-229, 233-237

Production 生产 1, 2, 4, 5, 7, 8, 14,

16, 18, 30-36, 38-42, 44-50, 52-59, 61-64, 76, 77, 79-88, 90-94, 101-103, 107, 112, 118, 121, 124, 135, 137-142, 172, 176-179, 181-184, 186, 189, 191-193, 195, 196, 199, 200, 208-211, 213, 215, 216, 218-222, 227, 228, 230-232, 234, 235, 237

R

Race 种族 15, 38, 114, 133, 147, 149
Ramtin, Ramin 拉明·拉姆丁 6, 62, 63, 116, 218
Recession 经济衰退 118, 123, 233
Recursion 递归 13-15, 37, 61, 100, 121, 195, 208, 218, 220, 227, 231
Reinforcement learning 强化学习 121, 175, 176, 197

S

Sabotage 破坏 237, 238
Scrum 法 183-187, 208, 214, 227
Self-valorization 自我增殖 84, 93, 95, 215, 217, 229, 235-238
Sexism 性别歧视 18, 133, 156
Social brain 社会大脑 45
Software 软件 9, 12-14, 53, 54, 60-63, 65, 80, 103, 107-109, 113, 118, 138, 142, 144, 150, 151, 153, 158, 171, 173, 176-180, 182, 183, 186-188, 190, 191, 209-211, 213, 214, 220, 234

Soviet 苏联 17, 30, 47-50, 55, 115
State, the 国家 41, 113, 133, 145, 228
Subsumption 从属 42, 56, 63, 85, 198, 234, 238
Super venience 随附性 218
Supervised learning 监督学习 174, 175, 199
Surplus-value 剩余价值 5, 15, 35, 36, 39-44, 46, 57, 58, 62, 64, 171, 217, 219, 221, 227
Surveillance 监控 4, 107, 134, 143, 147, 186, 187, 214, 222
Synthetic automation 合成自动化 19, 172, 195-198, 200, 208, 212, 218, 220-222, 228, 230, 233, 235

T

Taylorism 泰勒主义 48, 49, 52-54, 62, 196
Turing, Alan 艾伦·图灵 9, 10, 13-15, 62, 100

U

Unionization 组织工会 158
Unsupervised learning 无监督学习 174, 175, 199
Use-value 使用价值 34, 35, 40, 42, 216, 217, 234

V

Valorization 增殖 14, 15, 36-42, 51, 56, 58, 62, 65, 77, 83, 84, 93, 109, 134, 177, 181, 200, 211, 215, 217,

222, 228, 230-233, 235, 236, 238
Valorization process 增殖过程 40, 59, 134, 200, 217, 220, 237
Value-form (form of value) 价值形式 56, 58, 59, 65, 84, 214, 216, 217, 222, 228, 229, 234, 237, 238
Variable capital 可变资本 35, 41
Virno, Paolo 保罗·维尔诺 46, 78, 79, 88, 90, 91, 211, 213

W

Weapon 武器 17, 43, 60, 93, 100, 135, 145, 147, 216
Western Marxism 西方马克思主义 17, 30, 47, 50, 51, 76

图书在版编目（CIP）数据

自主性批判：人工智能产业的劳动、资本与机器 / （加）詹姆斯·斯坦霍夫著；王延川译. -- 北京：商务印书馆，2025. -- ISBN 978-7-100-24885-3

I. TP18-05

中国国家版本馆CIP数据核字第2025B9V708号

权利保留，侵权必究。

自主性批判
人工智能产业的劳动、资本与机器

〔加〕詹姆斯·斯坦霍夫　著
王延川　译

商 务 印 书 馆 出 版
（北京王府井大街36号　邮政编码100710）
商 务 印 书 馆 发 行
北京市白帆印务有限公司印刷
ISBN 978 - 7 - 100 - 24885 - 3

2025年5月第1版　　开本 880×1230　1/32
2025年5月北京第1次印刷　印张 10¼
定价：68.00元